사출성형금형설계

박기형 · 조병기 공저

普 文 堂

머리말

우리나라의 산업발전과 더불어 금형 공업의 발전이 현대 공업경제의 필수적인 요소인 다품종소량생산 수단임에도 불구하고 그 실정에 있어서는 중소기업형 특성을 가지고 있다. 특히 금형 설계기술은 비교적 뒤떨어졌다고 생각되는 부분중의 하나이다. 금형산업은 자동차, 전기 · 전자, 항공산업 등의 발전과 매우 깊은 관련이 있기 때문에 향후 국가산업 발전에 중요한 위치에 있을 것으로 사료된다.

플라스틱을 사용하여 제품을 생산하는 비중이 점차 높아지고 있는 실정이나 플라스틱은 열이나 하중 등 사용환경에 따라 변화하는 결점을 가지고 있어 주로 일용잡화나 케이스 류, 장식품 등의 일반적인 용도 이외는 사용에 한계가 있으나 고강도, 고정밀도, 치수안전성은 물론 고품질이 요구되고 있는 현실로 엔지니어링 플라스틱이 사용되어, 그 이용분야가 날로 확대되고 있는 실정이다.

사출성형용 금형은 플라스틱 공업의 모체가 되는 가장 기본적이면서도 중요하다. 그러므로 금형 기술자는 금형의 설계, 생산계획, 관리, 금형 제작 등을 보다 과학적이고 합리적인 이론과 지식을 필요로 한다. 산업 발전과 더불어 과거 경험에만 의존하던 기능적인 부분에서 탈피하여 이론과 실제가 겸비하는 보다 진보한 금형 기술과 고도의 정밀도를 요구하고 있다.

본서는 사출금형 설계를 전공하고자 하는 사람은 물론 금형 제작에 종사하는 실무자에게도 유용하도록 이론과 실제를 정리하였다. 따라서 대학교재로 활용할 수 있도록 내용을 수록하였다. 주요내용으로는 사출금형의 개론, 사출금형의 분류와 구조, 금형의 강도계산, 사출성형용 금형의 온도제어, 스프루, 러너 및 게이트, 이젝터 장치, 성형품의 불량원인과 방지책, 성형수지의 종류와 특성, 사출성형기의 가장 경제적인 캐비티 수의 결정, 사출성형기 및 기기, 금형 재료 및 표면처리에 관한 기본적인 사항을 기술하였다.

아울러 오늘의 이 결과가 맺어질 수 있도록 협조해 주신 (주)세종금형, (주)한국정밀 관계자와 도서출판 보문당 김병계 사장님과 편집부 여러분께 깊은 감사를 드린다.

2008년 1월

저자 씀

Contents

제5장 Sprue, Runner 및 Gate

제6장 Ejector 장치

제7장 성형품의 불량원인과 방지책

제8장 성형수지의 종류와 특성

제9장 사출성형기와 가장 경제적인 Cavity수의 결정

제10장 사출성형기 및 기기

제11장 금형 재료 및 표면처리

chapter 1

사출금형의 개론

1-1 사출금형의 개요

사출성형은 plastic을 성형하는 한 방법으로 자동차, 전기, 전자, 정밀 기기 등은 물론 완구, 스포츠 용품에 이르기까지 매우 광범위하게 영향을 미치고 있다.

금형은 대량생산용 공구로서, 높은 정밀도와 긴 수명이 요구되며, 형상과 기능은 물론 품질, 가격, 납기에 대해 사용자의 요구를 충족시킬 수 있어야 한다. 머신센터, 형 조각기, 모방 밀링머신, 카운터머신, 와이어커팅머신, CNC 방전가공기, 지그 보링머신 및 지그 연삭기 등의 정밀가공용 공작기계의 보급과 CAD/CAM의 도입으로 금형 산업은 눈부신 발전을 하였으며 산업계의 수요를 충족시키고 있다.

특히, 제품의 정밀도, 생산성 및 품질을 설계단계에서부터 문제점을 도출하여 시행착오를 방지할 수 있는 방법으로 사출성형용 CAE S/W를 도입하여 수지의 유동, 냉각 및 변형해석을 통하여 gate의 수와 위치선정, runner의 단면적 및 길이의 결정, 냉각회로의 설계, weld line의 위치조절, 성형불량의 방지 등에 기여하고 있다.

1-2 사출성형용 금형의 기술적 동향

사출성형용 금형의 일반적인 동향은 대형화, 정밀화, 자동화 및 수명의 향상 등을 추구하는 추세이다. 이들이 상호 관련되어 발전됨으로서 이 근대화는 실현되는 것이다. 즉, 금형의 대형화 경향은 수년 전만 해도 30 온스(oz) 이상의 사출성형기는 많지 않았으나 지금은 우리나라도 상당수 있으며, engineering plastic의 출현으로 자동차의 부품을 경량화, 높은 강성도의 제품을 생산할 수 있는 형 체결력이 2,000~3,000 ton의 사출성형기가 사용되고 있으며 금형의 중량도 30 ton에 달한 것도 있다.

금형의 정밀화는 치수정밀도가 높은 부품의 요구에 따라 발생하는 새로운 문제로서 plastic 성형기는 반드시 수축을 수반하는 열성형을 가지고 있으며, 밀어내기 구배 등을 피할 수 없는 이상 충분한 경험에 의한 설계, 제작 및 작업이 요구된다. 최근의 전자 기기나 정밀부품에서는 정밀도를 요구하는 부품이 많다. 이러한 요망에 부응하고자 금형의 치수를 ±0.001 mm 정도까지 요구하고 있다.

성형작업의 자동화는 생산성의 향상과 인건비의 상승에 따른 가격의 상승 때문이다. 따라서 금형을 자동화하는 데는 기계를 완전히 자동화하는 방법과 성형품을 자동으로 낙하시키는 방법이 있다. 이러한 방법을 종래에는 기계적으로 조작하였으나 현재는 유체 압력, 공기압력, AS전동기 등을 이용하여 보다 진보된 제어방법에 의해 금형을 제어하고 있다.

금형의 자동화는 성형품을 금형에서 ejector시킬 때도 sprue, runner가 남아있을 때가 있다. 이것을 처리하기 위하여 runnerless금형이 개발되었으며, runner를 제거함으로써 성형cycle를 단축시킬 수 있고, runner를 절단하는 공정이 감소되어 보다 경제적이다. runnerless형을 성공시키기 위해서는 온도제어가 문제인데, 이 문제를 해결하기 위해서는 hot runner를 사용하고, 그 주위의 열전도를 조절할 수 있는 기구가 완전히 해결되어 있다.

금형의 수명을 연장하기 위해서는 금형 재료의 강도를 높이는 것이 필수적이다. 일반적으로 성형용 금형 재료로는 SM45C, SM50C 정도의 기계구조용 탄소강이 사용되어 왔으나, 성형수량이 30만 개 이상일 때에는 HRC45~50 정도 경도가 요구되므로 프리하드강, 나크 등과 같은 전용재료가 사용되고 있다.

chapter 2
사출금형의 분류와 구조

2-1 사출금형의 용어

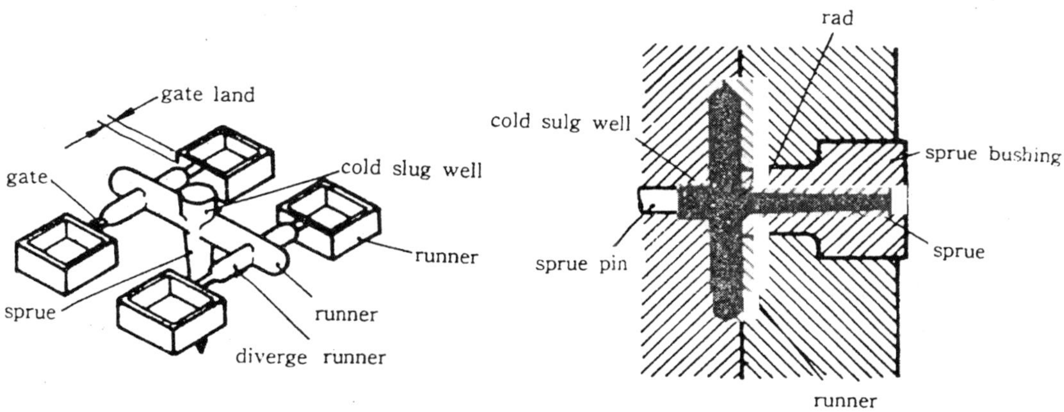

그림 2-1 Sprue, Runner, Gate 및 Sprue bushing의 단면

[1] Cavity

사출성형 금형에서 성형될 凹과 凸의 공간부분을 말한다. 특히 凹형의 조각면을 말할 때도 있다.

[2] Core

사출성형품의 내면을 형성하기 위한 금형의 돌기부분, under cut부를 형성하기 위해서 사용되는 금형 부분, 압출 성형용 금형에서 중공형을 형성하기 위한 심형, 금형 내의 냉각수 홈 또는 heater용으로 뚫은 구멍, sandwich 구조의 심재를 말한다.

[3] Core pin

사출성형품에 구멍을 만들기 위해서 사용하는 금형 부분을 말하며, core와 같은 의미로 사용하지만 일반적으로 가는 구멍용 pin을 말한다.

[4] Gate

사출성형에 있어서 용융 된 성형수지를 cavity에 주입하기 위한 주입구 즉, 탕구를 말한다. (1) 여러 개 빼내기일 때에는 각 cavity에 동시에 충전시킨다. (2) gate를 절단한 부분의 자국이 성형품에 약간 남도록 한다. (3) 이 부분에서 성형재료의 고화를 촉진시키고, 충전이 끝난 다음 고화 되지 않은 재료가 금형 내부에서 유출 또는 nozzle로부터의 유입을 방지하기 위해서는 일반적으로 성형품과 경계 면의 분할 선을 가늘게 주는 것이 사용된다.

[5] Gate land

gate의 길이를 말한다. 일반적으로 gate는 단면적에 알맞은 길이로 설정하지만, 긴 gate는 유동저항이 크다. 또한 충전하기 곤란한 성형수지를 사용할 때에는 가능하면 짧은 것이 좋다.

[6] Gate balance

사출성형용 여러 개 빼내기 금형에서 각 cavity에 성형수지가 동시에 충전될 수 있도록 runner의 배치를 고려 하든가 또는 gate의 길이나 단면적 등을 조절하는 것을 말한다.

[7] Runner

여러 개 빼내기 사출성형용 금형에서 성형수지의 분해 유로를 말할 때도 있다. nozzle로부터 사출된 성형수지는 sprue, runner, gate를 통하여 cavity에 충전된다.

[8] Diverge runner

여러 개로 갈라지는 runner, 주 runner와 gate 사이의 유로를 말한다.

[9] Runner lock pin

3매 구성(3 plate molds) 금형에서 성형품과 gate를 자동절단하기 위해 사용하는 pin

을 말한다. 보통 고정 측 금형에 부착되어 pin의 선단이 runner부에 들어가도록 되어 있으며 금형이 열릴 때 pin에 runner를 부착시켜 gate를 절단한다. 나중에 금형이 완전히 열릴 때 runner stripper plate에 의하여 runner부는 절단되어 낙하된다.

[10] Runnerless mold

열가소성수지의 사출성형에 있어서 성형기의 nozzle을 직접 금형의 cavity에 연결하거나, 금형의 sprue나 runner부를 가열하여, 이 속에 있는 성형수지를 항상 용융 상태로 유지하는 등의 방법에 의해서 금형으로부터 성형품만을 냉각시켜 성형하도록 한 사출성형용 금형을 말한다.

[11] Sprue

성형수지의 유로의 일부로서 원뿔형의 부분 또는 이 부분에 고화된 수지를 말한다. 가는 쪽은 nozzle과 연결되며, 다른 한쪽은 runner에 연결된다.

[12] Sprue bushing

사출성형용 금형의 sprue 부분을 별개로 가공하여 금형에 끼워 넣도록 되어 있다. 성형기의 nozzle과 접촉하여 사용되며, 이 부분에 높은 압력이 작용하기 때문에 내압 강도가 높은 재질을 선택한다. 또 nozzle과의 접촉면도 열전도율을 적게 하기 위해서 완전 접촉은 피하는 것이 바람직하다.

[13] Locate ring

사출성형기에 금형을 고정할 때, 고정위치의 안내를 하기 위해 금형의 최상부에 고정된 ring 모양의 돌출부를 말한다. locate ring의 바깥지름은 성형기의 고정판 관통구멍보다 약간 작게 한다.

[14] Sprue lock pin

사출성형용 금형의 sprue 밑에 있는 pin을 말한다. return pin과 같이 밀어내 기판에 고정되어 있다.

[15] Sprue gate

사출성형용 금형에서 sprue로부터 직접 cavity에 연결되어 있는 것을 말한다. 일반적으로 한 개 빼내기 금형에 사용하며, 금형의 구조가 간단하여 성형수지의 충전이 쉽게 된다.

[16] Cold slug well

sprue 및 runner에서 cold slug를 수용하기 위하여 sprue나 runner의 끝 부분에 설치하여 수지가 모이는 곳을 말한다.

[17] Nozzle

사출성형기의 가열cylinder의 앞부분에 있는 성형수지의 사출구를 말하며 sprue와 연결된다.

[18] 가열cylinder

사출 및 압출용 성형기의 일부로 성형용 재료의 공급과 가소화 및 사출을 하는 원통형 부분을 말한다.

[19] Hopper

사출성형기, 분쇄기, 혼합기 등에 부착된 원추형 형상의 성형수지의 투입구를 말한다.

[20] 가소성(Plasticity)

탄성한계 이상의 응력 상태에서 일어나는 변형으로서 응력을 제거하여도 원래의 상태로 되돌아가지 않는 성질을 말하며 이것을 소성이라고도 한다.

[21] 가소제(Plasticizer)

수지의 가소성을 개선하고 동시에 유연성을 부여하기 위하여 첨가하는 액체 또는 고체상의 물질로서 1차, 2차 및 고분자 가소제가 있다.

[22] 가소화(Plasticization)

수지에 가소성을 부여하여 유리전이 점을 저하시키는 것으로 외부 가소화와 내부 가소화로 분류된다.

[23] Parting line(Flash line)

금형의 분할 선이며 일반적인 성형품에서는 이 부분에 약간의 성형수지가 흘러 나오기 때문에 쉽게 식별할 수가 있다. 금형의 가공이나 flash의 제거를 쉽게 하기 위하여 parting line은 될 수 있으면 단순한 선으로 하거나 또는 성형품의 모서리에 붙이는 것이 좋다.

2-2 사출금형의 개요

사출성형용 금형은 사출성형의 능률 및 성형품의 품질을 결정하는 기능을 가지고 있으므로 성형품의 형상과 사용되는 수지의 특성을 고려하여 금형을 설계해야 하며, 금형 치수를 결정하는데 있어서 필요한 조건은 다음과 같다.

(1) 성형품의 형상과 치수정밀도를 유지할 수 있는 금형의 구조이어야 한다.

(2) 대량생산할 수 있는 내구성이 있어야 한다.

(3) 성형능률, 생산성이 높은 구조이어야 한다. 즉, 자동화가 가능해야한다.

(4) 제작이 쉽고, 가격이 저렴한 구조이어야 한다.

(5) 성형품의 다듬질 또는 2차 가공이 적은 금형이어야 한다.

2-3 사출금형의 기본구조

사출금형의 구조는 성형품의 형상, 재질, 사출성형기의 사양 및 금형 공작법 등의 여러 가지 조건을 고려하여 정해지며, 그 주요부는 형판과 cavity, 유동 및 주입기구, ejecting기구, 금형의 온도제어기구 등으로 이루어진다. 그림 2-2는 plastic 금형의 각부 명칭을 나타내고 있다.

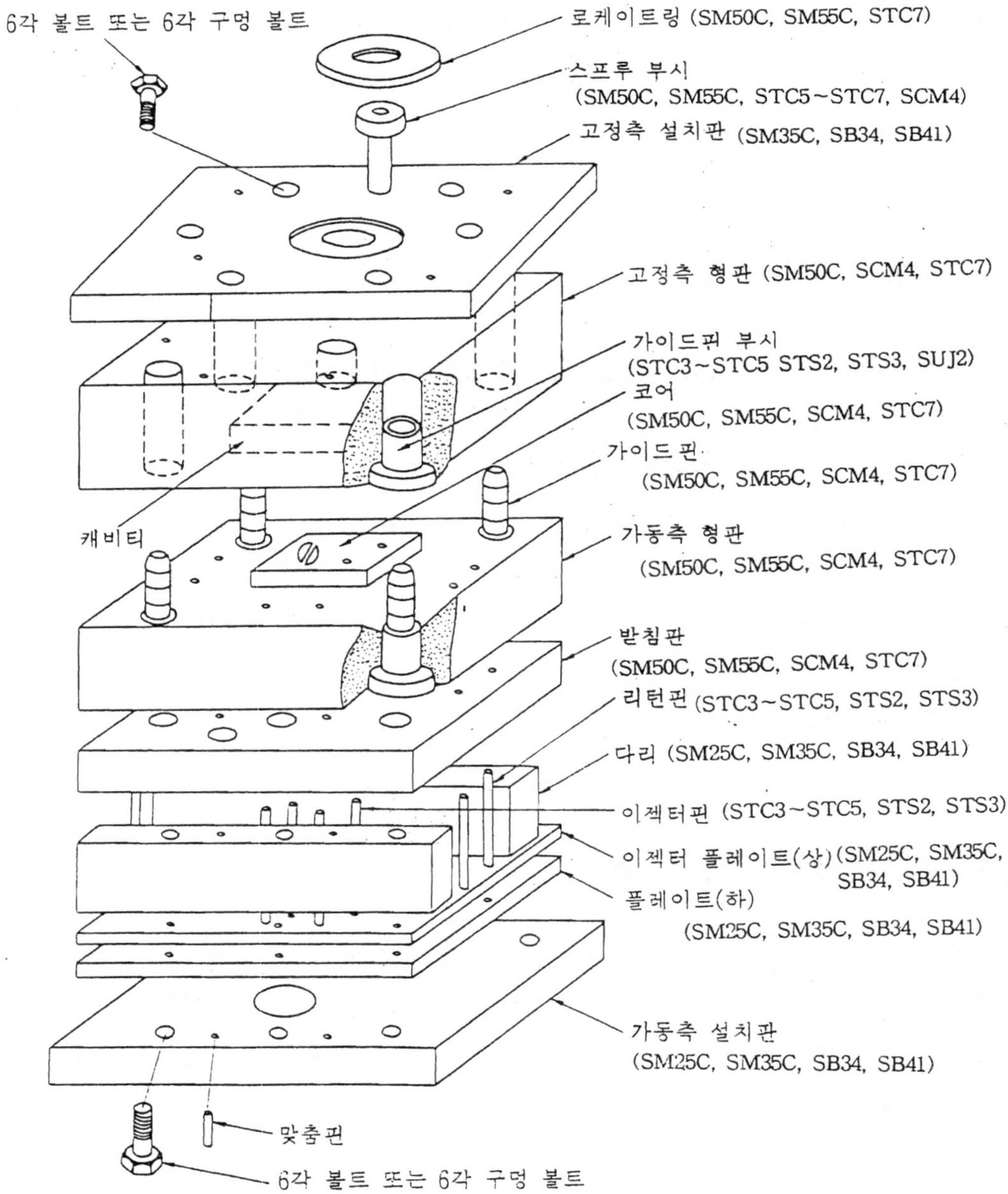

그림 2-2 사출금형 각부 명칭과 사용되는 재료

2-4 사출금형의 분류

사출성형의 생산성을 향상시키고, 높은 정밀도의 제품을 균일한 품질로 양산화하면서 열경화성 및 열가소성수지에 따라 다양한 형상의 성형품을 생산하는 사출금형의 종류는 복잡하여 여러 형태의 종류가 된다. 사출금형의 구조 및 사용목적에 따라 여러 가지로 분류하지만 일반적으로 다음과 같이 분류한다.

- 사출 금형
  - 보통 금형
    - 2매 구성 금형 (2 plate molds)
      - 1개 빼내기 2매 구성 금형
      - 여러 개 빼내기 2매 구성 금형
    - 3매 구성 금형 (3 plate molds)
      - 1개 빼내기 3매 구성 금형
      - 여러 개 빼내기 3매 구성 금형
  - 특수 금형
    - slide core 금형
    - 분할 금형
    - 나사 금형
    - slide core와 분할형의 조립
    - 기타

2-4-1 2매 구성 금형(2 plate molds)

그림 2-3과 같이 sprue, runner, gate가 cavity와 동일한 면에 있는 금형으로 parting line에 의하여 고정형과 가동형으로 분할되는 가장 일반적인 구조이다. 그림에서 (c), (d)는 성형품을 stripper ejector로 밀어내는 방법으로 특성은 다음과 같다.

(1) 구조가 간단하고 조작이 쉽고, 자동낙하 성형에 적합하다.
(2) gate의 형상과 위치를 비교적 임의로 결정할 수 있다.
(3) 고장요인이 적고 내구성이 우수하며 성형cycle을 빨리 할 수 있다.
(4) direct gate 이외는 특별한 공작을 하지 않는 한 gate 위치는 성형품 끝에 한정한다.
(5) 성형품과 gate는 성형 후 2차 다듬질(절단)이 필요하다.

그림 2-4는 2매 구성 금형의 구조 및 각 부품의 명칭이다.

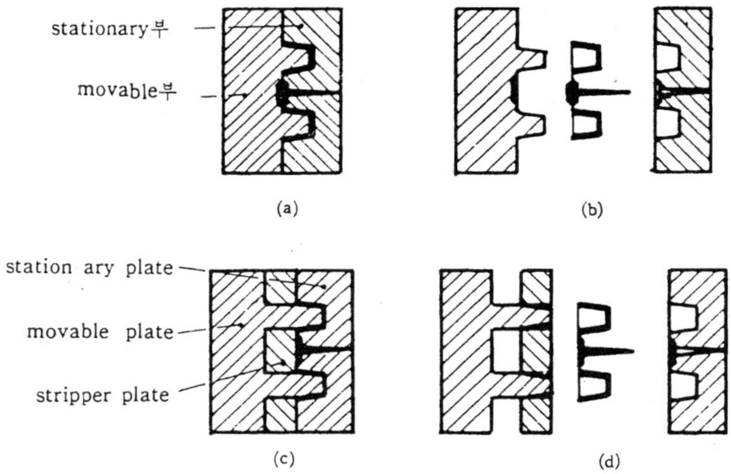

그림 2-3 2매 구성 금형의 작동

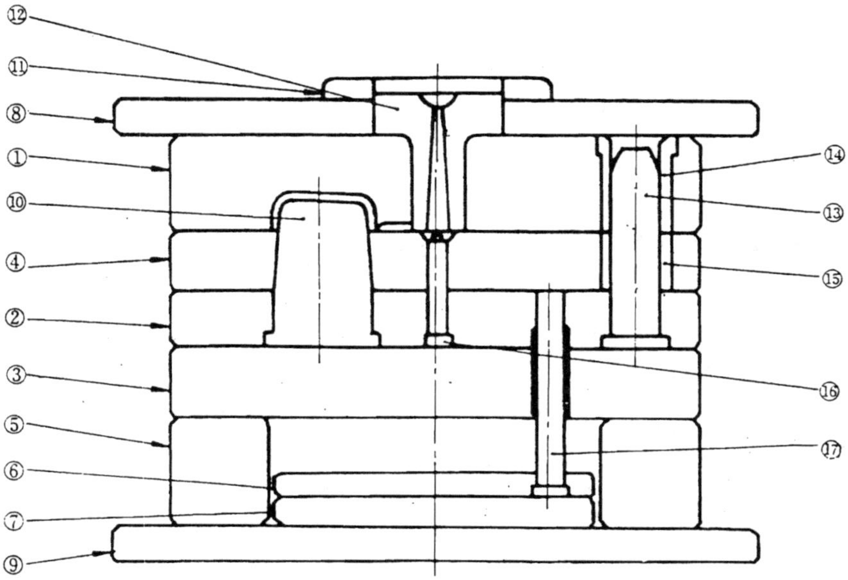

(1) 고정측 형판
(2) 가동측 형판
(3) 받침 판
(4) 스트리퍼 플레이트
(5) 스페이서 블록
(6) 이젝터 플레이트(상)
(7) 이젝터 플레이트(하)
(8) 고정측 설치판
(9) 가동측 설치판
(10) 코어
(11) 로케이트 링
(12) 스프루 부시
(13) 가이드 핀
(14) 가이드 핀 부시
(15) 가이드 핀 부시
(16) 스프루 로크 핀
(17) 리턴 핀

그림 2-4 2매 구성 금형의 기본구조

2-4-2 3매 구성 금형(3 plate molds)

그림 2-5와 같이 고정형과 가동형 사이에 또 다른 1매의 plate가 있고, 이 plate (runner plate라고도 함)와 고정형 사이에 runner가 있다. 또 가동형 사이에 cavity가 있도록 구성한 금형이다. 이 runner plate와 고정형 사이에 수지의 통로가 있으며, pin point gate의 방법이 많이 사용되고 있다. 그림에서 (c), (d)는 stripper plate로 성형품을 ejector 시키는 방법이며 3매 구성 금형의 특성은 다음과 같다.

(1) pin point gate를 사용할 수 있으며 gate의 위치를 중앙에 설치할 수 있다.
(2) pin point gate 또는 tunnel gate를 사용하면 gate를 절단하는데 별개의 장치가 필요하지 않는다.
(3) 금형을 열 때 stroke가 큰 성형기가 필요하다.
(4) 성형품과 sprue, runner, gate를 각각 별개로 하여 꺼내야 한다.
(5) 구조가 복잡하여 고장의 요인이 많아 금형의 내구성이 떨어진다.
(6) runner와 gate를 금형에서 별도로 이형 해야하는 단점이 있다.
(7) 금형의 제작 및 가동부분의 보수비가 비싸다.
(8) 성형cycle를 지연시킨다.

그림 2-6은 3매 구성 금형의 구조 및 각 부품의 명칭이다.

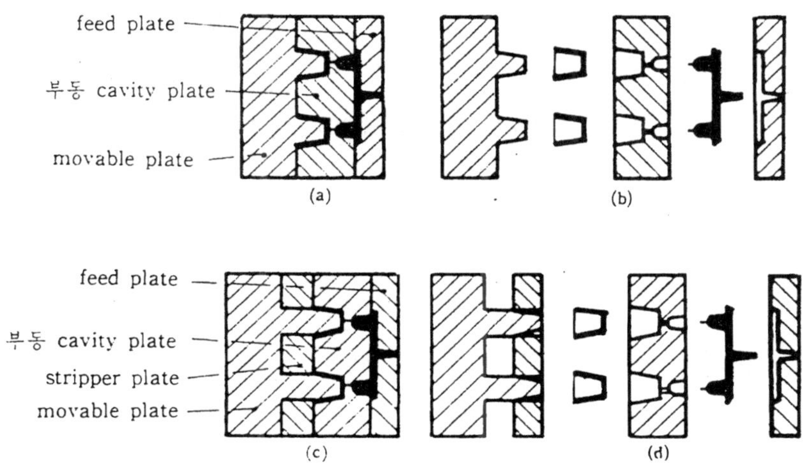

그림 2-5 3매 구성 금형의 작동

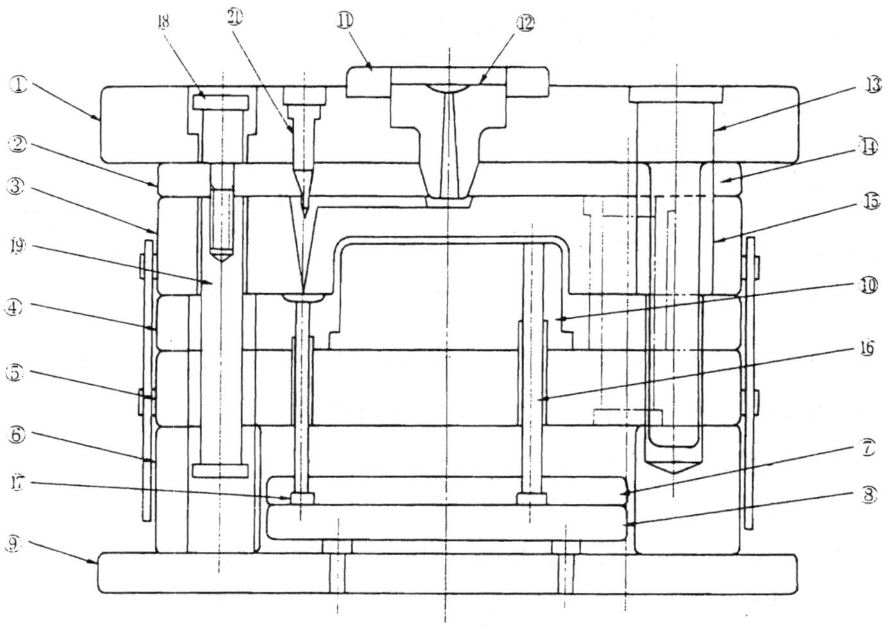

(1) 고정측 설치판
(2) 러너 스트리퍼 플레이트형판
(3) 고정측 형판
(4) 가동측 형판
(5) 받침판
(6) 스페이서 블록
(7) 이젝터 플레이트(상)
(8) 이젝터 플레이트(하)
(9) 가동측 설치판
(10) 코어
(11) 로케이트 링
(12) 스프루 부시
(13) 서포트 핀
(14) 가이드 핀 부시
(15) 가이드 핀 부시
(16) 이젝터 핀
(17) 러너 이젝터 핀
(18) 스톱 볼트
(19) 풀러 볼트
(20) 스톱 핀
(21) 러너 로크 핀
(22) 인장링크

그림 2-6 3매 구성 금형의 기본구조

chapter 3

금형의 강도계산

3-1 강도계산의 개요

사출성형용 금형을 설계할 때 주의해야 할 사항은 충분한 강도, 하중과 응력 상태, 온도의 영향 및 응력분포, 표면 다듬질 및 금형 조립의 영향, 금형의 내부 압력 등을 고려하여 설계하여야 한다.

금형을 설계할 때는 충분한 강도를 갖고, 온도제어와 성형품의 빼내기가 쉽게 이루어질 수 있어야 한다는 것을 원칙으로 한다. 또 금형을 구성하는 재질은 plastic수지의 종류에 따라 발생하는 높은 압력에 견딜 수 있는 강도를 유지하여야 한다.

즉, cavity plate 또는 core plate를 지지하는 support pin은 수지압력으로 변형되지 않도록 충분한 강도를 필요로 한다. 만일 support pin이 약하면 burr가 발생하거나 금형이 변형을 일으켜 slide 등 under cut 처리기능을 잃을 때가 있으므로 재질의 선택에 있어 세심한 주의를 해야 한다.

3-2 하중과 응력상태

금형의 사용온도 범위는 FEP를 제외하고 140℃를 초과하지는 않으나, 250～450 kg/cm^2의 높은 성형압력이 반복적으로 작용하며, cavity 자체는 가는 pin, 구멍, 홈, notch 등 응력집중이 발생하기 쉬운 형상이라고 할 수 있다

또 금형에 작용하는 응력은 정적인 것이 아니고, 항상 여러 원인에 의하여 변화하며 다양한 응력을 받고 있다. 한편 기계가공에 의하여 발생하는 tool mark나 다듬질 정도, 열처리 및 도금 등에 의해 발생할 수도 있다.

3-3 온도의 영향 및 응력분포

일반적으로 성형수지의 온도는 100～300℃(FEP는 450℃), 금형온도는 -5℃～140℃(FEP는 210℃) 정도인데, 열이 강재에 주는 영향은 팽창 등이다. 어느 보고서에 의하면 Cr-Mo강은 20℃와 150℃에서는 항장력 및 변형 내구력에서 20～30%의 차이가 난다.

또한 규칙적이 아닌 형상의 성형품은 모든 응력이 올라가므로 어떠한 재질, 경도에 의해서 그 영향은 받는다. 특히 쐐기 모양의 notch, 홈의 절삭은 그 영향이 크고, 경도가 높은 강재일수록 예민한 반응을 일으킨다. 예를 들면 Ni-Cr 조질강에 key 홈을 가공하면 그 내구성은 35% 이상 떨어진다.

3-4 표면 다듬질 및 금형 조립의 영향

성형품의 외관은 금형 표면의 다듬질상태의 영향을 많이 받으므로 성형품이 요구하는 정밀도로 다듬질가공 할 필요가 있다. 안전하지 안은 연마에 의한 mark, 줄 자국, 홈이라도 하중방향으로 있을 때에는 그 영향이 현저하게 나타난다. 더욱이 이것을 반복하여 성형하므로 유동수지의 마찰저항으로 연마작용 상태가 되고, 실제의 성형압력보다 높은 내부응력이 발생하기 때문이다. 따라서 표면경도가 증대되는 것이 금형의 강도에 미치는 영향이 대단히 크다.

또 성형품 표면에 광택이 필요할 때에는 금형의 표면다듬질도 거울과 같은 상태로 다듬질가공을 하고, 더불어 Cr 도금을 할 필요가 있다. 그러나 Cr 도금도 강재에 주는 영향이 크다는 것을 이해하여야 한다. 도금에 의한 내구성은 5～30% 정도 떨어진다.

3-5 금형의 내부응력

사출 cylinder 내에서 용융된 수지를 사출할 때, 압력손실을 무시할 때에 성형 cycle에 대하여 생각한다. 여기서 성형 cycle이라고 하는 것은 cavity 내의 수지 온도와 압력이 시간의 함수로 표시되는 것으로 정의할 수 있다. 성형작업 중 압력과 경도가 일정하지 않는 것은 명백하므로 이들의 평균치로 생각한다.

그림 3-1은 사출성형 중 일어나는 3가지의 압력과 시간의 곡선을 표시하고, cycle 최

초의 사출단계는 3가지가 전부 동일하다. piston이 전진하기 시작하면서 수지는 cavity에 사출이 시작되지만, cavity에 충만될 때까지는 실제적으로 압력은 올라가지 않는다. 다음에 압력이 급격히 올라가 시간 t_1에서 최대값 P_o에 도달되고, 이 점에서 cavity 내의 수지의 최대압력이 된다. 또 거의 최고온도로 되었다고 한다.

다음에 $t_1 \rightarrow t_2$는 압축단계이다. 여기서는 cavity에 주입된 수지는 냉각되면서 밀도가 올라간다. (a)와 (c)에서 cavity 내의 수지의 압력은 일정함을 알 수 있다. 이것은 성형기의 piston 뒷부분에서 일정한 유압을 유지하는데서 얻어진다. cavity 내에서 수지가 냉각하면, piston이 약간 전진하여 cavity 내의 수지를 보충 충전하면서 일정압력을 유지하는 것이다.

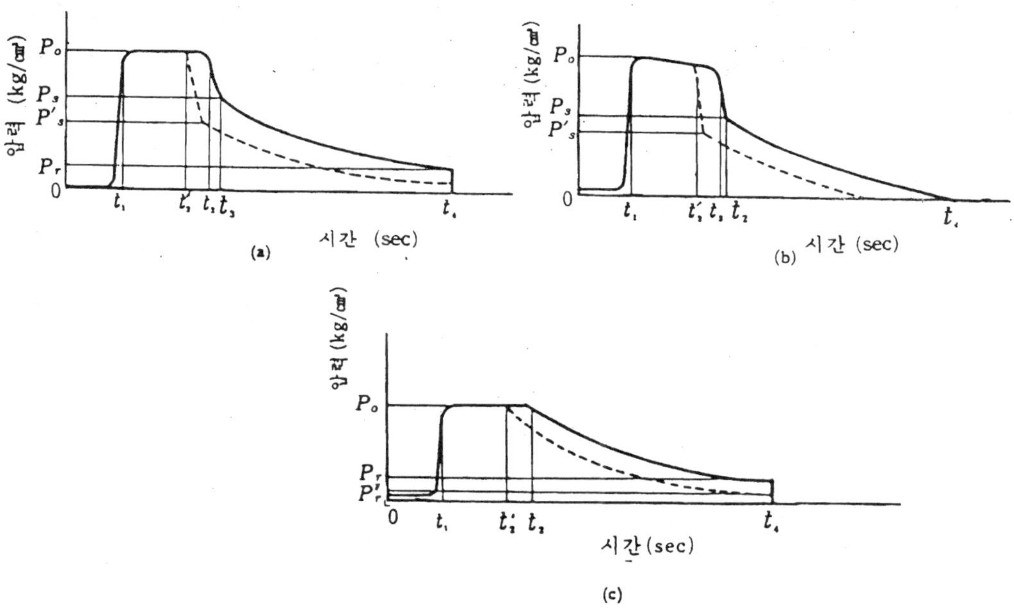

그림 3-1 사출성형 압력-시간 곡선

$t_2 \rightarrow t_3$는 배출단계로, 이 단계에서 약간 piston은 후퇴한다. 이 때 cavity 내의 고압에 의해 sprue를 통하여 약간의 수지는 cylinder쪽으로 흘러나와 (a) 및 (b)에서 보는 바와 같이 금형 내의 압력은 내려간다. (c)에 나타낸 바와 같이 3가지의 사출 조건으로 전진방향의 유동은 허용하고, 역류를 방지하는 역류방지 valve nozzle을 사용한 것이다. (a) 및 (b)의 유동은 gate 내의 수지가 고화할 때까지 연속적으로 일어난다. 이 위치에서 cavity는 밀봉되고, 유동은 그 이상 일어나지 않는다. 밀봉될 때의 압력 P_S 및 온도 T_S는 성형할 때의 평균 수축률을 결정하는 것이다. check nozzle을 사용하면 밀봉압력

은 P_o가 됨을 알 수 있다.

$t_3 \rightarrow t_4$는 냉각단계이며, (a) 및 (b)에서는 시간 t_3에서, (c)에서는 t_2에서 일어난다. 이 단계에서는 내부의 유동은 있지만 cavity에서 바깥쪽으로의 유동은 없다. 그러므로 성형품 살 두께가 균일하지 못할 때, 얇은 부분은 빨리 냉각되어 고화되고 두꺼운 부분은 고화가 늦어진다. 일반적으로 고화 시간은 살 두께의 2승에 반비례한다. 따라서 내부 압력이 높기 때문에 두꺼운 부분에서 얇은 부분으로 내부유동이 발생한다.

t_4는 금형을 열었을 때, 성형품의 ejector하는 시기로 이 때 성형품에 남은 압력을 잔유응력이라고 한다. 또 잔유응력은 평균수축에도 큰 영향을 미친다.

이 사실은 그림에서 점선으로 표시되고, 압축시간 t_2에서 t_2'로 내려갈 때의 영향을 표시하고 있다. 또 (a) 및 (b)에서는 밀봉압력 P_S가 아주 작은 P_S'로 내려가 있다. 밀봉온도는 약간 높아지므로, 이때 수지의 밀도는 떨어진다.

3-6 Cavity 강도 계산

3-6-1 직사각형 cavity의 측벽 계산

[1] cavity 바닥이 일체형이 아닐 때

정확한 계산은 가능하지 않으므로 다음의 계산 방법을 생각할 수 있다.

(1) 각 측벽을 양단고정 보로 생각하여 계산한다.
(2) 각 측벽을 양단 단순지지 보로 생각하여 계산한다.
(3) 4각의 판으로 생각하여 계산한다.

실제로는 측벽 양단지지의 상태는 완전한 고정이 아니고, 또 단순한지지도 아니며, 4각으로 된 판으로 생각하는 방법이 실제에 접근된다고 할 수 있다. 그러나 (3)의 4각의 판으로 생각한 계산은 복잡하고 실용적이 아니며, (2)의 양단 단순지지의 보로 생각하면 지나치게 형재가 커지기 때문에, 결론적으로 (1)의 양단고정 보로 생각하여 안전계수를 생각하는 것이 바람직하다.

그림 3-2를 양단고정의 균일 분포 하중을 받는 보로 생각하면 다음의 계산식이 성립한다.

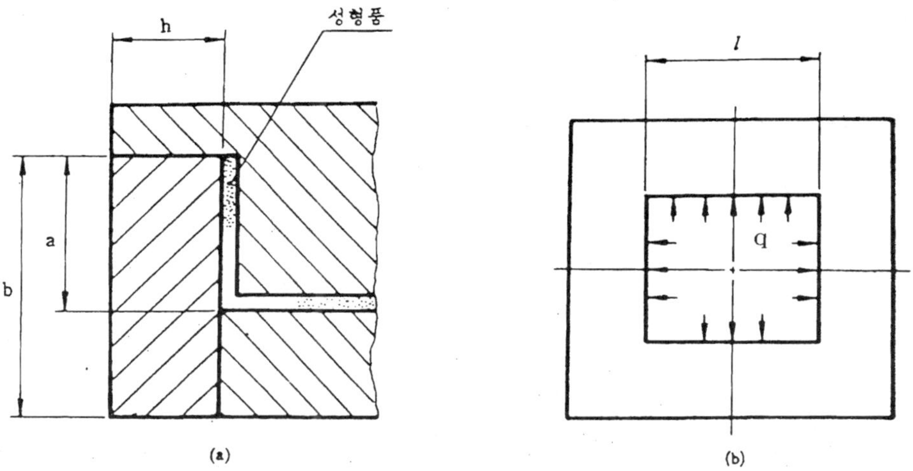

그림 3-2 Cavity의 바닥이 일체형이 아닐 때

$$\delta = \frac{Wl^3}{384EI} \text{에서} \quad W = q \cdot a \cdot l, \quad I = \frac{bh^3}{12} \text{이므로} \quad \delta = \frac{12qal^4}{384Ebh^3}$$

$$\therefore h = \sqrt[3]{\frac{12ql^4 a}{384Eb\delta}} \tag{3-1}$$

여기서, q : 성형압력(kg/cm^2), 종탄성계수 $E = 2.1 \times 10^6$ (kg/cm^2), l : 보의 길이(mm), a : 압력을 받는 부분의 길이(mm), b : cavity의 높이(mm), h : 측벽의 두께(mm), δ : 허용 변형량(mm)=0.05 mm~0.15 mm 범위로 보통 0.05 mm~0.1 mm를 적용한다.

[예제 1] 그림 3-2에서 $q = 500$ kg/cm^2, $l = 300$ mm, $a = 200$ mm, $b = 250$ mm, $\delta = 0.08$ mm 일 때 cavity바닥이 일체형이 아닐 때 측벽의 두께를 계산하라.

[풀이] 식 (3-1)에서

$$h = \sqrt[3]{\frac{12ql^4 a}{384Eb\delta}} = \sqrt[3]{\frac{12 \times 500 \times 30^4 \times 20}{384 \times 2.1 \times 10^6 \times 25 \times 0.008}} = 8.5\,\text{cm} = 85\,\text{mm}$$

[2] cavity 바닥이 일체형일 때

$$h = \sqrt[3]{\frac{cqa^4}{E\delta}} \tag{3-2}$$

여기서, h : 측벽의 두께(mm), q : 성형압력(kg/cm^2), $E = 2.1 \times 10^6$ (kg/cm^2), a :

cavity의 깊이(mm), δ : 허용 변형량(mm), c : l/2에서 결정되는 상수이며 표 3-1과 같다.

다른 한편

$$\delta = \frac{c q a^4}{E h^3} \tag{3-3}$$

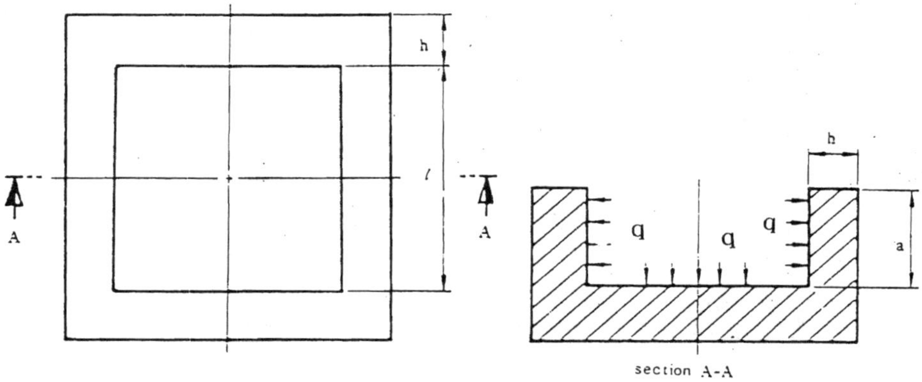

그림 3-3 Cavity의 바닥이 일체형일 때

표 3-1 상수C의 값

(단위 : mm)

ℓ/a	C	ℓ/a	C	ℓ/a	C
1.0	0.044	1.5	0.084	2.0	0.111
1.1	0.053	1.6	0.090	3.0	0.134
1.2	0.062	1.7	0.096	4.0	0.140
1.3	0.070	1.8	0.102	5.0	0.142
1.4	0.078	1.9	0.106		

[예제 2] 그림 3-3에서 $q = 500\,\text{kg/cm}^2$, $l = 300\,\text{mm}$, $a = 200\,\text{mm}$, $\delta = 0.08\,\text{mm}$일 때 cavity바닥이 일체형일 때의 측벽의 두께를 계산하라.

[풀이] 식 (3-2)에서 $c = l/a = 300/200 = 1.5$이므로 표 3-1에서 $c = 0.084$이다. 따라서 측벽의 두께는

$$h = \sqrt[3]{\frac{c q a^4}{E \delta}} = \sqrt[3]{\frac{0.084 \times 500 \times 20}{2.1 \times 10^6 \times 0.008}} = 7.4\,\text{cm} = 74\,\text{mm}$$

3-6-2 원형 cavity의 측벽 두께계산

$$\delta = \frac{q \cdot r}{E}\left[\frac{R^2 + r^2}{R^2 - r^2} + \mu\right]$$

$$R = r \cdot \sqrt{\frac{E\delta + q \cdot r(1-\mu)}{E\delta - q \cdot r(1+\mu)}}$$

$$\therefore R = r \cdot \sqrt{\frac{(2.1\times 10^6\,\delta) + (0.75\,q \cdot r)}{(2.1\times 10^6\,\delta) - (1.25\,q \cdot r)}} \qquad (3\text{-}4)$$

여기서, δ : 안지름의 변형량(mm), q : 성형압력(kg/cm^2), r : 안지름(mm), R : 바깥지름(mm), $E = 2.1\times 10^6$ (kg/cm^2), μ : 포와송비(강은 0.25)이다.

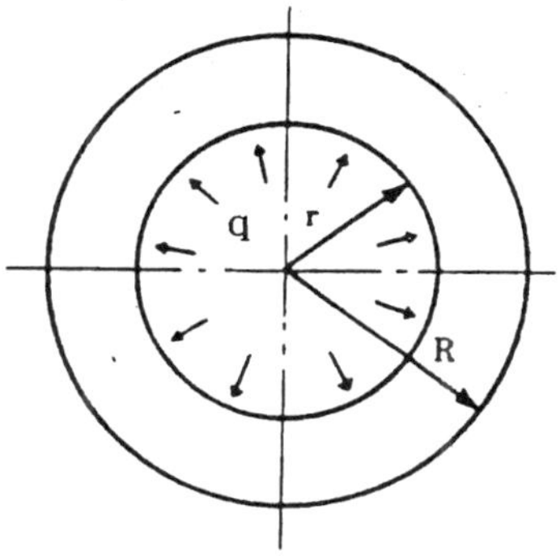

그림 3-4 원통형의 Cavity

[예제 3] 그림 3-4에서 $r = 75$ mm, $q = 630$ kg/cm^2, $\delta = 0.05$ mm일 때 원형 cavity의 측벽 두께를 구하시오.

[풀이] 식 (3-4)에서

$$R = r \cdot \sqrt{\frac{(2.1\times 10^6\,\delta) + (0.75\,q \cdot r)}{(2.1\times 10^6\,\delta) - (1.25\,q \cdot r)}}$$

$$= 7.5\times\sqrt{\frac{(2.1\times 10^6\times 0.005) + (0.75\times 630\times 7.5)}{(2.1\times 10^6\times 0.005) - (1.25\times 630\times 7.5)}} = 13.1\,\text{cm} = 131\,\text{mm}$$

$$\therefore\ h = R - r = 131 - 75 = 56\,\text{mm}$$

3-6-3 Core 받침 판의 두께

그림 3-5에 나타낸 바와 같이 core는 받침 판에 의해서 받쳐지고, 받침 판은 양단에

서 spacer block에 의해 지지되고 있다. 이때 core plate는 성형압력을 받아 굽힘이 발생되고, 굽힘이 크게 되면 성형품의 살 두께가 변화하게되며, parting line에서 flash가 발생한다. 따라서 굽힘량이 0.1 mm 이상이 되지 않도록 해야 하며, 굽힘량이 많을 때는 support block으로 받친다.

[1] Support block이 없을 때

그림 3-5에서 h : 받침판의 두께(mm), q : 성형압력(kg/cm^2), L : spacer block의 간격(mm), l : 성형압력을 받는 길이(mm), b : 성형압력을 받는 폭(mm), B : 금형의 폭(mm), δ : 받침 판의 굽힘량(mm), E : 종탄성계수[강일 때에는 2.1×10^6 kg/cm^2]라 하면, 균일분포 하중 W를 받는 단순지지보라 하면 굽힘량 δ는 다음과 같다.

$$\delta_{\max}=\frac{5WL^3}{384EI} \text{에서}\quad W=qbl,\ I=\frac{Bh^3}{12},\quad l\fallingdotseq L \text{이라면}$$

$$\delta_{\max}=\frac{5qbL^4}{32EBh^3}$$

$$\therefore h=\sqrt[3]{\frac{5qbL^4}{32EB\delta}} \tag{3-5}$$

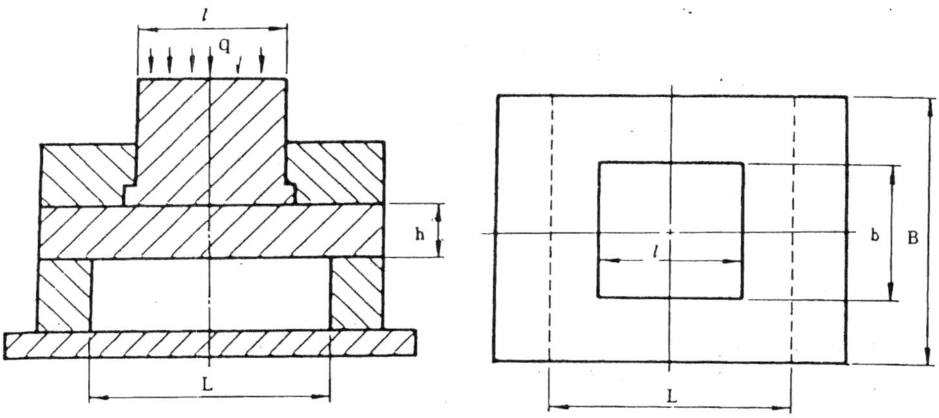

그림 3-5 Core 받침 판의 두께

[2] Spacer block 사이에 n개의 Support를 동일 간격으로 넣을 때

$$h_n=\sqrt[3]{\frac{5qb\left(\frac{L}{n+1}\right)^4}{32EB\delta}}=\sqrt[3]{\frac{1}{(n+1)^4}}\cdot\sqrt[3]{\frac{5qbL^4}{32EB\delta}}$$

$$= \sqrt[3]{\frac{1}{(n+1)^4}} \cdot h \qquad (3\text{-}6)$$

n이 1개일 때 $h_1 \fallingdotseq \dfrac{h}{2.52}$

n이 2개일 때 $h_2 = \dfrac{h}{4.33}$

n이 3개일 때 $h_3 = \dfrac{h}{6.35}$

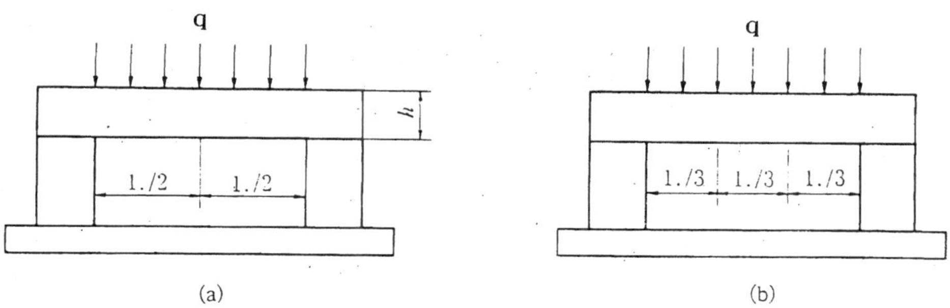

그림 3-6 n개 support를 넣을 때

[예제 4] $L = 120$ mm, $b = 130$ mm, $l = 100$ mm, $q = 500$ kg/cm^2, $B = 220$ mm, $\delta = 0.08$ mm 일 때 받침 판의 두께를 support가 없을 때와 support가 중앙에 1개 있을 때를 각각 구하라.

[풀이] 식 (3-5)와 (3-6)식에서

(1) support가 없을 때($l = L$이라 하면)

$$h = \sqrt[3]{\frac{5qbL^4}{32EB\delta}} = \sqrt[3]{\frac{5 \times 500 \times 13 \times 12^4}{32 \times 2.1 \times 10^6 \times 22 \times 0.008}} = 3.85\,\text{cm} = 38.5\,\text{mm}$$

(2) support가 중앙에 1개 있을 때

$$h_1 \fallingdotseq \frac{h}{2.52} = \frac{38.5}{2.52} \fallingdotseq 15.3\,\text{mm}$$

3-6-4 Pin 및 Bolt의 강도계산

금형을 조립할 때는 각종 pin 및 bolt가 사용되고 있으며, 금형의 불량원인으로는 pin 종류의 굽힘, 파손 등일 때가 대단히 많다. 이것은 pin의 지름에 비해 길이가 길고, 이 긴 쪽의 방향으로 큰 압축응력이 작용하기 때문에 처짐이 발생하며, 또 이것이 굽힘으로 나타난다. 즉, 비교적 지름이 가는 pin일 때에는 지름의 2.5배가되면 굽힘이 발생하거나 처짐이 일어난다.

그림 3-7의 (a)와 같이 외팔보의 선단에 하중 W가 작용할 때의 굽힘을 최소로 하기 위한 처짐량 및 pin의 지름은 다음 식으로 구한다.

$$\delta = \frac{Wl^3}{3EI} = \frac{64\,Wl^3}{3\pi D^4 E} \text{ 에서}$$

$$\therefore D = \sqrt[4]{\frac{64\,Wl^3}{3\pi E\delta}} \qquad (3\text{-}7)$$

여기서, δ : pin의 굽힘량(mm), W: 하중(kg), l : pin의 노출길이(mm), I : 단면 2차 moment(mm^4), D : pin의 지름(mm), E : 종탄성계수로 강재일 때에는 2.1×10^6 (kg/cm^2)이다.

그림 (b)에서 전단 응력에 대하여 필요한 pin의 지름은 다음 식으로 구한다.

$$\tau_a = \frac{P}{A} = \frac{4P}{\pi d^2} \text{ 에서}$$

$$\therefore d = \sqrt{\frac{4P}{\pi \tau_a}} \qquad (3\text{-}8)$$

여기서, τ_a : 허용전단 응력(kg/cm^2), P : 성형압력(kg/cm^2), d : pin의 지름(mm)이다.

한편, 일반적으로 bolt는 인장응력을 받고 있다고 생각할 수 있으며, 이 bolt의 지름을 결정할 때에는 다음 식으로 구한다.

$$d = \sqrt{\frac{4W}{\pi \sigma_a}} \qquad (3\text{-}9)$$

여기서, d : pin의 지름(mm), W: 하중(kg), σ_a : 허용인장 응력(kg/cm^2)이다.

문제. 그림과 같이 직4각형 베터리 케이스를 사출성형 하고자 한다.

(1) cavity의 내압(q)은?

$$q = 408\ (kg/cm^2) = 400\ (bar)$$

※ 1 bar = 1.02 (kg/cm^2), 1 (kg/cm^2) = 9.8 N, 1 bar ≒ 10 N, 1 MN = 10^6 N이다.

(2) 형 체결력(P_S)은?

$$P_S = F \cdot q = 600 \times 408 = 244,000\,(\text{kg}) \fallingdotseq 245\,(\text{ton})$$

※ F : 단면적 $= \ell_1 \cdot \ell_2 = 50 \times 12 = 600\ (\text{cm}^2)$

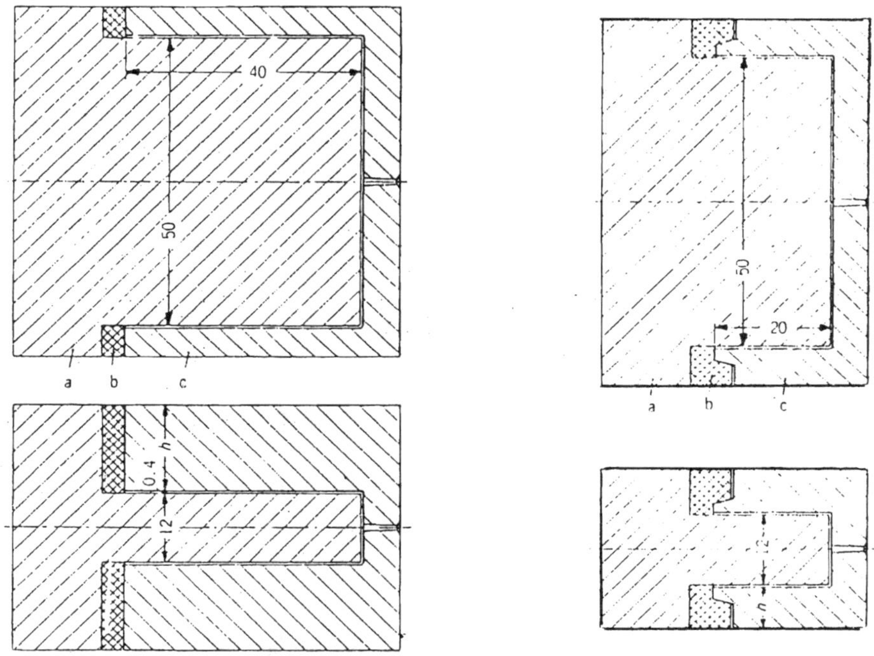

그림에서 a : core, b : stripper plate, c : cavity이다.

그림 3-7 바닥면적 50×12(cm), 높이 40(cm) 및 20(cm)의 상자용 금형의 단면

(3) 밑변의 두께(H)는?

큰 영향은 없으나 냉각수관을 감안하여 두께를 크게 잡는다.

※ 냉각수관의 지름은 6 mm~20 mm범위에서 선택하나 보통 8 mm~15 mm에서 사용한다.

(4) 길이가 긴 쪽(ℓ_1)의 측벽 두께(h)는?

(4-1) 측벽에 미치는 총 힘(P)은?

$$P = q \cdot l_1 \cdot h_o = 408 \times 50 \times 40 = 816,000\ (\text{kg}) = 816\ (\text{ton})$$

(4-2) cavity 열린 쪽 끝에서 폭(b)을 1 cm로 자른 절편에 미치는 힘(P_1)은?

$$P_1 = \frac{P}{h_o} = \frac{816,000}{40} = 20,408\ (\text{kg}) \fallingdotseq 20.4\ (\text{ton})$$

또는 $P_1 = q \cdot l_1 \cdot b = 408 \times 50 \times 1 = 20,408\ (\text{kg}) \fallingdotseq 20.4\ (\text{ton})$

(4-3) 저항모멘트(2차 단면계수)(W)는?

$\sigma_b = \dfrac{M}{W}$ 에서, $M = \dfrac{Pl}{4}$ 이므로

$$\therefore\ W = \frac{M}{\sigma_b S} = \frac{P_1 l_1}{4\sigma_b S} = \frac{20,408 \times 50}{4 \times 2,040.8 \times 3} = 41.67\ (\text{cm}^3)$$

$W = \dfrac{bh^2}{6}$ 에서 h값을 구하면,

$$h = \sqrt{\frac{6W}{b}} = \sqrt{\frac{6 \times 41.67}{1}} = 15.8\ (\text{cm}) \fallingdotseq 16\ (\text{cm})$$

※ $\sigma_b = 2,040.8\ (\text{kg/cm}^2)$: 허용굽힘응력 S : 안전계수 ┌ 깊이가 깊을 때 $S = 3$
$E = 2.14 \times 10^6\ (\text{kg/cm}^2)$ └ 깊이가 낮을 때 $S = 2$

(5) 휨(f)은?

$$f = \frac{P_1 l_1^3}{384EI} = \frac{12P_1 l_1^3}{384Ebh^3} = \frac{12 \times 20,408 \times 50^3}{384 \times 2.14 \times 10^6 \times 1 \times 16^3} = 0.0091\ (\text{cm})$$

$$= 0.091\ (\text{mm})$$

※ $f = 0.1$ mm 이하이면 된다.

(6) cavity의 짧은 쪽 (ℓ_2)의 측벽 두께 (h')는?

$\sigma_z = \dfrac{P_1}{2bh'}$ 에서

$$h' = \frac{P_1}{2b\sigma_z} = \frac{20,408}{2 \times 1 \times 2,040.8} = 5\ (\text{cm})$$

※ $\sigma_z = \sigma_b = 2,040.8\ (\text{kg/cm}^2)$

(7) 낮은 용기의 두께(h'')는?

(7-1) $h_o = 20$ cm일 때

$$P_1 = q \cdot b \cdot h_o = 408 \times 1 \times 20 = 8,163 \ (\text{kg/cm}^2)$$

$$W = \frac{P_1 h_o}{4 \sigma_b S} = \frac{8,163 \times 20}{4 \times 2,040.8 \times 2} = 10 \ (\text{cm}^3)$$

$W = \dfrac{bh''}{6}$ 에서

$$\therefore h'' = \sqrt{\frac{6W}{b}} = \sqrt{\frac{6 \times 10}{1}} = 7.75 \ (\text{cm}) \fallingdotseq 8 \ (\text{cm})$$

(7-2) $h_o = 40$ cm일 때

$$P_1 = q \cdot b \cdot h_o = 408 \times 1 \times 40 = 1,6320 \ (\text{kg})$$

$$W = \frac{P_1 h_o}{4 \sigma_b S} = \frac{16,320 \times 40}{4 \times 2,040.8 \times 2} = 40 \ (\text{cm}^3)$$

$$\therefore h = \sqrt{\frac{6W}{b}} = \sqrt{\frac{6 \times 40}{1}} = 15.5 \ (\text{cm})$$

※ (4-3)에서 $S = 3$으로 택한 값과 0.3 cm 차이가 있음을 알 수 있다. 그러므로 stripper 효과가 없음을 알 수 있다.

chapter 4

사출성형용 금형의 온도제어

4-1 온도제어의 목적

냉각시스템의 크기를 결정한다는 것은 간단한 일이 아니며, 또 금형 설계자가 숙달되어 있지 않은 것이 보통이다. 이 일은 비교적 복잡하므로 기술문헌 및 어떠한 종류의 문헌에도 적당한 답을 찾아볼 수 없는 것이 있다. 열 이동 문제는 부분적으로 해결되어지고 있고 현재는 컴퓨터나 프로그램, 포켓컴퓨터로 풀 수가 있다. 그러나 조건에 따라서는 풀기가 어려울 때도 있다.

예컨대 cavity의 벽은 사출된 용융 수지에 의해 주기적으로 가열된다. 그 결과 냉각수의 온도차가 크게되어 냉각효과도 커진다. 금형을 열고 성형품을 ejector시킨 후에는 cavity가 그 주변의 공기에 의해서도 냉각된다. 그래서 cavity의 온도차는 주기적으로 변화한다. 이 문제는 용융 수지가 금형의 일부분(cavity)에만 접촉하고, 한편 금형은 전체 폭 및 전체 높이에 걸쳐 냉각수관으로 냉각되므로 더욱 어려워진다. 또 냉각수는 금형을 통과하는 사이에 온도가 올라가기 때문에 금형과 냉각수관의 온도차가 변화한다. 따라서 온도제어의 목적은 다음과 같다.

(1) 성형cycle의 단축
(2) 성형성의 개선
(3) 성형품의 표면상태 개선
(4) 성형품의 강도저하 및 변형방지
(5) 성형품의 형상과 치수정밀도 향상

4-2 금형 온도제어의 필요성

4-2-1 성형성을 목적으로 하는 온도제어

성형품의 외관, 수지의 물성 및 성형 cycle은 금형의 온도에 따라 현저하게 영향을 받는다. 금형의 온도를 낮은 온도로 유지하면서 shot수를 증가시키는 것이 이상적이지만, 성형품의 형상에 따른 금형의 구조, 성형품의 종류에 따라 cycle을 희생시키면서 금형의 온도를 높게 하여 충전시킬 때에도 있다.

4-2-2 변형방지를 위한 온도제어

이것은 성형품 수지의 특성에 따른 문제이며, 여기서 요구되는 것은 냉각속도이다. 만일 냉각속도가 너무 빨라서 일부는 경화하고, 일부는 연화되는 부분이 있을 때에는 균일하지 않은 수축에 의하여 변형이 발생하는 것을 방지할 수가 있다. 즉, 냉각으로 인한 변형은 적정한 온도제어로 개선될 수 있다.

실제로 금형을 설계할 때에는 slide core, ejector pin, core bushing 등의 관계로 장애가 많고, 냉각구멍을 분리시킬 수 없을 때가 있다. 이러할 때는 신속하게 냉각 경화하는 부분을 온수 등으로 가열하여 cavity 각 부분의 냉각속도가 균일하도록 제어한다. 그러나 열이 있는 물체에 다른 물체로 열이 이동되는 데는 시간이 걸리고, 또 사출성형기는 그 자체가 단독으로 열을 공급하는 것처럼 운전을 하기 때문에 금형의 cavity 표면 온도를 일정하게 유지하는 것은 가능하지 않다. 그림 4-1은 금형의 cavity 표면 온도를 실제로 측정한 것이다.

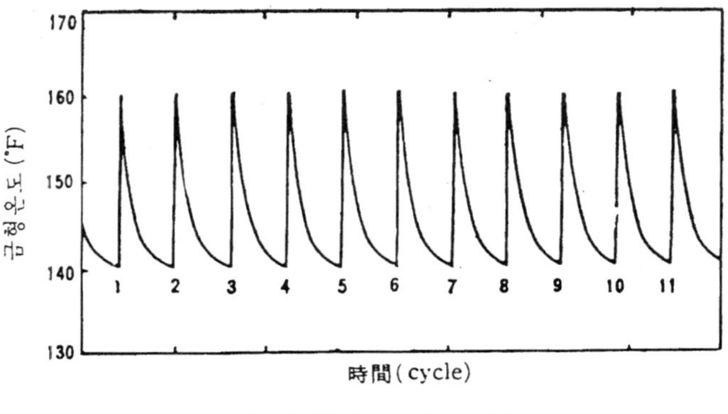

그림 4-1 금형 Cavity의 표면온도

성형품 품질에 영향을 미치는 sink mark, 비틀림, 기타 여러 가지로 일어나는 성형불량의 원인은 성형품의 형상, 성형품 두께, 성형기의 사출압력, 사출 비틀림, 가열온도의 성형조건, runner, gate, ejector, 온도 등 금형에 관계되는 조건 및 성형수지 등을 열거할 수 있다. 표 4-1은 이들 중 금형의 온도에 관계가 있는 성형불량을 나타낸다.

표 4-1 금형 온도와 관계가 있는 성형불량

금 형 온 도	성형불량의 종류	불량발생 원인 및 현상
지나치게 높을 때	sink mark	살두께가 두꺼운 rib 혹은 돌기부 이면에 생기는 오목(凹)한 부분이다. 이것은 냉각되기 쉬운 위치가 먼저 경화하고, 냉각되기 어려운 수지가 그 위치로 이동하기 때문에 생기는 것이며, 보통 금형 온도가 높으면 발생한다.
	flash	금형의 틈새에서 발생하는 불량으로 수지가 흘러나온 것이며, 금형온도가 지나치게 높으면 cavity 내의 수지점도가 낮아져 쉽게 유동되므로 매우 작은 틈새에서도 발생한다.
불균일할 때	비 틀 림	성형품 각부의 냉각온도가 균일하지 않을 때는 냉각이 빠른 부분과 늦은 부분이 있게 되고, 수축의 변화에 따라 이 현상이 발생한다.
지나치게 낮을 때	충 전 불 량	금형 내에서 수지가 완전히 충전되지 않는 상태로 경화하는 현상이다. 금형 온도가 지나치게 낮으면 cavity 내의 수지점도가 높아지게 되어 쉽게 유동되지 못하기 때문에 이 현상이 발생한다.
	weld line	유동이 2개의 방향 이상으로 분할되어 있고, 어떤 거리를 유동한 다음 다시 합류하는 영역에서 모발형태의 미세한 선으로 나타나는 것이며, 금형 온도가 지나치게 낮으면 발생한다.
	표면광택불량	금형 온도가 지나치게 낮으면 표면광택이 충분하게 나타나지 못할 때가 있다.
조절이 불충분할 때	기계적 성질불량	polyamid, polyacetal, polypropylen 등의 결정성 수지는 금형 온도가 지나치게 낮게 되거나, 조절이 충분하지 않을 때에는 결정화도가 충분하지 않고, 기계적 성질이 떨어진다.

4-3 냉각수의 수량

금형 내에 적정량의 물이 흐르는 수로가 있으면 다음은 적정한 온도와 적정한 냉각용 수량에 대하여 생각하지 않으면 안 된다.

금형에서 나온 온수를 다시 순환시킬 때는 금형 입구온도까지 되돌리기 위한 냉각수 온도조절기 또는 열 교환기의 선택이 필요하고, 또 열을 흡수하는데 필요하고 충분한 수량을 공급하여야 한다. 냉각수는 금형 내를 통과하는 사이에 열에 의하여 온도는 올라간다.

이 온도가 올라가면 금형 온도의 부분적 불균형을 발생시키는 원인이 되기 때문에 비교적 크게된다. 또 냉각수량에는 냉각수 온도조절기 또는 펌프 등에서 오는 경제적인 한계가 있다. 표 4-2는 냉각구멍의 지름에 대한 수량한계를 나타낸다.

표 4-2 냉각수로의 한계순환수량

냉각수로 지름 (mm)	한 계 순 환 수 량	
	m^3/min	l/min
8	0.0038	3.8
11	0.0095	9.5
19	0.038	38
24	0.076	76

4-4 냉각수 구멍의 설계

4-4-1 냉각구멍의 설정위치

냉각효과를 높이기 위해서는 냉각구멍의 위치를 가능한 cavity 표면에 접근시키고 냉각구멍 수를 증가시킨다. 금형의 전 표면의 온도를 균일하도록 설정하는 것이 이상적이며, 이것은 성형품 단면 중앙부의 냉각속도를 균일하게 되도록 하는 것과 같다. 또 충전할 때와 성형품을 ejector할 때의 온도차도 이들과 대응하여 변화시키는 것이 좋다.

일반적으로 1개의 큰 냉각구멍보다는 많은 수의 구멍이 더욱 효과적이다. 이것은 그만큼 성형할 때의 온도제어 응용 범위가 넓어지기 때문이다. 이 때 냉각구멍이나 홈의 방청을 고려하여 물때(scale)의 발생으로 막힘을 방지하고, 청소하기 쉽게 간단한 구조로 한다.

또 냉각구멍이나 홈은 cavity내에서 반복 작용하는 성형압력에 의하여 변형 및 파손

표 4-3 냉각수 구멍의 지름과 가공위치

(단위 mm)

냉각수 구멍의 지름	cavity 표면으로부터의 거리
6	4
8	6
10	8
20	10

되지 않도록 충분한 강도를 유지한다. 표 4-3은 충전압력 1,000 kg/cm^{2}의 조건에서 금형의 변형이 0.002 mm이라고 가정하였을 때, 냉각수구멍의 지름과 cavity 표면에서의 거리의 한계 값이다.

4-4-2 온도조절수관의 설계와 치수

[1] 평판인 소형 성형품의 온도조절(cavity쪽)

1) 물리적으로 이상적인 형상

① 성형품의 폭 b_A = 냉각수관의 폭 b_r 이다.

② 냉각효과가 크나 그러나 성형품이 크면 cavity가 변형될 수 있다.

2) 기술적으로 최적의 형상

① 사출압력이 cavity에 가해졌을 때 충분한 강성이 있는 온도조절 → 물리적으로 이상적인 형상을 칸막이로 분할.

② 기계가공이 곤란하며 물막이에 문제가 생길 수도 있다.

3) 용이하게 실행할 수 있는 형상

① 사출압력이 cavity에 가해졌을 때 충분한 강성이 있는 온도조절→물리적으로 이상적인 형상이다.

② 기계가공은 쉽지만 사각단면 냉각수관보다 냉각 효과가 떨어진다.

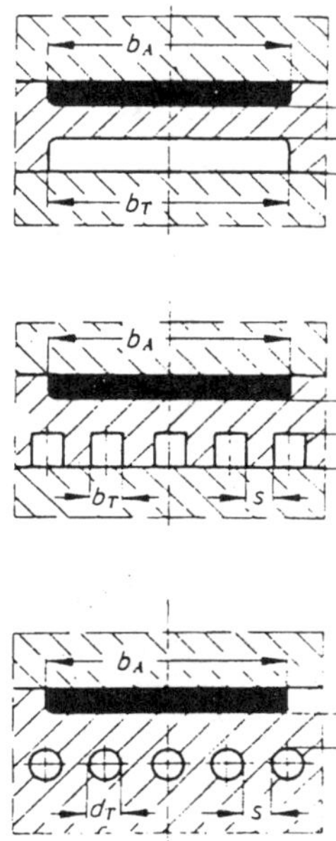

그림 4-2 온도조절수관의 설계와 치수

4) 냉각수관의 치수

br, dr, h (mm)	6 8 10	12 14	16 18 20
a (mm)	4 6 8	12 15	20 25 30
s (mm)	4 6 7	8 10	11 12 14

※ 일반적으로 냉각수관의 지름은 8mm~15mm 범위를 취한다.

[2] 정밀 금형에 있어서 온도조절 Cavity수관의 지름과 배치

1) C : 냉각수의 중심과 성형품 밑면까지의 간격

C값이 크면 cavity 온도가 균일해지며, C값이 작으면 열의 제거가 신속하나 cycle이

짧아진다.

2) b : 냉각수관과 냉각수관과의 간격

b값이 작을수록 금형 온도는 균일하나 설계 상 냉각수관을 크게 하고자 할 때는 cavity와 냉각수관의 간격도 동시에 증가 시켜야 한다. 성형품의 두께가 커지면 냉각수관의 지름도 크게 하여야 한다.

3) d_r : 냉각수관의 지름

냉각수관의 지름은 최소한 냉각수관 간격 (b)의 1/3으로 해야 한다.

※ 금형의 고정 측과 가동 측의 냉각은 별개로 하고, 냉각수관은 직렬 접촉보다 병열로 접촉시킨다.

※ 냉각 매체의 누수를 방지하기 위하여 밀봉해야 하고, 위치는 조립할 때 문제가 발생하지 않는 위치를 선정한다.

(1) 열 제거가 균일하지 않을 때 (2) 열 제거가 균일할 때

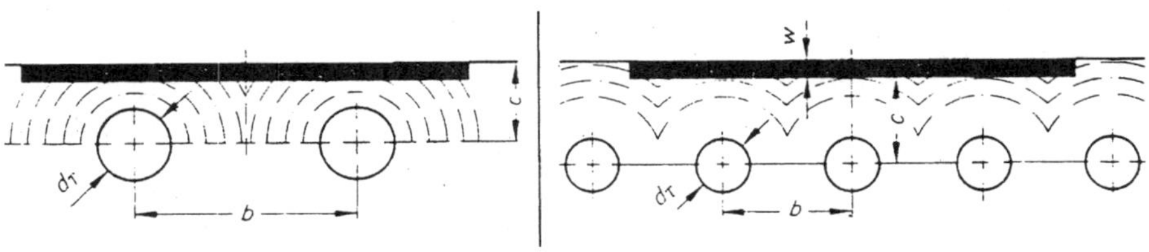

큰 거리 b
+ 작은 거리 c
+ 큰 관 지름 d_r
결과 : 금형 캐비티 내의 온도가 균일하지 않을 때

아래와 같이 한다.

① 성형품 두께 W 관의 지름 d_r

성형품 두께 W	관의 지름 d_r
≤ 2 mm	8 ~ 10 mm
≤ 4 mm	10 ~ 12 mm
≤ 6 mm	12 ~ 15 mm

② 간격 $c = (2 \sim 3) \times$ 관 지름 d_r

③ 간격 $b = 3 \times$ 관 지름 d_r

그림 4-3 정밀 금형에 있어서의 온도조절수관의 지름과 배치

4-4-3 Core의 냉각

core형과 cavity형은 각 독립적으로 조정되도록 한다. 일반적으로 cavity형은 받는 열량과 방출열량 면적이 크기 때문에 core형보다 많은 냉각수량을 필요로 한다. 또 이형, ejector를 위해서는 core형의 냉각을 먼저하고 보온을 위해서는 cavity의 보온을 먼저 한다.

일반적으로 core는 bushing형으로 가공하고, 이 부분의 온도조절은 냉각회로에서와

같이 O ring을 이용하여 packing한 후 그 유로에 1~3 kg/cm^2의 압력으로 냉각수를 통과시킨다. 이 때 자주 발생하는 것이 냉각수의 누수 현상이다.

[1] core쪽의 냉각온도조절

1) Core의 지름 또는 폭 d = b ≥ 3 mm일 때

① 금형 개방 중 외부로부터는 ring 틈 사이에서, 내부로부터는 core에 뚫은 구멍을 통해서 유입한 공기로 core를 냉각하므로 냉각 효과가 나쁘다.

② 성형품에 관통구멍이나 slot(홈 구멍)이 있어야 하고, 공기의 압력 때문에 소음이 있다.

2) core의 지름 또는 폭 d = b ≥ 5 mm일 때

① 열전도가 좋은 동이나 동 합금을 사용하고, 동 재료 핀을 core중앙에 뚫린 막힌 구멍에 압입하고, 또 냉각수내에 돌출시켜 사용한다.

② 막힌 구멍, 관통구멍, slot 및 홈을 사용할 수 있으며 동제품 대신에 히트 파이프를 많이 사용한다.

3) core의 지름 또는 폭 d = b ≥ 8 mm일 때

① baffler(조절장치)형 core 냉각방식을 사용하며 core 중심부에 막힌 구멍을 뚫고 관을 삽입하고, 관을 통하여 기름 및 물로 냉각시킨다.

② 지름 1.5 mm관에도 사용할 수 있다(주사침을 사용).

③ 관 끝의 경사가 필요하나 4 mm 이상일 때는 경사를 줄 필요가 없고, 바깥지름 20 mm 이상의 core에는 나선상의 관을 사용할 수 있다. 나선상으로 하면 냉각 매체가 난류로 되어 냉각효과가 크다.

4) core의 지름 또는 폭 d = b ≥ 40 mm일 때

baffler형은 사용하지 말아야 한다. 성형용 core안 쪽에 여분의 core를 설치하고 중앙에 구멍을 뚫고 끝에 나사를 만든 후 바깥쪽 면의 나선상 수관과 연결한다.

5) 파이프형의 core의 두께 S ≥ 4 mm일 때

① 성형용 core바깥쪽과 안 쪽과의 사이에 공간(S)을 갖는다. 파이프 두께는 4 mm 이상이어야 하고, 2중 나선형에 의한 파이프형상의 core의 냉각 방식이다.

② 냉각 매체는 한쪽의 나선을 통해 core의 선단에 이르고 다른 쪽 나선을 통해서 복귀한다. 동일 피치의 나선 2개를 자르고 바깥 쪽 core와 안쪽 core를 기계가공하여 선단에서 연결한다.

코어지름, 코어폭 d(mm)	내 용	설 계
≥ 3	형 개방 중에 공기에 의해 열제거	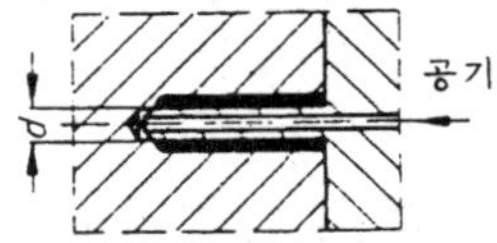
≥ 5	온도조절 모체에의 열전도는 동판이나 히트파이프	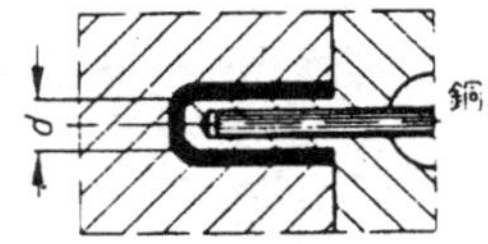
≥ 8	버블러 냉각(스파이럴 붙이 버블러 냉각)	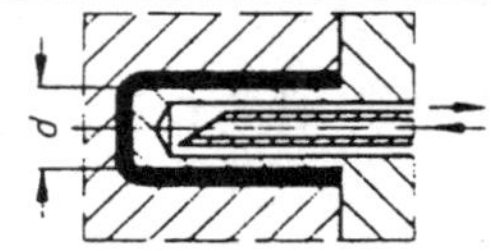
≥ 40	스파이럴 냉각	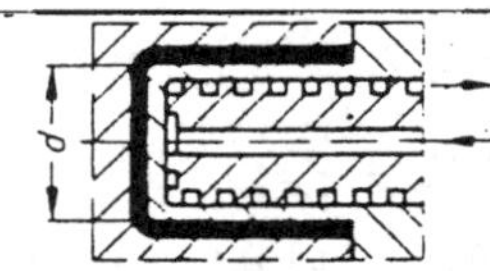
파이프형상의 코어 S ≥ 4	2중 스파이럴에 의한 파이프형상의 코어냉각	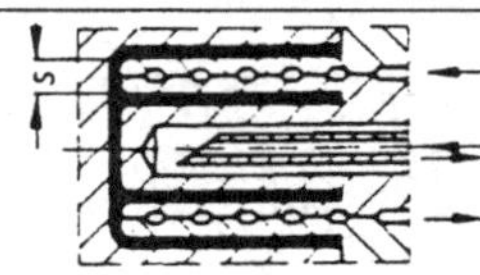

그림 4-4 core의 냉각system

4-5 사출성형용 금형의 냉각시스템의 계산식

온도의 표시방법

t_o : 주변의 공기온도　t_1 : 플라스틱온도　t_2 : 금형 온도
t_3 : cavity온도　t_4 : 냉각수관의 열 저항온도　t_5 : 냉각수온도
t_{max} : 최고온도　t_m : 평균온도　t_{min} : 최저온도

[1] 제거해야 할 전 열량(Q)

$$Q = n \cdot G \cdot C_p\,(t_{1_{max}} - t_{1_{min}}) = n \cdot G \cdot \triangle i\ (\mathrm{KJ/hr}) \qquad (4\text{-}1)$$

여기서, n : 시간당의 shot 수, G : sprue와 runner를 포함한 1 shot의 수지중량(kg), $\triangle i$: 금형에 들어가는 플라스틱($t_{1_{max}}$)과 냉각 최후의 플라스틱($t_{1_{min}}$)의 엔탈피의 차(KJ/kg), C_p : 비열이다.

※ 비열의 값은 핸드북이나 원료 메이커의 정보에서 얻는다.

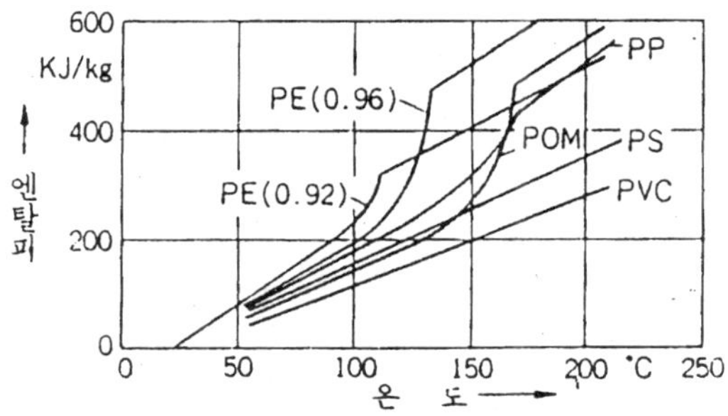

그림 4-5 각종 플라스틱의 엔탈피와 온도의 관계

[2] 자연냉각에 의해 제거되는 열량(Q_1)

$$Q_1 = 4.1868\left(0.25 + \frac{360}{t_{2m} + 300}\right) \cdot F\,(t_{2m} - t_o)^{4/3} \tag{4-2}$$

[3] 시간당 제거한 후 잔유열량(Q_2)

$$Q_2 = \alpha_2 \cdot f\,(t_{1m} - t_{3m}) = Q - Q_1 \text{ (KJ/hr)} \tag{4-3}$$

[4] Cavity 벽의 평균온도($t_{1m} - t_{3m}$)

$$(t_{1m} - t_{3m}) = Q_2 / \alpha_2 \cdot f \cdot \tau \tag{4-4}$$

여기서, α_2 : 플라스틱과 금형 사이의 열전도계수로 1,549(KJ/m^{2}h℃),
f : 성형품의 면적(m^2), τ : 사출시간+유지시간에 대한 전 사이클의 비이다.

[5] 금형의 열 저항 값(R_v)

$$R_v = \frac{1}{\lambda}\left(\frac{2 \cdot 3 \cdot L}{(A-a)b-(B-b)a}\right)\log\left(\frac{A}{a}\right)\left(\frac{b}{B}\right) \tag{4-5}$$

$\frac{A}{B} = \frac{a}{b}$ 일 때 0/0이 되며 이 때는 다음과 같다.

$$R_v = \frac{1}{\lambda} \cdot \frac{2 \cdot 3 \cdot L}{a \cdot B} \tag{4-6}$$

core 및 동일한 두께 부분에는 다음 식이 얻어진다.

$$R_v = \frac{2 \cdot 3}{2\pi\lambda l} \log\left(\frac{d_2}{d_1}\right) \tag{4-7}$$

여기서, l : core의 길이, d_1 : core의 안지름, d_2 : core의 바깥지름이다.

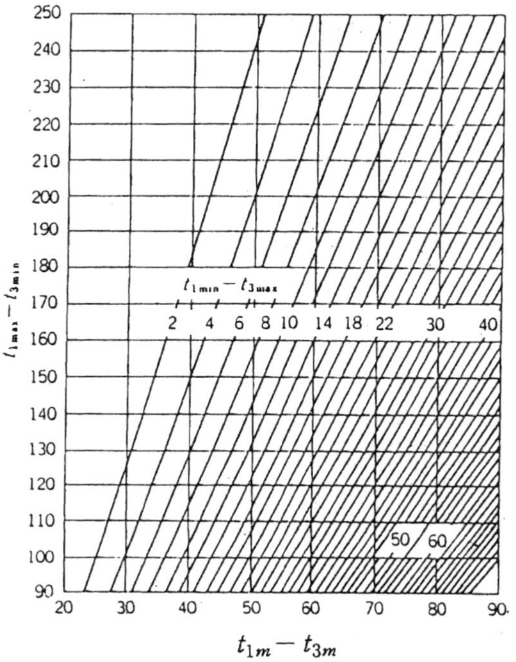

그림 4-6 $T_{1_{min}} - T_{3_{max}}$의 온도차를 정하는 차트

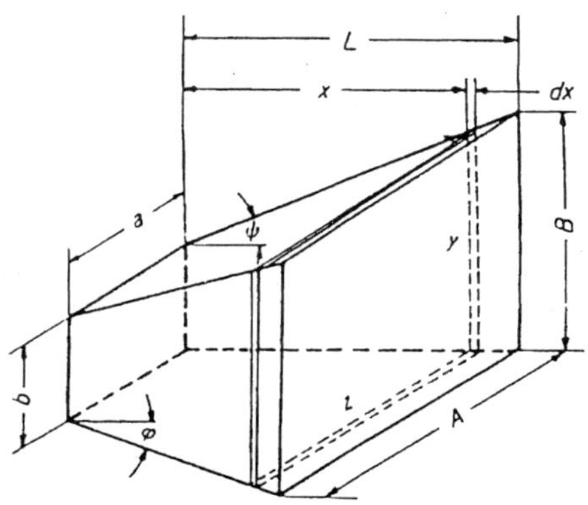

그림 4-7 금형의 열 저항계산법

[6] 냉각수관의 열 저항(표면온도)온도(t_{4m})

$Q_{2G} \cdot R_v = t_{3m} - t_{4m}$ 에서

$$\therefore \; t_{4m} = t_{3m} - Q_{2G} \cdot R_v \tag{4-8}$$

[7] 냉각수관과 냉각수 사이의 열 이동

$$R_e = wd/v \geq 2,320 \tag{4-9}$$

여기서, R_e : 레이놀드 수, w : 냉각매체의 유속(m/sec), d : 냉각수관의 지름(mm), ν : 동점도(m^2/sec)이다. ν 의 값은 그림 4-7에 나타낸다.

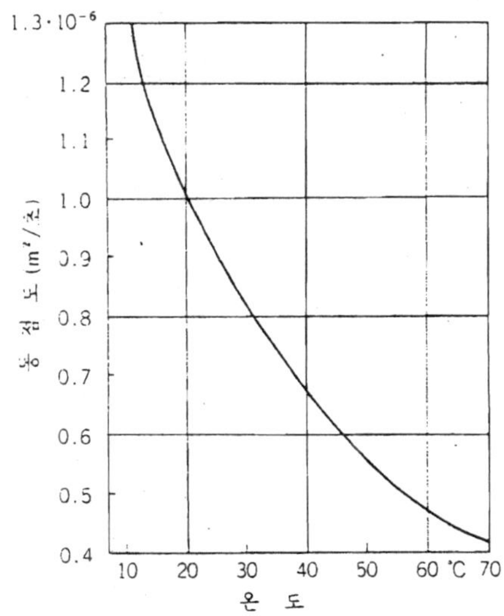

그림 4-8 물의 동점도

R_e의 값이 2,320과 3,000 사이는 천이영역으로 난류가 보증되지 않는다. 그래서 R_e 값을 편리한 3,000~6,000으로 하면 다음 식이 구해진다.

$$\omega d = (3,000 \sim 6,000)\,\nu \tag{4-10}$$

시간당 제거되는 열량은 다음과 같다.

$$Q_2 = Q - Q_1$$

따라서 Q_2 는 다음과 같다.

$$Q_2 = 3,600\,\gamma \frac{\pi d^2 w}{4}(t_{5out} - r_{5inp})\,C = 3,600\,\gamma \dot{S}(t_{5out} - t_{5inp})\ \text{(KJ/hr)} \quad (4\text{-}11)$$

$$\therefore S = \frac{Q_2}{3,600\,\gamma(t_{5out} - t_{5inp})\,C}\ (\text{m}^3/\text{sec}) \quad (4\text{-}12)$$

여기서, γ : 물의 점성도 = 1,000(kg/m³), C : 비열 = 4.19(KJ/kg℃), t_{5out} : 냉각수 금형 출구온도 = 50℃, t_{5inp} : 냉각수 금형 입구온도 = 20℃이다.

※ d = 0.008 ~ 0.025(mm)가 보통이고, w의 값은 0.5 ~ 5(m/sec) 사이에 있다.

$$l = \frac{Q_2\,d}{14.78\,S\,(1 + 0.015\,t_{5m})(t_{4m} - t_{5m})}\ (\text{m}) \quad (4\text{-}13)$$

여기서, l : 냉각수관의 전 길이(m)이다.

◆ 그림 4-10에 제시한 금형의 냉각 시스템의 계산 예

[1] 금형의 표면적(F_1)값은? (cavity 내 : 제품의 외측 표면적)

길이가 긴 쪽(l_1) : $F_1' = 2(l_1' + l_1''/2)\,h = 2(45 + 40/2) \times 20$
$= 1,700\ (\text{cm}^2) = 0.17\ (\text{m}^2)$

길이가 짧은 쪽(l_2) : $F_1'' = 2(l_2' + l_2''/2)\,h = 2(30 + 25/2) \times 20$
$= 1,100\ (\text{cm}^2) = 0.11\ (\text{m}^2)$

바 닥 : $F_1''' = l_1'' \cdot l_2'' = 40 \times 25 = 1,000\ (\text{cm}^2) = 0.1\ (\text{m}^2)$

$\therefore\ F_1' + F_1'' + F_1''' = 1,700 + 1,100 + 1,000 = 3,800\ (\text{cm}^2) = 0.38\ (\text{m}^2)$

[2] 냉각할 성형품의 표면적(F_2)값은?

$F_2 = (F_1' + F_1'') \times 0.7 + F_1''' = (1,700 + 1,100) \times 0.7 + 1,000$
$= 2,960\ (\text{cm}^2) = 0.29\ (\text{m}^2)$

※ 전 측면에는 표면적의 30% 구멍이 있다. 따라서 성형품의 표면적은 70%를 감안한다.

[3] 성형품의 용적(V)값은?

$V = F_2 \cdot t = 2,960 \times 0.15 = 444\ (\text{cm}^3)$

※ 사출 성형품의 두께는 $t = 1.5$ (mm)이다.

[4] 시간당 처리해야 할 재료의 중량(G)값은?

$$G = 180\,\text{cycle} \times 0.62\,\text{kg} = 113\ (\text{kg})$$

※ 사출 시간 : 7 sec, 보압시간 : 5 sec, 형닫음 및 열림시간 : 8 sec로 한다.

∴ 1 cycle에 소요되는 시간은 20 sec이므로 시간당 cycle은 3,600 sec/20 sec = 180 cycle이다.

※ 재료는 염화비닐(PVC)로 중량은 620 g(밀도 1.38 g/cm^3)이다.

∴ $1.38 \times 444 = 613(\text{g}) \fallingdotseq 620\ (\text{g})$

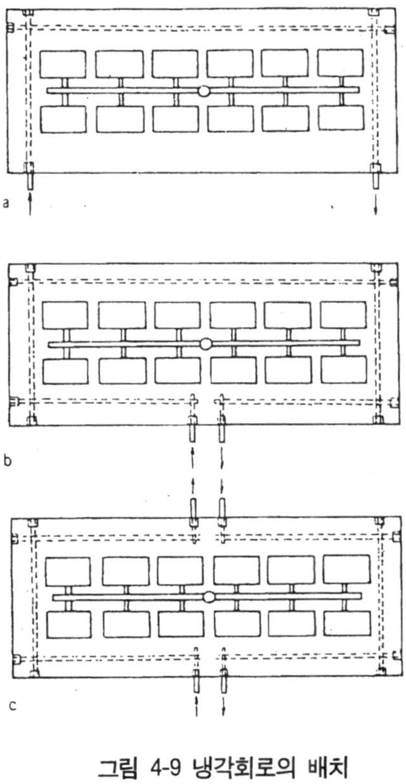

그림 4-9 냉각회로의 배치

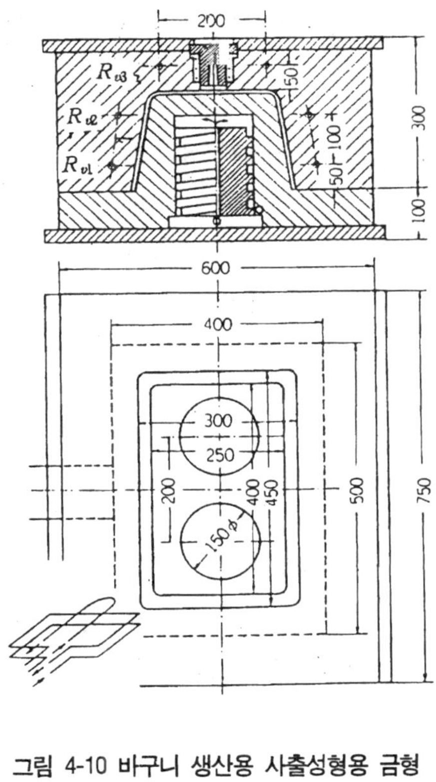

그림 4-10 바구니 생산용 사출성형용 금형

그림에서 (a) 균등하지 않은 냉각, (b) 보다 좋은 배치, (c) 2개의 냉각회로의 가장 효과가 좋은 배치이다.

[5] 시간당 제거해야 할 열량(Q)값은?

$$Q = G \cdot \Delta i = G(i_1 - i_2) = 113 \times (251 - 41.8) = 23,640 \text{ (KJ)}$$

※ 금형 입구온도(수지온도) $t_{1max} = 180℃$에서 엔탈피 값 $i_1 = 251 \text{(KJ/kg)}$
냉각 후 수지온도 $t_{1min} = 60℃$에서 엔탈피 값 $i_2 = 41.8 \text{(KJ/kg)}$이다.

※ 그림 4-5에서 PVC 곡선을 이용함.

[6] 자연냉각에 의해 제거되는 열량(Q_1)값은?

$$Q_1 = 4.1868\left(0.25 + \frac{360}{t_{2m} + 300}\right)F(t_{2m} - t_o)^{4/3}$$

$$= 4.1868\left(0.25 + \frac{360}{60 + 300}\right) \times 1.48(60 - 20)^{4/3} = 1,060 \text{ (KJ/hr)}$$

※ $t_{2m} = 60℃$ (t_{2m} : 금형의 평균온도, $t_{2_{max}}$: 70℃, $t_{2_{min}}$: 50℃)
$t_o = 20℃$(상온에서 공기온도 즉, 주위온도)

(6-1) 금형의 외측면적(F_3)값은?

그림 4-10에서

$$F_3' = 2(l_3 \cdot h_1) = 2(0.75 \times 0.4) = 0.6 \text{ (m}^2\text{)}$$
$$F_3'' = 2(l_4 \cdot h_1) = 2(0.6 \times 0.4) = 0.48 \text{ (m}^2\text{)}$$
$$\therefore\ F_3 = F_3' + F_3'' = 0.6 + 0.48 = 1.08 \text{ (m}^2\text{)}$$

(6-2) 금형의 내측 면적(F_4)값은?

$$F_4' = 2(l_1' \cdot h) = 2(0.45 \times 0.2) = 0.18 \text{ (m}^2\text{)}$$
$$F_4'' = 2(l_2' \cdot h) = 2(0.3 \times 0.2) = 0.12 \text{ (m}^2\text{)}$$
$$F_4''' = (l_1'' \cdot l_2'') = (0.4 \times 0.25) = 0.1 \text{ (m}^2\text{)}$$
$$\therefore\ F_4 = F_4' + F_4'' + F_4''' = 0.18 + 0.12 + 0.1 = 0.4 \text{ (m}^2\text{)}$$

(6-3) 금형의 내 측, 외측 합계면적(F)값은?

$$F = F_3 + F_4 = 1.08 + 0.4 = 1.48 \text{ (m}^2\text{)}$$

[7] 시간당 제거한 후 잔유 열량(Q_2)값은?

$$Q_2 = Q - Q_1 = 23,640 - 1,060 = 22,593 \fallingdotseq 22,580 \ (\text{KJ/hr})$$

(7-1) cavity에서 제거해야 할 잔유 열량(Q_{2G})값은?

$$Q_{2G} = Q_2 \times 0.65 = 22,580 \times 0.65 = 14,677 \ (\text{KJ/hr})$$

※ cavity에서 Q_2값의 60%~65%를 냉각시키고, core에서 35%~40%를 냉각시켜야 한다.

(7-2) core에서 제거해야 할 잔유 열량(Q_{2K})값은?

$$Q_{2K} = Q_2 - Q_{2G} = 22,580 - 14,677 = 7,903 \ (\text{KJ/hr})$$

[8] cavity 측벽의 평균온도($t_{1m} - t_{3m}$)값은?

$$t_{1m} - t_{3m} = \frac{Q_{2_G}}{\alpha_2 f \tau} = \frac{14,677}{1,549 \times 0.38 \times 0.6} = 41.6 \ (℃)$$

여기서, $\alpha_2 = 1,549(\text{J/m}^3 \text{hr} ℃)$: plastic과 금형 간의 열전도계수, $\tau = 0.6$: 사출 시간 7 sec+보압 시간 5 sec/1 cycle에 소요되는 시간 20 sec = 0.6이다.

$f = 0.38(\text{m}^2)$의 값은 (1)에서 구한 금형의 표면적 값과 같음.

[9] 플라스틱 금형 입구온도와 cavity 최저온도차(Δt)값은?

$$\Delta t = t_{1_{max}} - t_{3_{min}} = 180℃ - 50℃ = 130 \ (℃)$$

$$t_{1m} - t_{3m} = 41.6 \ (℃)$$

[10] 성형품 냉각 후 최저온도($t_{1min} - t_{3max}$)값은?

$$t_{1min} - t_{3max} = 6 \ (℃)$$

$$\therefore \ t_{1min} = 6℃ + t_{3max} = 6 + 70 = 76 \ (℃)$$

※ 그림 4-6에서 $T_{1_{min}} - T_{3_{max}}$의 온도차를 정하는 차트에서 $t_{1max} - t_{3min} = 130℃$를 세로축에서 찾아 수평으로 이동하고 $t_{1m} - t_{3m} = 41.6℃$를 가로축에서 찾아 수직으

로 이동하면 수직, 수평이 만나는 교점에서 경사선을 따라 올라가면 $t_{1min} - t_{3max} = 6℃$를 읽을 수 있다.

[11] 금형의 열 저항(Rv)값은?

그림 4-7을 참조한다.

$$\frac{1}{Rv} = \left(\frac{\lambda}{Rv_1} + \frac{\lambda}{Rv_2}\right) + \frac{\lambda}{Rv_3} = (3.34\lambda + 3.356\lambda) + 0.667\lambda = 7.363\lambda$$

$$= 7.363 \times 176 = 1,295.89 \fallingdotseq 1,296 \ (\text{KJ/mhr ℃})$$

$$\therefore \text{ 열 저항값 } Rv = \frac{1}{1,296} = 7.716 \times 10^{-4} \ (\text{hr ℃/KJ})$$

※ $\lambda = 176$(KJ/mhr ℃) : 강의 열전도율

(11-1) Rv_1 값

$$A = 51(\text{cm}),\ a = 50(\text{cm}),\ B = 41(\text{cm}),\ b = 40(\text{cm}),\ L = 5(\text{cm})$$

$$Rv_1 = \frac{1}{\lambda}\left(\frac{2\times 3L}{Ab - aB}\right) \log\left(\frac{A}{a}\ \frac{b}{B}\right) = \frac{1}{\lambda}\left(\frac{2\times 3\times 5}{51\times 40 - 50\times 41}\right) \log\left(\frac{51\times 40}{50\times 41}\right)$$

$$= \frac{1}{\lambda}(3\times 0.09979) = \frac{0.2994}{\lambda}$$

$$\therefore \frac{1}{Rv_1} = \frac{\lambda}{0.2994} = 3.34\lambda$$

(11-2) Rv_2 값

$$A = 51(\text{cm}),\ a = 48(\text{cm}),\ B = 41(\text{cm}),\ b = 38(\text{cm}),\ L = 15(\text{cm}),$$

$$Rv_2 = \frac{1}{\lambda}\left(\frac{2\times 3\times 15}{(51\times 38) - (41\times 48)}\right) \log\left(\frac{51\times 38}{48\times 41}\right) = \frac{1}{\lambda}(3\times 0.09933) = \frac{0.298}{\lambda}$$

$$\therefore \frac{1}{Rv_2} = \frac{\lambda}{0.298} = 3.356\lambda$$

(11-3) Rv_3 값

$$A = 0,\ a = 0,\ B = 20(\text{cm}),\ b = 0,\ L = 5(\text{cm}),$$

$$Rv_3 = \frac{1}{\lambda}\left(\frac{2\times 3L}{B}\right) = \frac{1}{\lambda}\left(\frac{2\times 3\times 5}{20}\right) = \frac{1.5}{\lambda}$$

$$\therefore \frac{1}{Rv_3} = \frac{\lambda}{1.5} = 0.667\,\lambda$$

[12] 냉각수관의 열 저항(표면온도)온도(t_{4m}) 값은?

$Q_{2G} \cdot Rv = t_{3m} - t_{4m}$ 에서

$$\therefore t_{4m} = t_{3m} - Q_{2G}\,Rv = 60℃ - 14,690 \times 7.716 \times 10^{-4} = 60℃ - 11.3℃ = 48.7\ (℃)$$

[13] cavity 냉각수관과 냉각수 사이의 열 이동

(13-1) 냉각수관의 단위면적 당 흐르는 유량(S)값은?

$$Q_{2G} = \frac{\pi d^2 \omega}{4}\ 3,600\ \gamma\,(t_{5out} - t_{5inp})\,C = 3,600\ S\,\gamma\,(t_{5out} - t_{5inp})\,C$$

$$\therefore S = \frac{Q_{2G}}{3,600\ \gamma\,(t_{5out} - t_{5inp})\,C} = \frac{14,690}{3,600 \times 1,000 \times (50-20) \times 4.19}$$

$$= 3.245 \times 10^{-5}\ (\mathrm{m^3/sec})$$

시간당 흐르는 유량 $S = 3.245 \times 10-5 \times 3,600 = 0.1168\ (\mathrm{m^3/hr})$

여기서, $\gamma = 1,000(\mathrm{kg/m^3})$: 물의 점성도, $C = 4.19(\mathrm{KJ/kg℃})$: 비열, $t_{5in} = 20℃$: 냉각수 금형 입구온도, $t_{5out} = 50℃$: 냉각수 금형 출구온도이다.

(13-2) 냉각수관의 길이(l)값은?

$$l = \frac{Q_{2G} \cdot d}{14.78\,S(1 + 0.015\,t_{5m})(t_{4m} - t_{5m})}$$

$$= \frac{14,690 \times 0.01}{14.78 \times 0.1168\,(1 + 0.015 \times 35)\,(48.7 - 35)} = 4.07 \times 2 = 8.14\ (\mathrm{m})$$

∴ cavity에 실제 삽입될 길이 $\ell = 8.14 \times 0.75 = 6.11(\mathrm{m})$이다.

여기서 $t_{5m} = 50 + 20/2 = 35℃$: 냉각수 평균온도, 냉각수관의 실제길이는 이론 길이의 75% 정도 감안한다. $d = 10$ mm를 취함(냉각수관의 지름으로 보통 8 mm～15 mm) 범위에서 택하는 것이 좋다.

(13-3) 냉각수의 유속(ω)값은?

$S = \pi d^2 \frac{\omega}{4}\ (\mathrm{m^3/sec})$에서

$$\therefore\ \omega = \frac{4S}{\pi d^3 \times 3,600} = \frac{4 \times 0.1168}{\pi \times (0.01)^2 \times 3,600} = 0.413\ \text{(m/sec)}$$

[14] core의 냉각수관과 냉각수 사이의 열 이동

(14-1) 냉각수관의 단위면적 당 흐르는 유량(S)값은?

$$S = \frac{Q_{2K}}{125,700} = \frac{7,910}{125,700} = 0.063\ (\text{m}^3/\text{hr})$$

※ $125,700 = \gamma\,(t_{5out} - t_{5in})\,C = \{1,000 \times (50-20) \times 4.19\}$에서 구함.

(14-2) 냉각수관의 길이(l)값은?

$$l = \frac{Q_{2k} \cdot d}{14.78\,S(1+0.015\,t_{5m})(t_{4m} - t_{5m})}$$

$$= \frac{7,910 \times 0.01}{14.78 \times 0.063\,(1+0.015 \times 35)(48.7-35)} = 4.06\ \text{(m)}$$

∴ core에 삽입될 실제길이 $l = 4.06 \times 2 \times 0.75 = 6.1$(m)임.

(14-3) 냉각수의 유속(ω)값은?

$$\omega = \frac{4S}{\pi d^2 \times 3,600} = \frac{4 \times 0.063}{\pi\,(0.01)^2 \times 3,600} = 0.223\ \text{(m/sec)}$$

chapter 5

Sprue, Runner 및 Gate

5-1 Sprue, Runner 및 Gate의 개요

사출성형 금형에 수지를 사용하여 제품을 성형할 때에는 성형기의 nozzle에서 sprue → runner → gate → cavity의 순서로 용융 수지가 유동하게 된다. 용융 상태의 수지가 유동하는 홈이나 통로 또는 수지의 유동을 유도하거나 제한하는 요소들을 유동기구라 한다. 이 유동기구는 금형 설계에서 매우 중요한 항목으로 다음과 같다.

(1) 사출성형에서 유동, 주입기구로 금형 설계할 때 중요한 부분품으로 설계에 따라 성형품의 외관, 물질의 성질, 치수, 정밀도, 성형 cycle 등의 직접적인 영향을 받는다.

(2) 성형기의 nozzle에서 용융 수지는 1개 빼내기 금형일 때에는 sprue에서 직접 cavity에 충전되지만, 여러 개 빼내기 금형일 때에는 sprue에서 분기된 runner를 통하여 cavity에 충전된다.

(3) cavity의 입구는 단면적이 작은 gate가 있다.

(4) runner와 gate는 성형성, 내부변형, 성형품의 성질에 큰 영향을 미치고 있으나 실제로는 성형품의 형상, 크기, 수지의 특성 등에서 간단히 결정할 때가 있다.

5-2 Sprue system

5-2-1 Sprue 및 Sprue bushing의 형상

sprue는 금형의 입구에 위치하며 가소화 및 용융된 수지를 runner에 보내는 역할을 하고 있다. 일반적인 형상은 그림 5-1과 같이 외형은 bushing으로 되어 있고, cavity plate 또는 runner plate에 조립된다. sprue bushing은 성형의 압력을 받으므로 이것을 유지하기 위해서 locate ring을 단 붙이기로 하여 접촉시키고 있다.

한편 수지의 손실을 줄이기 위해서 sprue의 크기는 가능하면 작게 한다. sprue bushing R부에서부터 taper로 되어 있으며, 이 taper는 클수록 sprue 내의 수지 빼내기가 쉬워진다.

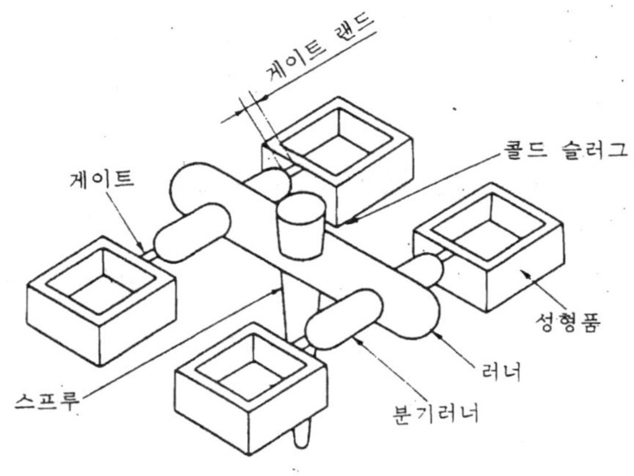

그림 5-1 유동기구

형식은 그림 5-2와 같이 A형 및 B형의 2종류가 있으며, 표 5-1은 각 형식의 설계치수이다. 치수 중 M, N, L은 금형 설계자가 결정한다. 또 제품의 호칭법은 규격번호 또는 규격명칭 및 호칭치수×M×L×R로 표기한다.

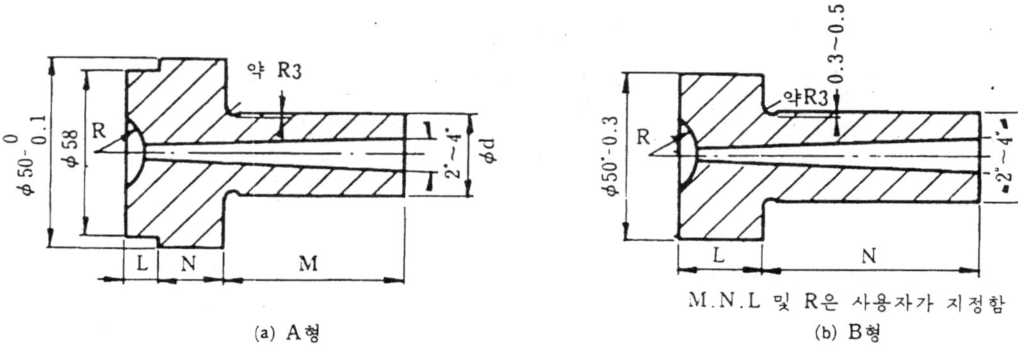

그림 5-2 Sprue bushing의 형상

sprue bushing을 설계할 때 고려할 사항은 다음과 같다.

(1) sprue bushing의 R은 nozzle선단 r 보다 1 mm 정도 크게 한다.
(2) sprue 입구의 지름 D는 nozzle구멍의 지름 d보다 0.5~1.0 mm 정도 크게 한다.
(3) sprue의 길이는 가능한 짧게 한다.
(4) sprue bushing 구멍의 taper는 2~4° 로 한다.
(5) sprue bushing의 재질은 SM50C, 55C, STC5,6,7, SCM4 등을 사용한다.
(6) sprue bushing의 내면 거칠기는 1~6S로 하고, 마무리 다듬질은 길이 방향으로 한다.
(7) sprue bushing의 열처리경도는 HRC 40 이상으로 한다.
(8) runner stripper의 sprue bushing의 취동부에 5~15° 의 각도를 부여하면, 안전성이 좋고, 작동이 원활하다.

표 5-1 Sprue bushing의 설계치수

(단위 : mm)

호칭치수	d (A형)		호칭치수	d (B형)	
	치 수	치 수 차		치 수	치 수 차
20	20	+ 0.013 − 0.008	16	16	+ 0.013 − 0.008
25	25	+ 0.013 − 0.008	20	20	+ 0.013 − 0.008
35	35	+ 0.015 − 0.010	35	35	+ 0.015 − 0.010

5-2-2 Sprue bushing의 단형 반지름(R)

그림 5-3은 sprue bushing과 nozzle의 단형 반지름의 형상으로 그림에서 r은 nozzle의 단형 반지름을 나타내고 R은 sprue bushing의 단형 반지름을 표시한다.

(a)의 형식은 nozzle 반지름 r과 sprue bushing 반지름 R과의 관계는 $r \leq R$이며 일반적으로 $R = r+1$ mm 정도 크게 설계한다. (b)의 형식은 sprue bushing측의 단형 지름 D와 nozzle측의 단형 지름 d와의 관계는 $d < D$로 해야 하며 일반적으로 $D = d+(0.5 \sim 1.0)$ mm 정도 크게 설계한다. (c)의 형식은 가장 많이 사용되는 설계치수이다.

(d)의 sprue bushing측의 R이 nozzle측의 r보다 작게되어 있어, sprue사이의 틈새로 인하여 성형품의 불량요인이 된다. (e)의 형식은 sprue bushing측의 단형 지름 D가 nozzle측의 단형 지름 d보다 작게되어 있으므로 ejector 불량의 원인이 된다.

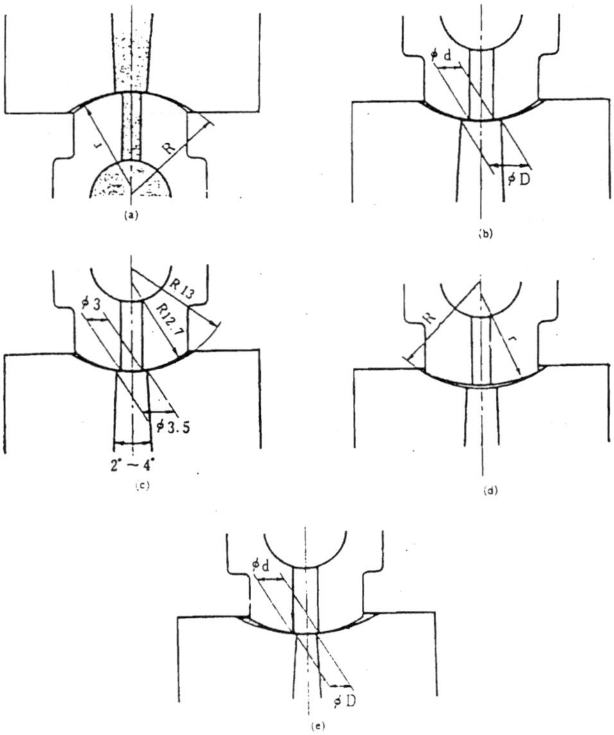

그림 5-3 Sprue bushing의 단형 반지름

5-2-3 Locating ring

locate ring은 성형기의 nozzle과 금형의 sprue bushing의 위치결정 역할을 한다. 재료는 SM50C, 55C, STC7 등의 내마모성이 있는 재료를 사용하며, 표면 거칠기는 6.3S 정도로 다듬질한다.

고정 측 plate와 조립할 때는 bolt는 M8을 2개 이상 사용하고, 제품의 호칭법은 규격번호, 또는 규격명칭 및 호칭치수로 표기한다. 또 형식으로는 그림 5-4는 표준형 locate ring의 형상이며, 표 5-2는 이 locate ring의 설계치수이며, 그림 5-5는 특수형 locate ring의 형상으로 KS에 규정되어 있는 표준형 이외에 용도에 따라 그림과 같은 형상이 사용된다. 그림의 설계치수에서 D는 성형기의 locate ring 구멍과 조립되는 끼워 맞춤 지름을 나타내며 D_1은 금형의 고정 측 부착 판에 조립되는 것과의 끼워 맞춤 지름을 나타낸다.

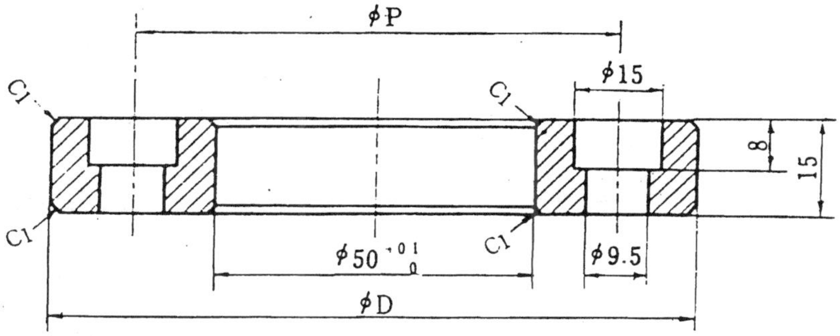

그림 5-4 표준형 Locate ring

표 5-2 Lock ring의 설계치수

(단위 : mm)

호칭치수	D		P	호칭치수	D		P
	치 수	치수차			치 수	치수차	
90	90	−0.2 −0.4	70	125	※125	−0.2 −0.4	90
100	100		75	(127)	(127)		90
(101.6)	(101.6)		75	150	150		120
※110	110		75	(152.4)	(152.4)		120
120	120		90	175	※175		120

( )의 치수는 가급적 잘 쓰지 않은 치수이며, ※표시는 KS에 규정되어 있지 않은 것이나 잘 쓰이고 있으므로 표시하였다.

(a) 및 (b)의 형식은 하나의 금형에서 locate ring의 구멍이 다른 성형기에 장치하여 사용하며, locate ring의 교환만으로 사용할 수 있도록 한 것이다. 이때 고정 측 부착 판에 조립되는 끼워 맞춤 지름 D_1과 부착 판 bolt P의 설계 치수는 동일하게 할 필요가 있다. (c)의 형식은 sprue bushing을 조립하는 끼워 맞춤 지름 d_1과 d 사이에 단을 가공하여 sprue bushing이 압력을 받는 과정에서 이탈하지 않도록 한 것이다.

(d) 및 (e)의 형식은 locate ring의 교환과 sprue bushing의 이탈방지를 고려한 구조로서 (d)의 형식은 locate ring에 (e)는 sprue bushing에 단부가 가공되어 있다. 이때 부품의 교환을 고려하여 필요한 설계치수는 공통으로 할 필요가 있다. (f)의 형식은 확대 nozzle을 사용할 때에를 생각하여 지름 d와 nozzle 선이 접촉하지 않도록 한 것이다.

표준형 또는 특수형에서 바깥지름 D는 성형기의 구멍 지름보다 0.2∼0.3 mm 정도 작게 하여 금형의 조립이 쉽도록 한다.

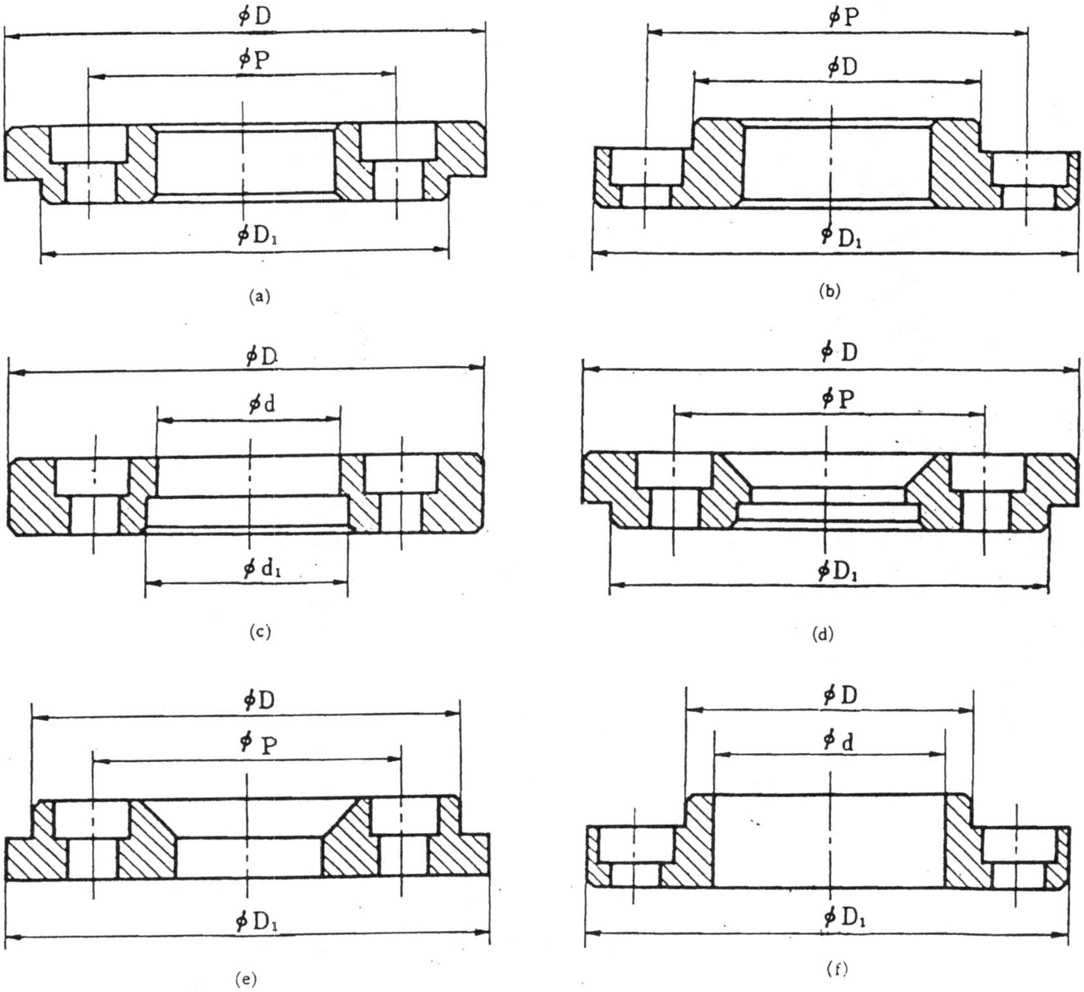

그림 5-5 특수형 Locate ring의 형상

5-2-4 Sprue lock pin 및 Runner lock pin

sprue lock pin은 sprue를 배출할 때 sprue 구멍에서 이형 시키기 위하여 설치하는 것이며 runner lock pin은 pin point gate의 runner를 잡아당기는 것으로 성형품과 gate를 절단하는데 사용된다. 그 앞부분의 형상은 수지의 종류 및 runner에 따라 다르다. 또 runner cut부의 치수는 일반적으로 sprue lock에서는 0.5～1.0 mm이고 runner lock에서는 0.2～0.4 mm이다.

[1] Sprue lock pin

sprue를 lock할 때는 sprue의 밑 부분을 under cut으로 하여 금형이 열릴 때 인장하게 되어 있다. sprue lock pin은 lock pin으로 ejector시켜 이형시킨다.

표 5-3 Sprue lock pin의 설계치수

(단위 : mm)

호칭 치수	d 치수	d 치수차	D	H 치수	H 치수차	호칭 치수	d 치수	d 치수차	D	H 치수	H 치수차
6.0	6.0	− 0.02 − 0.05	10	6	− 0 − 0.1	10.0	10.0	− 0.02 − 0.05	15	8	− 0 − 0.1
8.0	8.0	− 0.02 − 0.05	13	8	− 0 − 0.1	12.0	12.0	− 0.02 − 0.05	17	8	− 0 − 0.1

이 pin의 형상은 그림 5-6과 같이 A, B 및 C형의 3종류가 있고, 재질 및 정밀도는 ejector pin과 같은 재료로 가공한다.

표 5-3은 sprue lock pin의 각 형상의 설계치수이며 그림에서 길이 L의 설계치수는 금형의 설계자가 결정하고, 제품의 호칭법은 명칭, 형식 및 호칭치수×L로 표기한다.

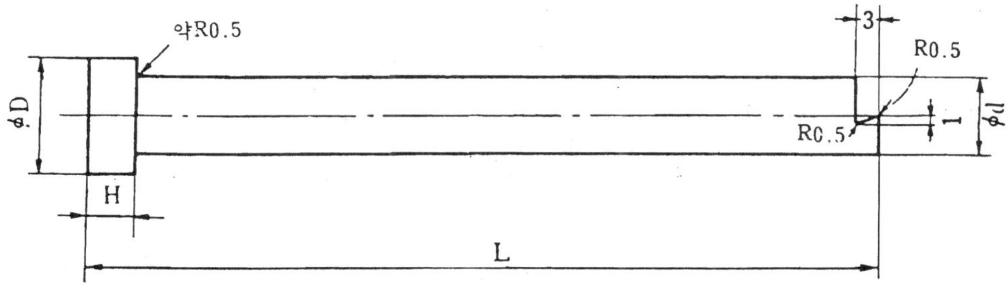

(a) A형

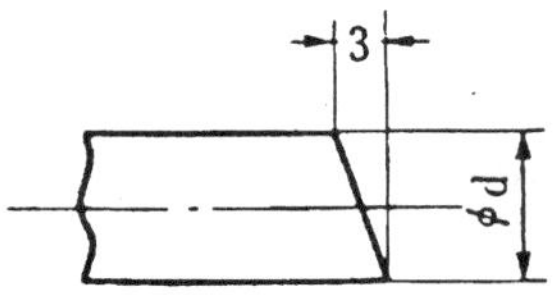

(b) B형

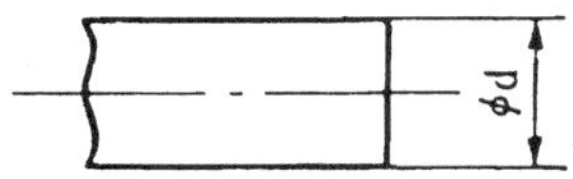

(c) C형

그림 5-6 Sprue lock pin의 형상

그림 5-7은 sprue lock과 ejector방법을 나타낸다. 그림에서 (d)의 형식은 stripper plate를 사용할 때 runner lock pin으로 대신하여 사용한 예로서 sprue lock pin의 설계

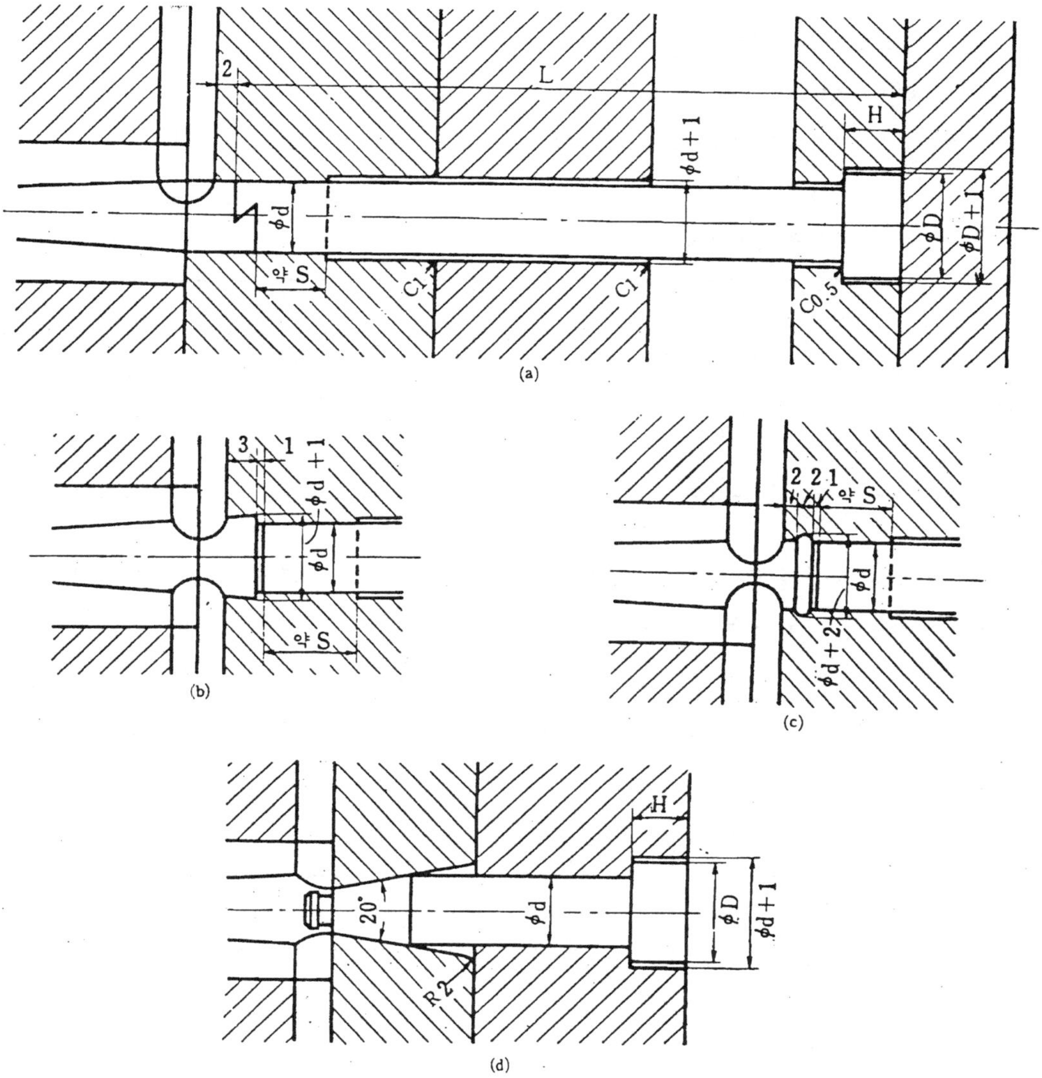

그림 5-7 Sprue lock pin과 Ejector 방법

표 5-4 Sprue lock pin의 구멍의 설계치수

(단위 : mm)

호칭치수	d		S	호칭치수	d		S
	치 수	치수 차			치 수	치수 차	
6.0	6.0	+ 0.012 0	10	10.0	10.0	+ 0.015 0	15
8.0	6.0	+ 0.012 0	15	12.0	12.0	+ 0.018 0	20

치수를 참고한다. 표 5-4는 sprue 밑 부분의 under cut 가공치수 및 sprue lock pin 구멍의 설계치수이다.

[2] Runner lock pin

runner lock pin의 형상은 선단 부에 따라 그림 5-8과 같이 A, B 및 C의 3종류가

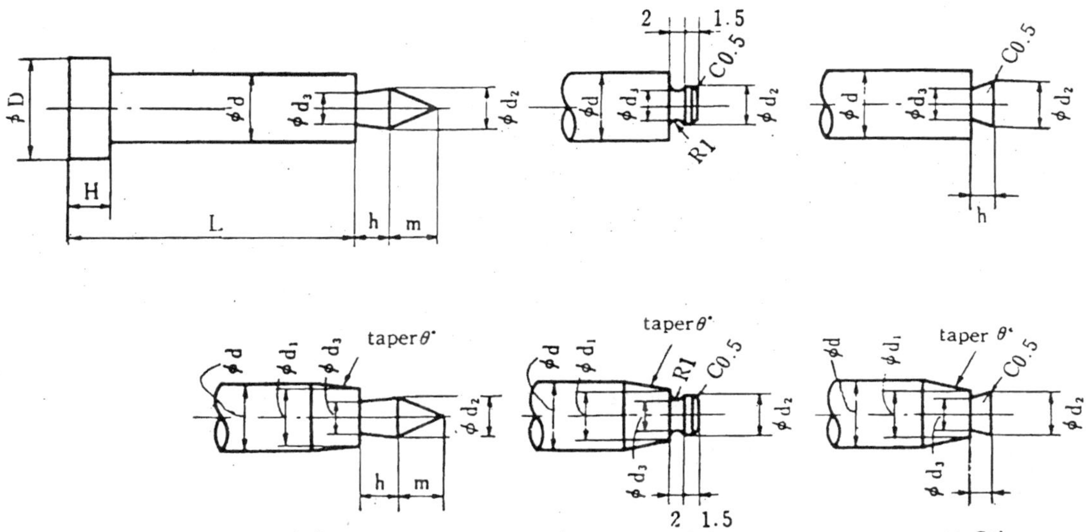

(a) A형 (b) B형 (c) C형

그림 5-8 Runner lock pin의 형상

표 5-5 Runner lock pin의 설계치수

(단위 : mm)

호칭 치수	d		D	H		d_1	d_2	d_3	h	m	$\theta°$
	치수	치수차(m6)		치수	치수차						
4.0	4.0	+ 0.012 + 0.004	8.0	6.0	0 − 0.1	3.0	2.8	2.3	2.5	5.0	10°
5.0	5.0	+ 0.012 + 0.004	9.0	6.0	0 − 0.1	3.5	3.3	2.8	3	5.0	10°
6.0	6.0	+ 0.012 + 0.004	10.0	6.0	0 − 0.1	4.0	3.8	3.0	3	7.0	10°
8.0	8.0	+ 0.015 + 0.006	13.0	8.0	0 − 0.1	5.0	4.8	4.0	4	7.0	20°
10.0	10.0	+ 0.015 + 0.006	15.0	8.0	0 − 0.1	6.0	5.8	4.8	5	7.0	20°
12.0	12.0	+ 0.018 + 0.007	17.0	8.0	0 − 0.1	8.0	7.2	6.2	5	7.0	20°

있고, runner의 크기에 따라 선택되며 일반적으로 A형이 많이 사용되고 있다.

재질은 STC3, 4, 5, STS2, 3 또는 SACM1을 사용하고, pin의 선단 부를 열처리할 때에는 경도는 HRC50 이상으로 한다. 표 5-5는 3종류의 형상에 공통되는 설계치수이다. 제품의 호칭법은 명칭, 형식 및 호칭치수×L로 표시한다.

5-3 Runner system

일반적으로 사용되고 있는 runner의 형상은 원형, U형 및 남비(pot)형 등 3종류가 있으며, 이들 중 원형 runner는 양면을 가공하므로 성형품 수지의 유동성이 좋다. 또 공작의 어려움이 있지만 가장 이상적인 것이기 때문에 많이 사용된다.

5-3-1 Runner 및 Gate의 압력손실

금형 내에 유입된 수지는 sprue 및 runner를 통과하는 사이에 최초의 압력은 점차 떨어진다. runner는 그 압력의 떨어짐을 작게 유지하면서 수지를 cavity에 보내는 것을 그 역할이라 할 수 있다. 압력이 떨어지는 원인으로는 수지의 점성저항 또는 유동방향의 변화 등에 의한 energy의 손실을 생각할 수 있다.

수지가 runner 내부를 유동할 때의 runner 외벽의 속도는 0(zero)의 경계 층을 형성한다. 이 경계 층은 곧바로 열을 외부에 전달하여 온도는 내려간다. 이 상태로 인하여 hot runner에 비하여 cold runner의 압력손실이 크다.

gate는 cavity의 입구에 있고 입구의 통로를 제한하는 gate가 있으며, 제한하지 않는 gate가 있다. 제한하는 gate는 압력손실은 적으나 제한하는 gate의 특성을 가지고 있지 않으므로 잔유응력에 의한 변형이나 강도가 떨어지는 문제점이 있다. 제한하는 gate는 runner를 통한 수지가 여기서 정지되므로 수지의 점성저항에 의하여 큰 압력강하를 나타낸다. 압력강하에 의한 energy 손실을 열로 전환되어 수지의 가열에 사용된다.

pin point gate나 PCV의 제한하는 gate는 이 효과를 이용한 것이다. 이렇게 하여 수지가 cavity에 충만하면 수지의 유동이 정지하고 압력은 평형의 상태로 된다. 이 상태에서 수지는 온도와 압력의 영향을 받아 다음의 van der waals의 식으로 표시된다.

$$(P+\tau)(V-\omega)=RT \tag{5-1}$$

식 (5-1)의 정수 값은 수지의 종류에 따라 상당한 차이가 있어 온도변화에 따라서 현저한 체적변화를 하며 성형압력에 의하여 압축된다. 표 5-6은 각종 plastic수지의 van der waals의 정수 값을 나타낸다. 이 상태에서 수지는 고화되고 있으나, 사출 plunger가 후퇴할 때 gate가 닫히지 않으면 용융 수지는 압축이 회복되어 back flow가 일어난다.

표 5-6 각종 Plastic 수지의 Van der waals의 정수값

	R	ω cc/g	τ psi
Polystyrene	11.60	0.822	27,000
Methyl methacrylate	12.05	0.734	31,300
Ethyl celluloise	19.95	0.720	34,800
Acetate butylate celluloise	22.18	0.688	41,300
저밀도 Polyethylene	43.00	0.785	47,600

5-3-2 Sprue, Runner 및 Gate의 유동

runner 또는 gate 내의 수지의 유동속도는 대단히 빠르고, 그 특성도 Newton의 점성 유동법칙에 따르지 않는 것은 명백하지만, 간단하게 하기 위하여 유동은 층류이고, Newton의 점성유동법칙에 따르는 것으로 하여 그림 5-9와 같이 원통 내의 유동을 생각한다.

안지름이 2R인 원통 중에 이것과 똑같은 반지름 X의 원통을 생각하여 그 길이를 L로 한다. 이 원통의 좌측에는 P_1의 압력이, 우측에는 P_2의 압력이 작용하고 수지가 좌측에서 우측으로 유동한다면 $P_1 > P_2$가 된다.

이때 층류에 있어 Newton의 방정식을 적용시킨다면 속도와 중심에서의 거리 관계는 다음과 같이 된다.

$$V = \frac{P_1 - P_2}{8\eta L}(R^2 - X^2) \qquad (5\text{-}2)$$

따라서 속도는 포물선형상으로 분포되어 관벽에서는 0(zero)이고 중심에서 최고가 된다. 또 단위시간의 유량은 식 (5-2)을 적분하면 다음 식으로 된다.

$$V = \frac{P_1 - P_2}{8\eta L}\pi R^4 \qquad (5\text{-}3)$$

그러므로 층류일 때에는 유량은 관의 반지름의 4승과 압력차에 비례하고 관의 길이에 반비례한다. 이것을 Poission의 법칙이라 한다. 이 법칙을 cgs단위로 표시하면 압력은 dyne/cm^2, 유량은 cm^3/sec, 점성계수의 단위는 dyne-cm^2/sec이며 이것을 poise라고 한다.

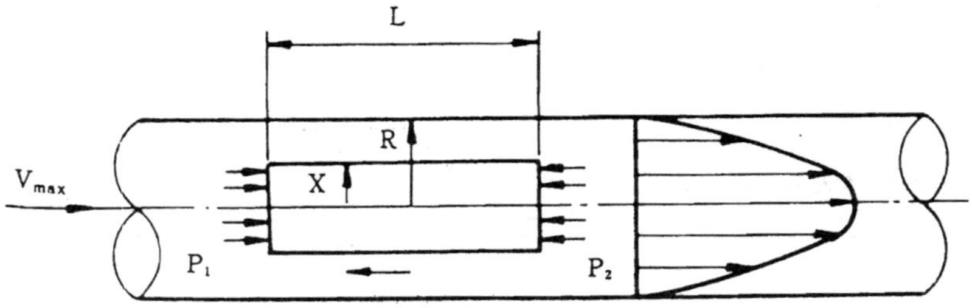

그림 5-9 원통 내의 유동

열가소성수지의 점성계수는 온도에 따라 큰 차이가 있다. 그림 5-10은 일반적으로 사출성형에 사용되는 수지의 온도변화에 의한 점성계수의 값이다.

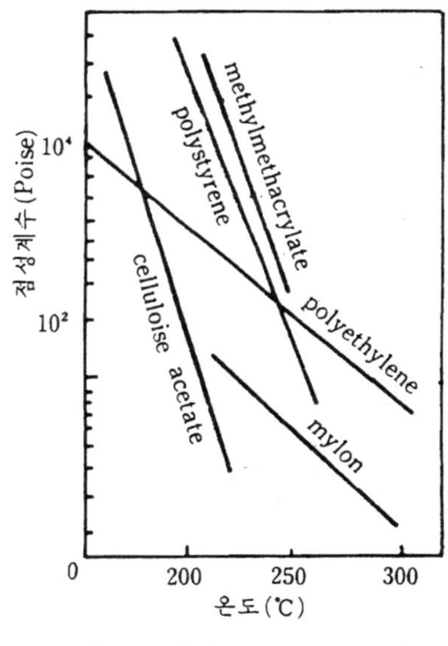

그림 5-10 수지온도와 점성계수

runner 또는 gate를 통과하는 수지의 압력강하는 일반적으로 Poission법칙에 의하여 계산한다. 지금까지 지름 4 mm, 길이 100 mm의 runner 내를 매초 5 cm^3의 수지가 유동할 때 그 압력강하를 구하면 $\varDelta P = P_1 - P_2$이므로 식 (5-3)에서

$$\varDelta P = \frac{8V\eta L}{\pi R^4} = \frac{8 \times 5 \times 10}{\pi \times 0.24}\eta \tag{5-4}$$

η는 그림 5-10에서 구할 수 있으며 대략 10^3 poise라고 하면 $\varDelta P = 80\ kg/cm^2$, 10^4

poise라고 하면, $\Delta P = 800\ kg/cm^2$이다.

runner 내에서 압력손실은 어느 정도 강하하는가 하는 것은 이론이 있으나 대략 10~20% 정도 내려간다고 생각된다. 이러한 생각에서 runner의 지름을 결정하는 방법은 식 (5-4)에서

$$R^4 = \frac{8}{\pi \Delta P} V \times \eta \times L \qquad (5\text{-}5)$$

이며, ΔP를 일정하게 보존된다는 조건으로, $\sqrt[4]{8/\pi\Delta P} = \alpha$ 라고 놓으면 α는 정수가 되며 다음과 같이 된다.

$$R = \alpha \cdot \sqrt[4]{V} \cdot \sqrt[4]{\eta} \cdot \sqrt[4]{L} \qquad (5\text{-}6)$$

점성계수가 높은 무가소성 PCV나 acrylic수지의 runner나 gate의 지름을 polystyrene의 1.3~1.5배가 되도록 하는 것은 이런 이유 때문이다. 또 식 (5-6)에서 runner 내의 수지가 냉각되는 것을 생각할 때 약간 수정하면 다음과 같다.

$$R = \alpha \cdot \sqrt[4]{V} \cdot \sqrt[4]{\eta} \cdot \sqrt[3]{L} \qquad (5\text{-}7)$$

5-3-3 Runner의 설계치수

runner의 치수를 결정할 때에는 다음 사항에 대하여 생각한다.

(1) 성형품의 체적과 주 runner 또는 sprue에서 cavity까지 거리, runner의 냉각, 금형 제작용 cutter의 범위, 사용수지에 대해 검토한다.

(2) runner의 굵기는 성형품의 살 두께보다 굵게 한다. 가늘면 성형품 보다 runner가 먼저 고화하므로 수축이 보정되지 않아 sink mark나 공동을 일으키기 쉽다. 따라서 ϕ3.2 mm 이하의 runner는 보통 길이 25~30 mm의 분기 runner에 한정한다.

(3) runner의 길이가 길어지면 유동저항이 커진다. sprue에서 cavity까지의 거리는 runner의 단면적을 결정하는데 직접 관계가 된다.

(4) runner의 단면적이 성형 cycle에 좌우하여서는 안 된다. ϕ9.5 mm보다 큰 runner는 좋지 않다. 그러나 경도가 큰 PVC, PMMA에서는 ϕ13 mm 정도까지 허용한다.

(5) 살 두께가 2.5 mm 이하로 7 oz까지의 성형품에 대한 runner의 지름 D(inch)는 다음 식으로 구한다.

$$D = \frac{\sqrt{W} \cdot \sqrt[4]{L}}{8} \qquad (5\text{-}8)$$

여기서, D는 ϕ3.2 mm～ϕ9.5 mm까지이며, 경질 PVC와 PMMA에서는 25% 증가한다. 또 W는 성형품의 중량(oz), L은 runner의 길이이다.

표 5-7은 각종 수지의 권장 runner의 지름을 표시하고 그림 5-11은(살 두께 0.125 in 이하의) 성형품의 중량에 대한 runner의 길이와 지름의 관계를 나타내며 acrylic, vinyl chlolide일 때는 25% 증가시킨다.

표 5-7 각종 수지의 Runner 지름

수지의 종류	runner의 지름	수지의 종류	runner의 지름
ABS, SAN	1.6～10 mm	Polyallomer	1.6～10 mm
Acetal	3.2～10 mm	Polycarbonate	1.6～10 mm
Acetate	1.6～11 mm	열가소성 polyester	무강화 3.1～8 mm
Acrylic	8～10 mm	PE, LD-HD type 1～4	1.6～10 mm
Buthylate	1.6～10 mm	Polyamide	1.6～10 mm
Flucrene carbon	약 1.6～10 mm	PP	1.6～10 mm
내충격 acrylic	8～13 mm	PS-일반용-내충격성	3.2～10 mm
Lonomer	2.4～10 mm	Poly sulfone	6.4～10 mm
Nylon	1.6～10 mm	PVC(가소화)	3.1～10 mm
Polyphenylene oxide	6.4～10 mm	PVC경질(변성)	6.4～10 mm
Polyphenylene sulfide	6.4～13 mm	Polyurethan	6.4～8 mm

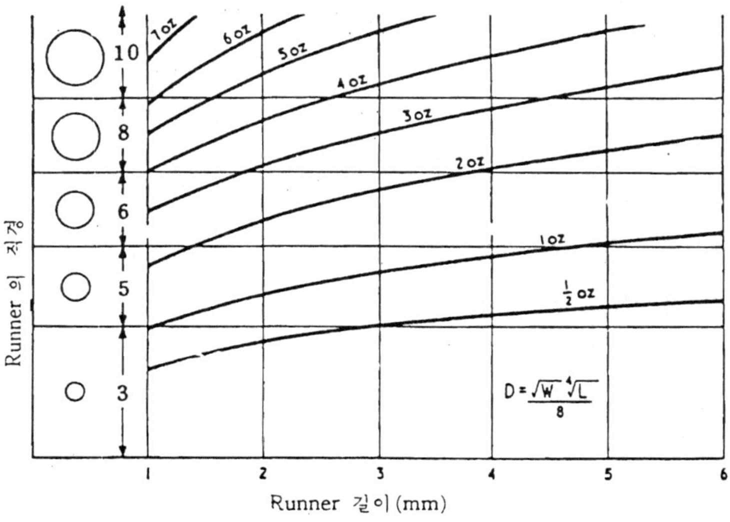

그림 5-11 Runner 지름과 길이

5-3-4 L/t의 관계

gate에서 임의의 거리까지 유효한 수지를 유동할 수 있도록 검토하는 방법으로 gate에서 성형품 말단까지의 거리 L에 대한 살 두께 t와의 비 즉, L/t를 생각할 수 있다. 표 5-8은 일반적으로 허용되는 L/t의 표준치수이다.

일반적인 설계에 있어서는 L/t의 치수가 이 표의 표준치수 내에 있으면 좋으나 금형 설계자는 어느 위치에서나 일정할 때와 속도가 gate에서 먼 위치일수록 떨어질 때와는 완전히 다르기 때문이다. L/t의 한계치수는 금형 내의 수지의 유동저항 값이 올라갈 때 gate에서 일어나는 수지압력과 같은 현상이 되므로 더 이상 수지가 유동할 수 없을 때의 수치이므로 이러한 결과가 발생한다.

L/t의 허용치수는 성형속도가 올라가고 사출 압력이 높아지면 표준치수를 초과할 때가 있다. 또 이 수치는 살 두께를 표준치수로 생각한 것이므로 만일 살 두께가 이 이하로 될 때에는 이 수치를 그대로 사용할 수가 있다. 이 때는 이 보다 큰 치수를 사용해야 하며, 또 살 두께가 서로 틀리는 부분이 있으면 다음과 같이 단순한 계산을 한다.

$$L/t = L_1/t_1 + L_2/t_2 + L_3/t_3 \tag{5-9}$$

그렇지만 L/t를 검토하는 방법으로 하고, 실제 설계에 필요할 때에는 수정하여 사용하는 것을 잊어서는 안 된다.

표 5-8 L/t의 표준치수(t=2.5일 때)

성형수지	L/t	사출압력(kg/mm^2)
경질 Vinyl chloride	160~120	1,200
	140~100	900
연질 Vinyl chloride	280~200	900
	240~160	700
Polycarbonate	150~120	1,200
	130~90	900
Polyamide	320~200	900
Polystyrene	300~260	900
Polyethylene	240~200	700

5-3-5 Runner의 단면형상 및 설계치수

runner는 sprue와 cavity를 연결하는 수지의 유동의 통로이며, 가능한 유동저항이 적고 또 냉각되기 어려운 것이 바람직하다. 따라서 runner는 가능한 굵게 그리고 단면형상은 진원에 가까운 형상이 가장 좋다. 그러나 너무 굵게 하면 성형성은 좋지만 runner의 수지 양의 증가 및 runner의 고화 시간이 길어서 성형cycle이 늦어져 가격이 올라가는 결점이 있다. 따라서 runner를 설계할 때에는 단면형상, 크기 및 layout에 유의해야 한다.

runner의 종류 및 단면형상은 그림 5-12와 같이 여러 종류가 있다. runner는 압력 전달 면에서는 최대 단면적이고, 열 전달면에서는 외주가 최소로 되어야 한다. 외주에 대한 단면적의 비가 runner의 효율을 나타낸다. 그림 5-13은 runner 단면형상에 따른 주요 설계치수이다.

sprue에서 gate까지 유동은 runner의 단면형상으로는 원형, 사다리꼴이 가장 바람직하다. runner의 지름은 성형수지, runner의 길이, 성형품 치수에 따라 다르지만 일반적으로 $\phi 5 \sim \phi 10$ mm가 많이 사용된다.

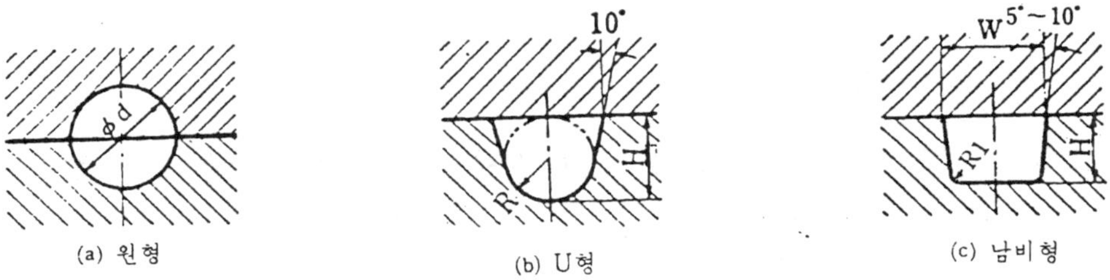

그림 5-12 Runner의 형상

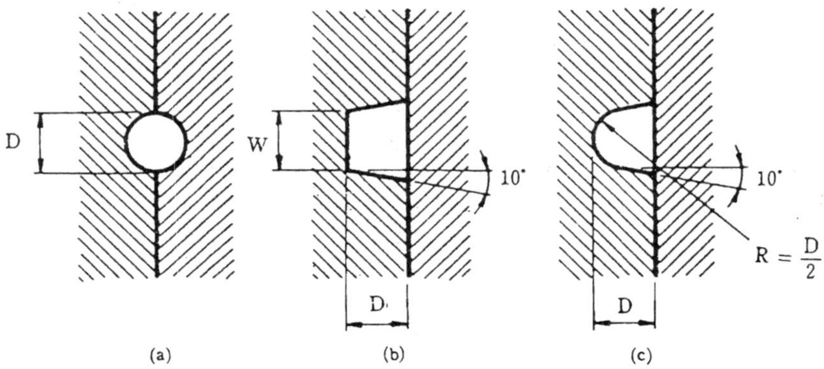

그림 5-13 Runner 단면형상과 치수

표 5-9 Runner의 설계치수

(단위 : mm)

형식	호칭치수	4	6	(7)	8	(9)	10	12
원형	d	4	6	7	8	9	10	12
U형	R	2	3	3.5	4	4.5	5	6
	H	4	6	7	8	9	10	12
남비형	W	4	6	7	8	9	10	12
	H	3	4	5	5.5	6	7	8

5-3-6 Runner의 선택기준

표 5-10 Runner의 선택기준

(단위 : mm)

호칭 치수	성형품 중량 (g)	호칭 치수	성형품 중량 (g)	호칭 치수	성 형 품 투형면적	호칭 치수	성 형 품 투영면적
4	소 물 품	10	300 이상	6	10 이하	8	500 이하
6	80 이하	12	대 형 물	7	50 이하	9	800 이하
8	300 이하			(7.5)	200 이하	10	1,200 이하

※ 투영 면적은 (cm^2)이다. 위 표는 styrol수지의 기준이며 다른 수지일 때에는 runner의 크기를 적절하게 가감한다.

5-3-7 Runner의 Layout

여러 개의 성형품을 ejector시키는 금형에서의 runner layout은 ① cavity의 수, ② 성형품의 형상, ③ 구성 plate수, ④ gate의 형식에 따라서 결정한다. runner layout를 설계할 때에는 다음 사항을 생각하여야 한다.

(1) 압력손실과 유동수지 온도의 낮아짐을 방지하기 위하여 runner의 길이와 수는 가장 적은 유동 선으로 한다.

(2) runner system은 유동배분을 생각하여 균형을 유지하도록 한다. runner balance는 sprue에서 cavity까지의 거리를 동일하게 하는 것을 의미하며, 높은 정밀도 성형에서는 대단히 중요하다.

그림 5-14는 runner balance를 고려한 layout을 나타낸 것이다. 그러나 항상 균형 있는 runner system을 유지할 수는 없다. 이들에 대해서는 gate balance에 의하여 해결된다.

또, runner 끝에는 runner를 통과하는 도중에 냉각된 수지를 밀봉하고 cavity로 유동되지 않도록 하기 위한 cold slug well을 설치하여야 한다. 그림 5-15는 특히 큰 well 부분을 필요로 하는 경질 PVC의 예를 나타낸 것이다.

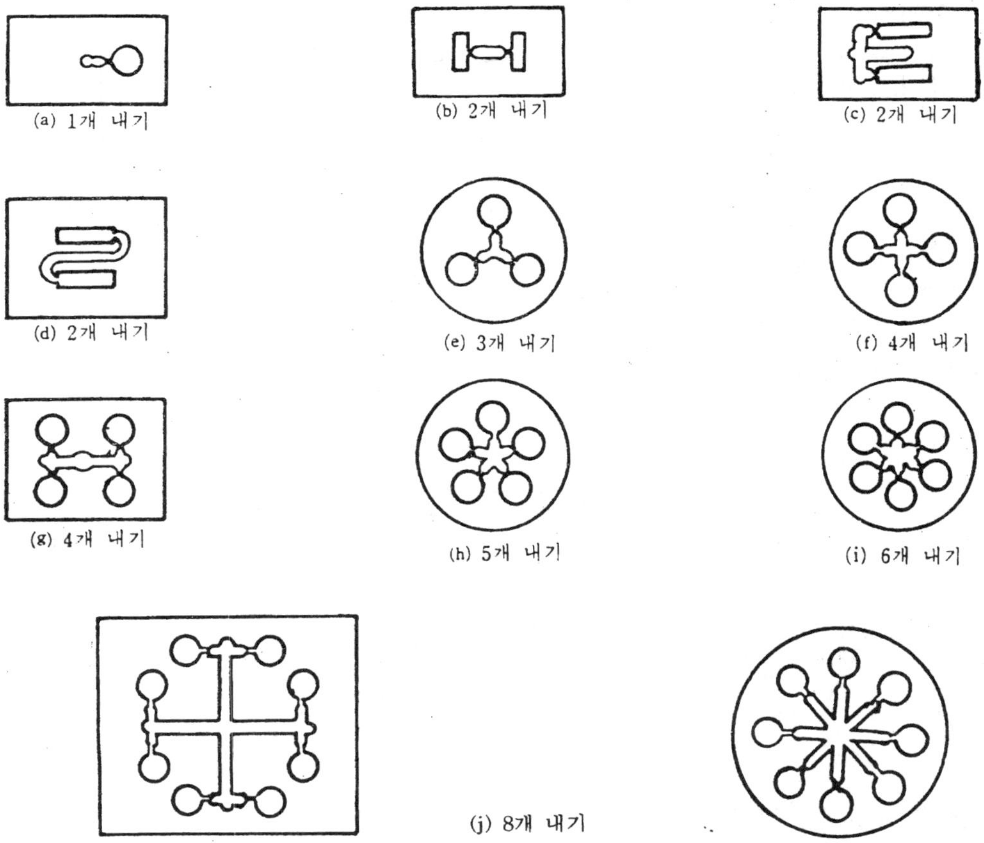

그림 5-14 Runner balance

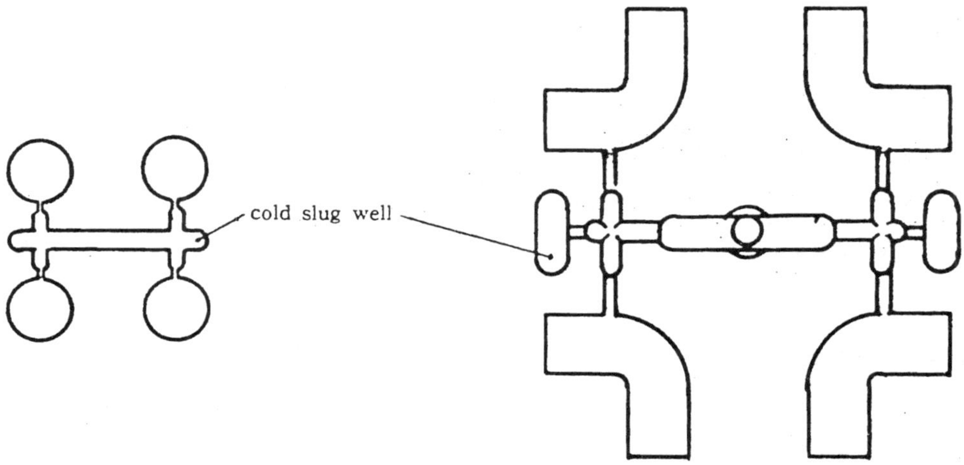

그림 5-15 Cold slug well

5-3-8 Runner와 Gate의 Balance

여러 개 빼내기 금형에서는 모든 cavity가 균일하게 충전되도록 runner 및 gate의 balance를 맞추는 것이 필요하다. 이것은 여러 개 빼내기 금형일 때에 발생하기 쉬운 flow mark, sink mark, 충전부족, 치수정밀도 오차 및 중량의 불량 등을 해결할 수 있다. sprue에서 cavity 말단에 이르는 사이의 압력저하는 거리에 비례하므로, 다른 조건이 같을 때에 먼 cavity로 갈수록 전달되는 압력은 작아진다. 따라서 sprue로부터의 거리가 증가함에 따라 gate land의 길이를 적당하게 감소시켜야 한다.

[1] 각 cavity의 충전상태를 균일하게 하는 방법

(1) sprue로부터 각 cavity까지의 수지유동 거리를 같게 한다.
(2) sprue로부터 각 cavity까지의 거리에 따라 runner의 단면적을 조정하는 방법
(3) sprue로부터 각 cavity까지의 거리에 따라 gate의 폭과 깊이를 조정하는 방법

[2] BGV의 계산

여러 개 빼내기 할 때에 BGV(Balance Gate Value)의 값이 일정하게 되도록 gate의 치수를 결정하는 방법으로서 BGV는 gate를 통과하는 수지의 질량에 비례한다. 즉, 충전중량에 비례한다.

$$\mathrm{BGV} = \frac{S_G}{\sqrt{L_R \cdot L_G}} \tag{5-10}$$

여기서, S_G : gate의 단면적(mm^2), L_G : gate 길이(mm), S_R : runner의 단면적(mm^2), L_R : runner의 길이(mm)이다.

일반적으로 설계할 때 gate와 runner의 단면적의 비(S_G/S_R)는 0.07～0.09 정도이고, gate의 길이는 일정하게 하고 폭과 깊이를 변화하게 하여 조정하는데, 그 비는 대략 3:1 정도이다. 또 runner의 길이가 길 때(sprue에서 300～400 mm)는 125～200 mm 길어질 때마다 land를 0.13 mm 짧게 한다.

[예제 1] 그림 5-16과 같이 같은 성형품 10개 빼내기의 runner 배치도에서 runner 지름 D=8 mm, gate의 land 길이 L_G=2 mm로 일정하게 할 때, gate의 balance를 취하기 위한 치수를 결정하시오.

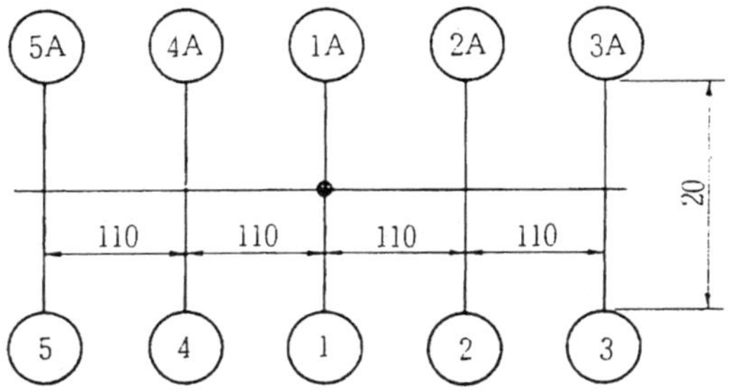

그림 5-16 Gate balance

[풀이] 그림에서 배치조건을 보면 2 · 2A와 4 · 4A는 같은 치수를 적용하며 3 · 3A와 5 · 5A도 같은 치수를 적용하므로, 1 · 1A의 치수와 다른 2개소의 치수만을 계산하면 된다.

runner의 단면적 S_R는

$$S_R = \frac{\pi D^2}{4} = \frac{\pi}{4} \times 8^2 = 50.265 \text{ (mm}^2)$$

이고,

$$\frac{S_G}{S_R} = 0.09$$

라고 하면, gate의 단면적 S_G는

$$S_G = 0.09\,S_R = 0.09 \times 50.265 = 4.5239 \text{ (mm}^2)$$

gate의 폭(b)과 깊이(h)의 비가 3 : 1이므로 $b=3h$가 된다.

따라서 gate의 단면적 $S_G = 3h^2$가 되므로

$$S_G = 3h^2 = 4.5239 \text{ (mm}^2)$$

$$\therefore\ h = \sqrt{\frac{S_G}{3}} = \sqrt{\frac{4.5239}{3}} = 1.228 \text{ (mm)}$$

$$b = 3h = 3 \times 1.228 = 3.684 \text{ (mm)}$$

이 치수의 gate를 2 · 2A 및 4 · 4A의 gate에 적용하면 gate balance BGV는

$$\text{BGV} = \frac{S_{G2}}{\sqrt{L_{R2}} \cdot L_G} = \frac{4.5239}{\sqrt{120} \times 2} = 0.20646$$

이것은 1 · 1A, 3 · 3A 및 5 · 5A의 BGV도 같게 해야만 한다. 따라서

$$0.20646 = \frac{S_{G1}}{\sqrt{L_{R1}} \cdot L_G} = \frac{L_{G3}}{\sqrt{L_{R3}} \cdot L_G}$$

$$\therefore\ S_{G1} = 0.20646\sqrt{L_{R1}} \cdot L_G = 0.20646 \times \sqrt{10} \times 2 = 1.30576 \text{ (mm}^2)$$

$$S_{G3} = 0.20646\sqrt{L_{R3}} \cdot L_G = 0.20646 \times \sqrt{230} \times 2 = 6.2622 \text{ (mm}^2)$$

여기서, S_{G1} 은 1번 성형품의 gate 단면적이고, S_{G3} 는 3번 gate 단면적이다.

위 식에서 계산한 값을 정리하면 표 5-11과 같다.

표 5-11 gate의 치수

(단위 : mm)

cavity 번호 / gate 치수	1 · 1A	2 · 2A	3 · 3A	4 · 4A	5 · 5A
runner 단면적(S_R)	1.30576	4.5239	6.2622	4.5239	6.2622
gate의 폭(b)	1.979	3.684	4.334	3.684	4.334
gate의 깊이(h)	0.659	1.228	1.445	1.228	1.445
gate의 land 길이(L_G)	2	2	2	2	2

[3] 서로 다른 성형품의 여러 개 빼내기일 때 Gate의 Balance

여러 개 빼내기 금형에서 충전량이 서로 다를 때 BGV는 충전량에 비례하므로 다음 식이 적용된다.

$$\frac{W_a}{W_b} = \frac{\dfrac{S_{Ga}}{\sqrt{L_{Ra} \cdot L_{Ga}}}}{\dfrac{S_{Gb}}{\sqrt{L_{Rb} \cdot L_{Gb}}}} = \frac{S_{Ga}}{S_{Gb}} \cdot \frac{\sqrt{L_{Rb}} \cdot L_{Gb}}{\sqrt{L_{Ra}} \cdot L_{Ga}} \qquad (5\text{-}11)$$

단, gate가 사각일 때에 폭과 깊이의 비는 3 : 1이고, gate 단면적과 runner 단면적의 비는 0.07～0.09 정도로 한다.

여기서, W_a, W_b : a, b cavity의 충전량(g), S_{Ga}, S_{Gb} : a, b cavity의 gate 단면적(mm^2), S_{Ra}, L_{Rb} : a, b cavity의 runner 길이(mm), L_{Ga}, L_{Gb} : a, b cavity의 gate 길이(mm)이다.

5-4 Gate system

5-4-1 Gate system의 역할

gate는 runner의 종점이고 cavity의 입구이다. gate의 위치, 형상, 치수는 성형품의 외관이나 성형효과 및 치수정밀도에 큰 영향을 준다. gate는 성형품 형상으로 결정하는 것이 아니고 cavity의 용융 수지의 유동방향, well line의 생성, gate의 처리 등을 생각하여 결정해야 한다.

다음 사항은 gate의 역할과 목적이다.

(1) 충전되는 용융 수지의 유동방향과 유량을 제어하고 성형품을 ejector시키는데 충분한 고화 상태로 될 때까지 cavity 내에 수지를 밀봉하고 runner측으로 역류를 방지한다.

(2) sprue, runner를 통과한 냉각된 수지는 가는 gate를 지나면서 마찰열이 발생한다. 이 열에 의하여 온도를 높이므로 flow mark, weld line 등의 불량을 줄일 수 있다.

(3) runner와 성형품의 절단을 쉽게 하고 마무리 작업을 간단하게 한다.

(4) 여러 개를 ejector시키는 다 점 gate일 때에는 굵기, 폭, 두께 등의 조정에 따라서 cavity의 충전 balance를 잡을 수 있다.

(5) 성형품과 gate가 만나는 부근의 잔류응력을 경감하여 성형품의 균열, 스트레인, 휨 등의 결점을 방지한다.

5-4-2 Gate의 위치

(1) 각 cavity의 말단에서 동시에 충전되는 위치에 설치한다.

(2) 성형품의 가장 두꺼운 부분에 설치하는 것을 원칙으로 한다.

(3) 상품의 가치를 생각하여 눈에 보이지 않는 위치 또는 gate의 마무리 작업이 간단하게 되는 위치에 설치한다.

(4) 그림 5-17의 (a)와 같은 위치에 gate를 설치하면 weld line이 발생하므로 (b)와 같이 수지가 평균적으로 유동하는 위치에 설치한다.

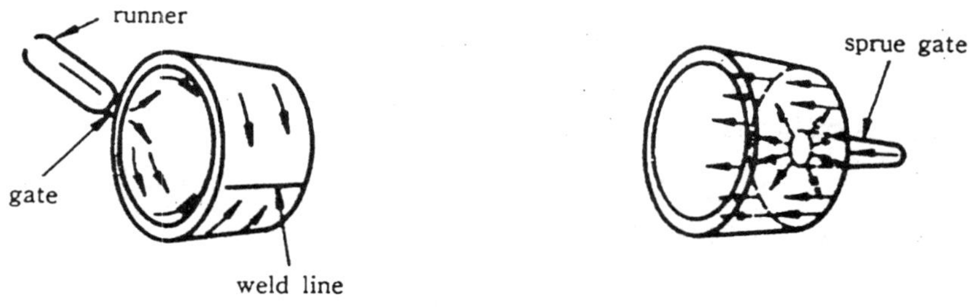

그림 5-17 Gate의 위치(1)

(5) 그림 5-18의 (a)와 같이 가는 core나 rib, pin이 접근 또는 편심되어 있는 위치, 또 유동압력에 의하여 편육되어 있거나 경사될 우려가 있는 곳은 피한다.

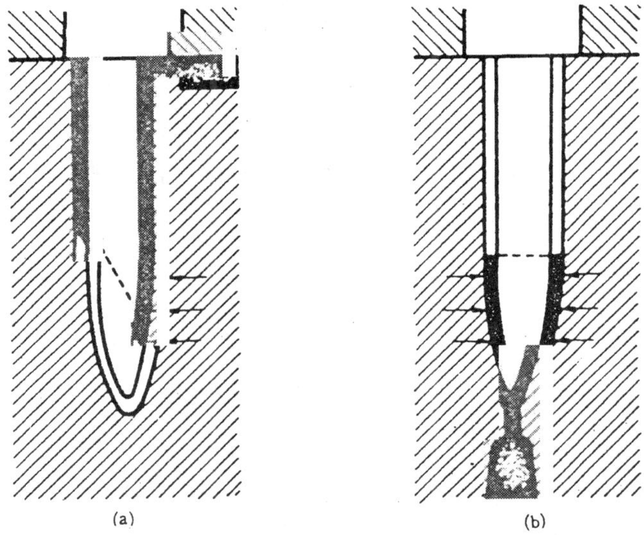

그림 5-18 Gate의 위치(2)

(6) air, gas가 정체되기 쉬운 방향으로 유동을 피한다. 그러나 air vent를 설치하면 gas의 저장이 방지된다.

(7) 큰 굽힘하중 또는 충격하중이 작용하는 부분에 설치해서는 안 된다.

(8) jetting이 발생하지 않는 부분에 설치한다. 그림 5-19 (a)와 같이 긴 개방부를 향하여 gate를 설치하면 ribbon 형상으로 jetting이 되어 외관 및 강도가 현저하게 떨어진다.

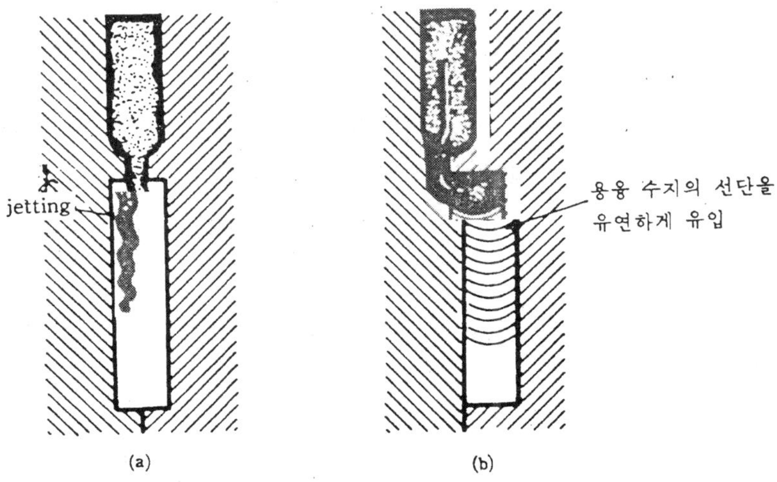

그림 5-19 Gate의 위치(3)

(9) 성형품의 중심 부근에 설치한다. 이것은 유동성 (L/t), 강도(수축)에 대하여 이상적이다. 그러나 3 plate molds가 되는 결점이 있다.

(10) 원형 성형품일 때에는 동일한 3점 pin point gate에서도 정 3각형의 정점에 설치하였을 때 보다 2등변 3각형의 정점에 설치하였을 때가 진원도 및 면 처리에 있어서 더욱 좋은 결과를 얻는다.

5-4-3 Gate의 크기

(1) 사출 시간은 충전시간과 gate에 머무는 시간으로 나누어진다. 충전시간은 gate의 단면적이 클수록 유리하고, gate에 머무는 시간은 길이가 짧을수록 유리하다.

(2) 잔유응력, 변형, 휨에 관해서는 gate가 작은 쪽이 유리하다. gate의 지름이 살 두께보다 작으면 성형품 단면 중앙부가 고화하기 전에 gate 내의 수지가 고화되므로 과응력 충전변형에 의한 균열, 휨, 변형 등이 떨어진다.

(3) 수축 보정, 높은 치수정밀도, sink mark, cavitation(공동) 대책에는 단면적이 큰 gate가 유리하다.

(4) 마무리 작업을 생각하면 단면적이 작은 gate가 유리하다. 그러나, 자동화 성형을 할 때에는 자동 gate절단, runnerless 성형에서는 작게 한다.

5-4-4 Gate의 수

(1) L/t, t/s는 모두 gate로부터의 유동관계를 나타낸다. L/t는 유동의 용이성을 나타내고, t/s는 충전의 용이성을 나타낸다. 이들은 제조회사의 catalog 또는 경험수치에 의하여 구한다.

(2) 변형, 뒤틀림, 휨, 비틀림과의 관계, 살 두께가 균일하지 않은 것, 기하학적으로 대칭성이 부족한 것 등은 압력과 충전변형, 냉각 수축변형, 분자배 양변형 등이 발생함으로서 변형현상을 일으킨다. 1점 gate보다 다 점 gate, 또는 작은 gate쪽이 좋은 결과를 얻는다.

(3) gear와 같이 중심에 구멍이 있는 원형 성형품일 때에는 중심을 벗어난 위치에 gate 위치를 설치하여야 하지만, 수지의 유동방향과 직각방향의 수축에 큰 차이가 있을 때 진원도는 불량하다.

(4) gate의 종류에 따라서는 다 점 gate가 선택되지 않을 때가 있으며, 또는 다 점 gate와 유사한 film gate를 사용할 때도 있다.

5-5 Gate의 종류

gate의 종류에는 제한 gate와 비제한 gate로 구분한다.

5-5-1 제한 Gate

gate에서의 충전량을 조절하고 gate가 급속한 고화를 일으킬 수 있도록 gate의 단면적(길이)을 제한하는 것을 말하며, 비제한 gate와 비교하여 다음과 같은 특성이 있다.

(1) gate 부근의 잔유응력 및 변형을 낮출 수 있다.
(2) 성형품의 변형, 균열, 비틀림 및 굽힘을 낮출 수 있다.
(3) 성형후 준가공이 필요 없거나 또는 간단히 되므로 상품 가치가 올라간다.
(4) gate에 머무는 시간이 짧으므로 cycle을 단축시킬 수 있다.
(5) cavity 내의 유효 사출 압력을 낮추어 투영면적을 크게 할 수 있다. 그러나 runner gate의 면적은 올라간다.
(6) gate의 제거가 간단하고 gate 통과시 압력손실이 크다.

그림 5-20의 (a)와 (b)의 직사각형, 원형 및 정사각형은 균형을 유지하기가 가장 쉽고, 높은 정밀도의 치수로 가공할 수 있으나 그 밖의 형상은 균형을 유지하기가 어렵다. 특히 (c)와 (d)의 반원형이나 타원형은 정확한 치수 가공이 어렵고 또 적당하지 않다.

gate의 깊이에 대한 가장 좋은 깊이의 범위는 중간 정도의 성형품일 때에는 0.8 mm ~1.2 mm로 잡는다.

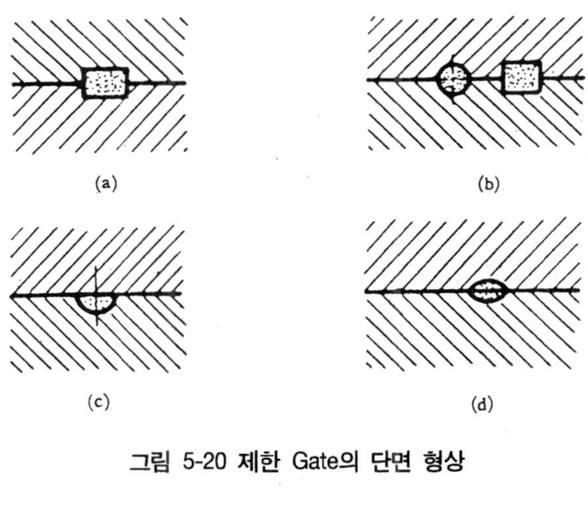

그림 5-20 제한 Gate의 단면 형상

그림 5-21에서 (a)는 바람직하고, (b)는 냉각이 빨라 필요 없는 압력손실을 일으켜 수지점도가 올라가고, 난류일 때는 마찰 손실이 떨어진다.

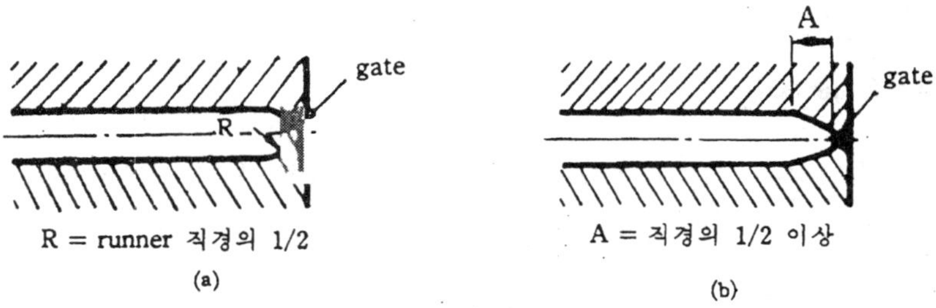

그림 5-21 Runner와 Gate의 접속

5-5-2 비제한 Gate

direct gate, 또는 sprue gate라고도 하며 널리 사용되고 있으며, 이 direct gate의 특성은 다음과 같다.

(1) 압력 손실이 적고 수지량이 절약된다.

(2) 금형의 구조가 간단하고 고장이 적다. 그러나 sprue 내면의 연마를 충분히 해야 한다.

(3) sprue의 고화 시간이 비교적 길고 cycle이 길어지기 쉽다.

(4) gate의 준 가공이 필요하고 상품성이 떨어지므로 연구가 요구된다.

(5) 잔유응력, 압력과 충전 변형이 발생하기 쉽고 gate의 균열이 일어날 염려가 있다.

5-6 Gate의 종류와 각 특성

5-6-1 Direct gate(Sprue gate)

그림 5-22와 같이 direct gate, sprue gate라는 것으로 널리 사용되고 있으며, 성형성이 좋은 gate이지만, gate의 자국이 남는 결점이 있다.

그러나 사출 압력의 손실이 적고 어떠한 수지에서도 비교적 성형이 쉬우므로 대형이면서 깊은 성형품에 많이 사용된다. gate의 특성은 다음과 같다.

(1) sprue의 single cavity 금형으로 성형한다.

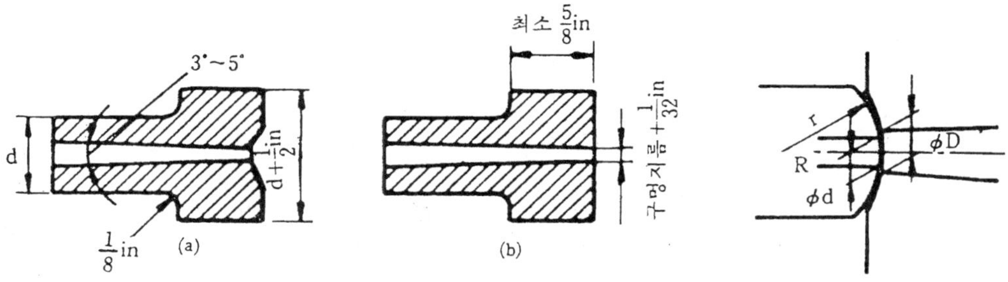

그림 5-22 비제한 Gate : Direct gate(Sprue gate)

(2) 성형기의 플랜저의 압력이 직접 cavity에 전해져 압력 손실이 적다.
(3) 성형성이 좋고 모든 사출 성형 재료에 적용할 수 있다.
(4) sprue의 고화시간이 길므로 cycle이 길어진다.
(5) 잔류응력의 배향이 일어나기 쉬우므로 게이트 주변에 ring 모양의 리브를 돌려서 보강하는 것이 좋다.

5-6-2 표준 Gate : Side gate

소형에서 중형에 이르기까지 여러 개 빼내기 성형품에 많이 사용하며 성형품의 측면에 직사각형 또는 반원형의 제한 주입부를 설치하므로 edge gate 또는 side gate라고도 한다. 이 gate의 특성은 다음과 같다.

(1) 단면형상이 간단하므로 기계가공이 쉽고 비용이 절약된다.
(2) gate의 치수를 정밀하게 마무리할 수 있고 치수 수정이 쉽다.
(3) 대체적으로 모든 수지에 적용되나 외관에 gate 자국이 남는다.
(4) gate의 치수는 신속하게 또는 쉽게 할 수 있으며 성형을 하면서도 수정이 가능하다.
(5) cavity의 충전속도는 gate에 머무는 실제 시간과는 상대적으로 독립하여 제어된다.
(6) cavity의 충전속도는 gate 고화와 관계없이 조절할 수 있다.

$$h = \lambda \cdot t \quad ※ \text{ 보통 } h = \frac{1}{3}W$$

$$W = \frac{\lambda\sqrt{A}}{30} \quad h = 0.5 \sim 1.5\text{ mm}, \quad W = 1.5 \sim 5\text{ mm}, \quad L = 1.5 \sim 2.5\text{ mm}$$

※ 성형품이 대형이고 형상이 복잡할 때

$h = 2.0 \sim 2.5$ mm(성형품 살 두께의 70~80% 정도 취한다.)

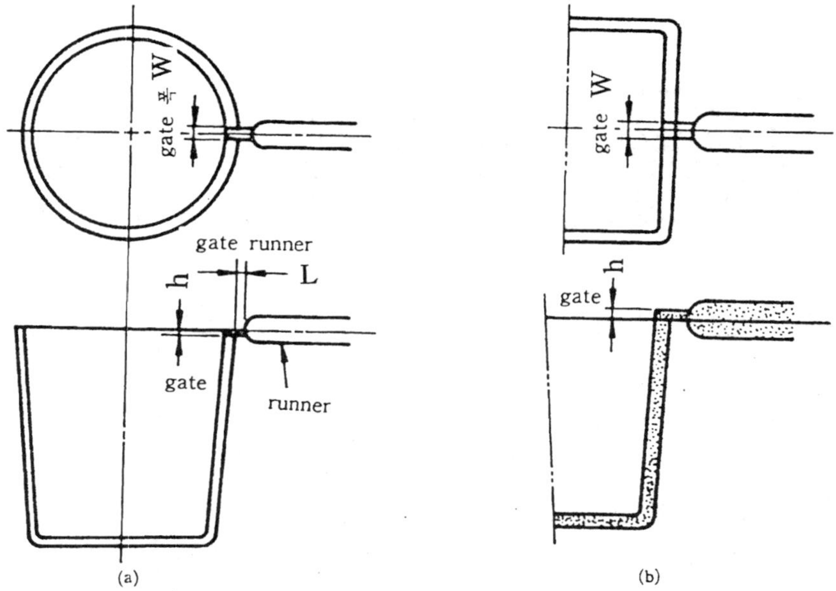

그림 5-23 표준 Gate(Side gate)의 형상

$W = 7 \sim 10$ mm

$L = 2.0 \sim 3.0$ mm

여기서 h : gate의 깊이(mm), t : 성형품의 두께(mm), W : gate의 폭(mm),
L : gate의 길이(mm), A : 성형품의 외측 표면적(mm^2),
λ : 수지의 상수
- PS, PE = 0.6
- POM, PC, PP = 0.7
- PVAC, PMMA, PA = 0.8
- PVC = 0.9를 준다.

※ PS : Polystyrene
PE : Polyethylene(저밀도 PE, 고밀도 PE)
POM : Poly oxy methylene
PC : Poly carbonate
PP : Polypropylene
PMMA : Poly methacrylate(일명 acryl)
PA : Poly amid(나일론)
PVC : Poly vinyl chloride(염화비닐수지)

5-6-3 Overlap gate : Straight top gate

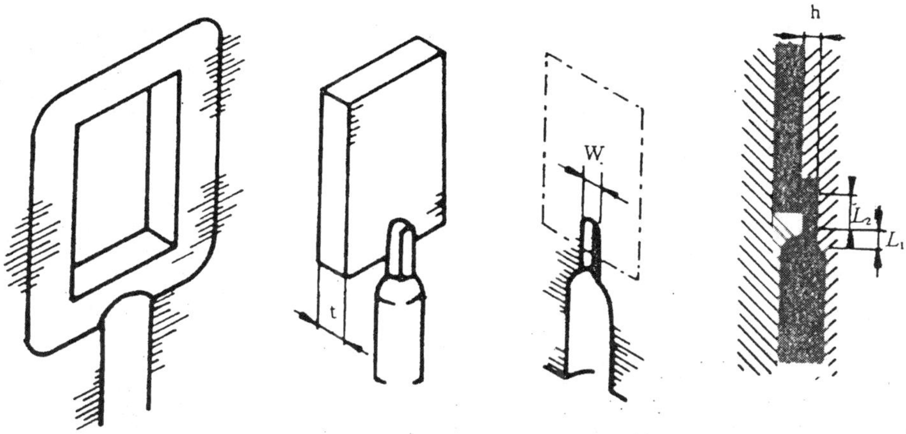

(a) (b) (c) (d)

그림 5-24 Overlap gate(Straight top gate)의 형상

성형품에 flow mark를 방지하기 위하여 표준 gate 대용으로 사용되며 평면부에 평행하게 설치한 gate이다. gate의 설계 치수는 표준 gate와 같으나 다음과 같이 한다.

$$h = \lambda \cdot t$$

$$W = \frac{\lambda \sqrt{A}}{30}$$

$L_1 = 2 \sim 3\ \text{mm}$ L_1 : land 길이(mm)

$L_2 = \dfrac{h + W}{2}$ L_2 : gate의 길이(mm)

5-6-4 Fan gate

(1) 평판이며 면적이 비교적 큰 성형품으로 성형품에 기포나 flow mark를 남길 염려가 있을 때에 사용한다.

(2) cavity를 향하여 충분히 넓게 한 절단면 장방형의 gate이다. 경질 PVC 이외의 범용수지에 적용 가능하다.

(3) gate의 위치를 선정할 때 성형품 및 끝마무리를 고려하여 결정 할 것.

(4) land부의 길이 L은 표준 gate보다 약간 길게 하지만 6 mm 전후로 한다.

(5) gate의 폭은 표준 gate와 같은 방법으로 구하나 이보다 큰 폭일 때에는 35 mm

정도 이용 가능하다.

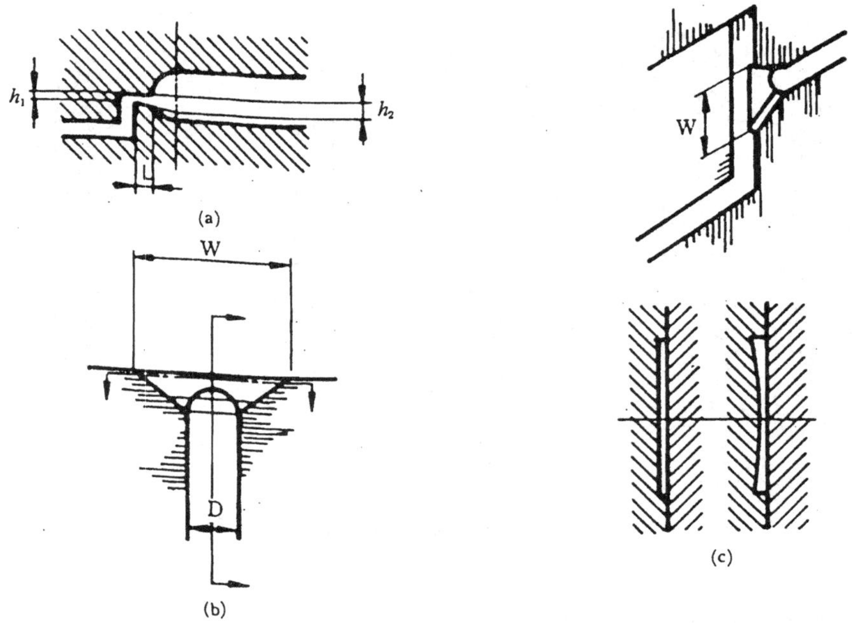

그림 5-25 Fan gate의 형상

(6) land부의 길이는 gate의 중앙부와 gate의 말단 부에서 서로 다르기 때문에 압력 손실, 충전속도 역시 다르다. 이것을 동일하게 하기 위해서 그림 5-25 (c)의 우측과 같이 gate의 양끝을 같게 한다.

$h_1 = \lambda \cdot t$ h_1 : gate의 깊이(mm)

$h_2 = \dfrac{W h_1}{D}$ h_2 : gate 입구의 깊이(mm)

D : runner의 직경(mm)

5-6-5 Film gate : Flash gate, Slit gate

(1) 그림 5-26과 같이 성형품의 폭과 gate 폭을 같은 길이로 하고 두께를 얇게 한 gate로 flash gate 또는 slit gate라고도 한다.
(2) acrylic 등의 평판형 성형품이나 변형을 최소한으로 억제하려할 때는 효과적이다.
(3) 경질 PVC 이외의 범용수지 성형이 가능하다.
(4) gate의 위치는 보통 성형품의 짧은 쪽의 폭 한계까지 할 수 있는데 마무리 작업

단축을 위해서는 가능한 처음에는 좁게 하고 점차 넓혀 가는 것도 한가지 방법이다.

(5) gate의 두께는 보통 0.2 mm ~ 1 mm, gate land는 1.0 mm 정도로 하고 gate의 폭은 성형품 폭 이상으로 할 수 있다.

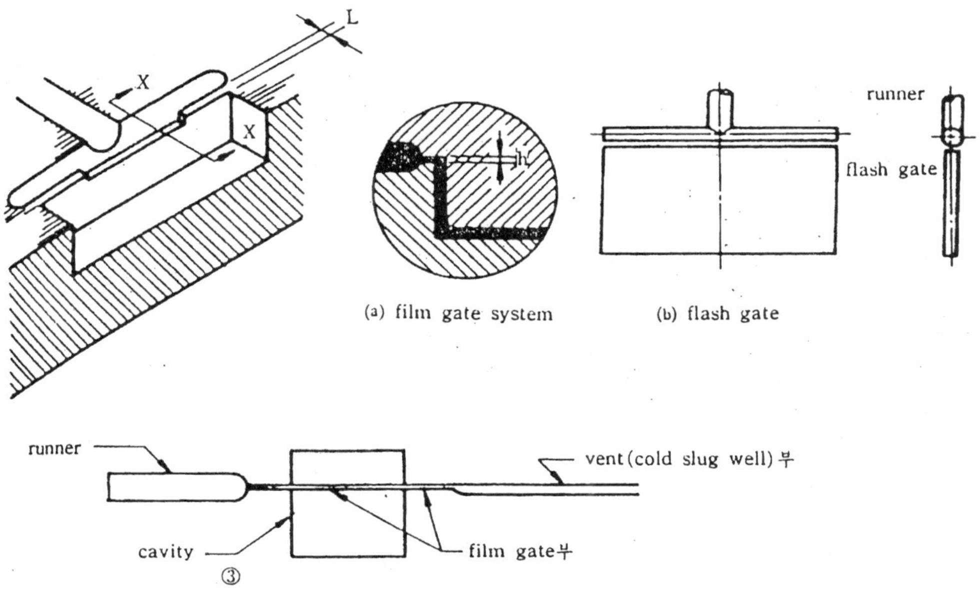

그림 5-26 Film gate의 형상

그림 5-26의 (a)는 film gate, (b)는 flash gate를 나타내는데 (c)와 같은 film gate일 때에는 vent (cold slug well)부의 설계할 때 주의를 해야 한다.

5-6-6 Ring gate

ring gate 역시 성형품의 형상이 선택의 조건이 되며, 일반적으로 pipe 형상이 많이 이용되고 있다. 이것도 비교적 가늘고 긴 성형품에 특히 많으며, 이 외의 경우는 ring gate를 사용하지 않아도 성형이 가능할 때가 많다.

그림 5-27과 같이 소형물로서 여러 개 빼내기 금형으로 만년필 뚜껑 등의 원통형 성형품을 성형하기 위하여 사용된다.

(1) 긴 원통형의 성형품일 때에는 ring 위의 gate에서 균일하게 cavity로 수지가 주입되기 때문에 weld mark의 방지 또는 사출 압력에 의하여 금형 내의 core pin 편

심 등도 방지되어 균일한 살 두께의 성형품이 성형된다.

(2) disk gate는 원통형의 안쪽에 gate를 설치하는데 ring gate는 원통형 바깥쪽에 설치하고, runner 주입구의 반대쪽에 over flow부를 설치하는 것이 일반적이다.

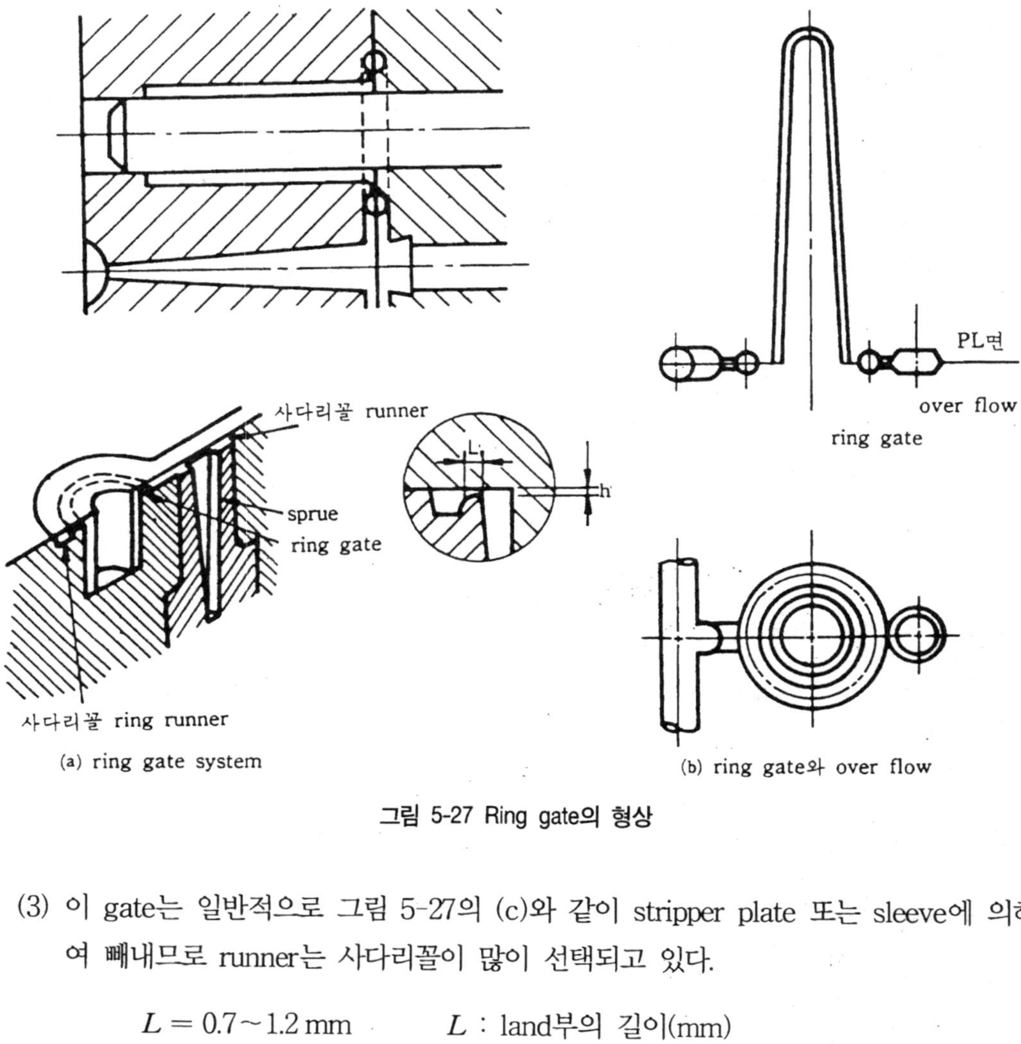

그림 5-27 Ring gate의 형상

(3) 이 gate는 일반적으로 그림 5-27의 (c)와 같이 stripper plate 또는 sleeve에 의하여 빼내므로 runner는 사다리꼴이 많이 선택되고 있다.

$L = 0.7 \sim 1.2\,\text{mm}$ L : land부의 길이(mm)

$h = 0.7 \cdot \lambda \cdot t$ h : gate의 깊이(mm)

5-6-7 Disk gate

disk gate도 어느 정도 성형품 형상의 제약을 받게되는데 성형품의 원형 구멍에 gate

를 배치한 것으로 막 gate라고도 하며, weld mark를 방지하기 위해서 사용한다. 그러나 성형품의 중앙 부근에 sprue 지름보다 크게 뚫린 구멍이 있을 때에 한하여 항상 이용할 수 있는 것은 아니다. 그렇지만 이 뚫린 구멍을 gate로 하면 runner 가공이 필요 없게 되거나 간단하게 되고, 또는 짧게 되어 direct gate로 되기 때문에 성형할 때에 압력손실이 적다. 그림 5-28에서 gate부의 치수는 다음 식으로 결정한다.

$$h = 0.7 \cdot \lambda \cdot t$$

$$h_1 = \lambda \cdot t$$

$$L = 0.7 \sim 1.2\ \mathrm{mm}$$

$$L_1 = h_1$$

여기서, h, h_1 : gate의 깊이(mm), L : land의 길이(mm), L_1 : overlap 길이(mm), λ : 수지의 상수이다.

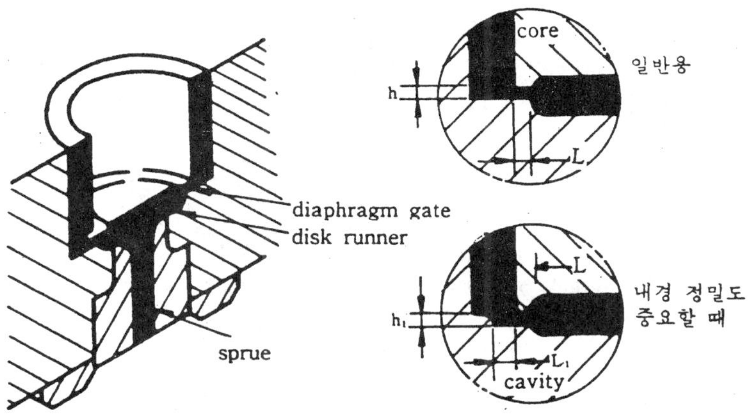

그림 5-28 Disk gate 설계

5-6-8 Tab gate

(1) overlap gate의 변형으로 단면적과 평면적이 비교적 큰 주입구로 구성되어 있다 (tab gate와 tab의 면적 비교임).

(2) 수지를 cavity에 직접 주입하지 않고 성형품의 일부를 tab을 만들어 이곳으로 수지를 주입한다. 또 이 tab에는 별개의 gate로 수지를 주입한다.

(3) tab gate는 유동을 조절하여 cavity 내에서 수지의 유동을 원활하게 하여 성형품의 결점을 보완한다.

(4) 형상은 직사각형이 많이 사용되고 tab은 fan gate적인 형상이 많다.

(5) PVC, PC 등과 같이 성형온도의 폭이 좁고 열 안전성과 유동성이 나쁘며 용융 밀도가 높은 수지에 적용된다.

(6) 수지를 성형할 때 다른 gate에 비해 2배의 사출 압력으로 성형하므로 변형이 발생하기 쉽다.

(7) 수지는 tab gate에서 수축되면서 마찰열에 의하여 낮게 가열한 다음 tab 벽에 충돌하도록 하여 충전한다. tab를 채운 수지는 보다 가소화 되어 있고, 원활한 유동으로 cavity를 충전한다.

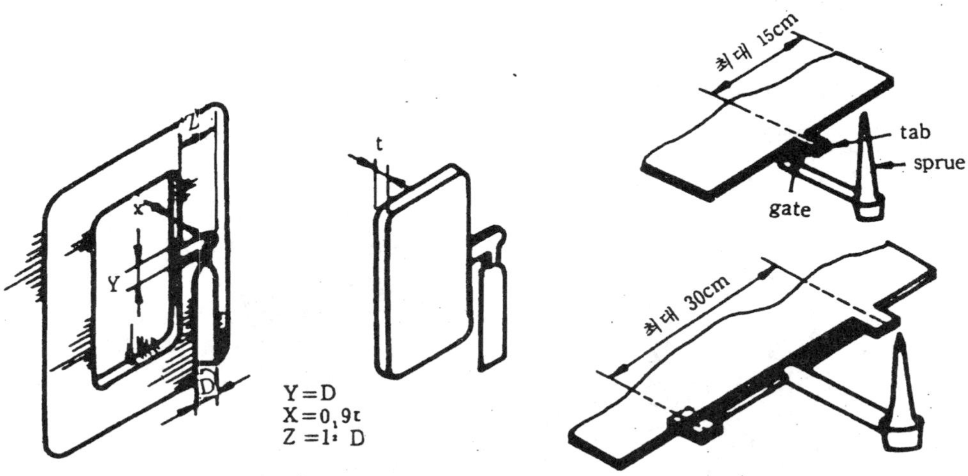

(a) tab gate system (b) single tab gate와 multi tab gate

그림 5-29 Tab gate의 형상 및 설계

(8) tab gate는 runner에 대하여 직각으로 붙이는 것이 보통이고, 얇은 부분에 설치하면 flow mark나 weld line을 일으키기 때문에 두꺼운 부분에 설치한다. 그림 5-29는 기준치수를 나타내며, 다음 식으로 구한다.

$$Y = D$$
$$X = 0.9\,t$$
$$L = 1.5\,D$$

Y : tab의 폭(mm)
X : tab의 깊이(mm)
L : tab의 길이(mm)
D : runner의 지름(mm)
t : 성형품의 살 두께(mm)

5-6-9 Pin point gate

pin gate라고도 하며 그림 5-30과 같이 성형품의 중앙에 gate를 설치할 때 사용되는 제한 gate이며 다 점 gate로 이용될 때가 많다. 단면적이 작으므로 유동저항이 크고, 낮은 점도수지를 사용하거나 polystyrol, polyethylene, polypropylene 등을 성형하며 사출 압력을 높게 해야 한다. 특성은 다음과 같다.

(1) gate의 위치 선택이 비교적 제한을 받지 않으며 자유롭게 할 수 있다. 보통 중앙에 설치한다.
(2) gate 부근의 잔유 변형이 적고 여러 개 빼내기일 때에 gate의 균형이 용이하다.
(3) 투영면적이 큰 성형품 또는 변형하기 쉬운 성형품에 다 점 주입을 하면 성형 왜곡 변형이 적고 효과적이다.

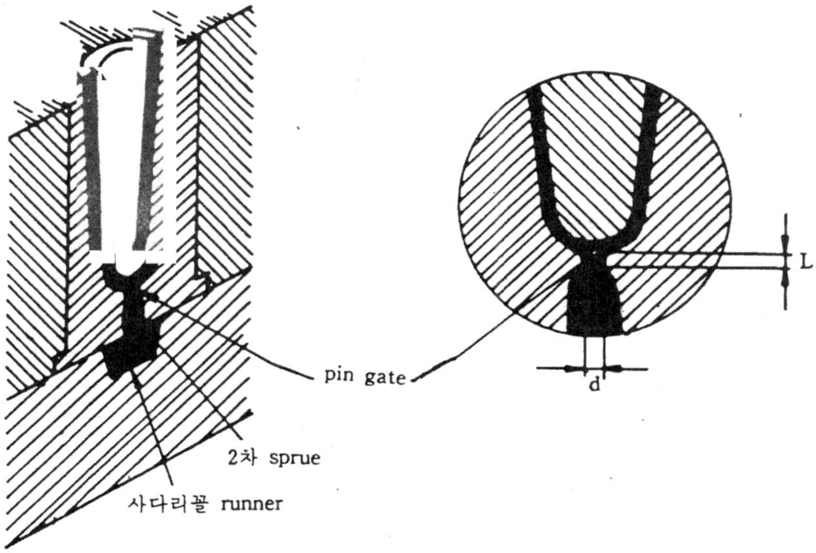

그림 5-30 Pin point gate

(4) gate부는 절단하기 쉽기 때문에 금형을 3 plate로 구성하면 금형 열림에 의해 자동절단이 가능하여 성형품과 runner를 별개로 ejector할 수 있다.
(5) 3 plate molds, hot runner, well type nozzle이 있는 2 plate molds 구성 금형 중 어느 것을 이용하여도 좋다.

그림 5-31은 pin point gate 방법에서 gate부의 뒷면에 블록(凸)부가 되어도 아무런

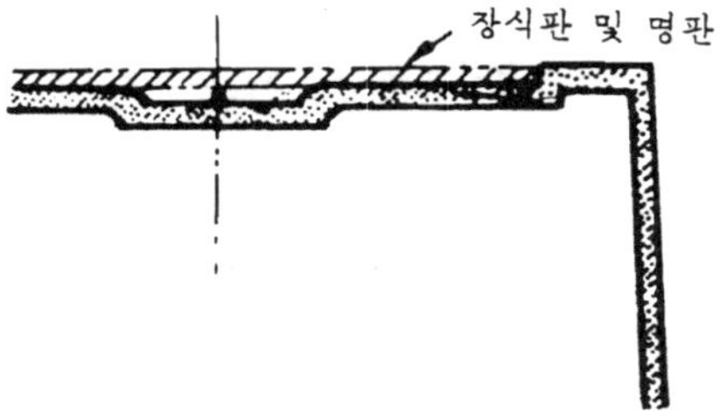

그림 5-31 오목부 Gate

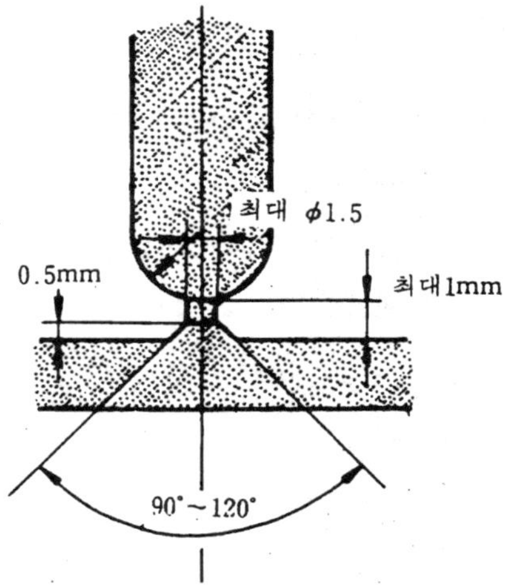

그림 5-32 Pin point gate 상세도

장해가 없고 표면에 조각판 등을 크게 부착함으로서 gate부가 표면에 보이지 않게 설계하는 실례이다.

그림 5-32는 gate land를 길게 하여 오목(凹)부로 할 필요가 없을 때의 상세도이다.

그림 5-33 Pin point gate 방법의 Runner와 Gate

$$d = \lambda C \sqrt{A}$$

여기서, d : gate의 지름(mm), C : 성형품의 함수, λ : 수지의 상수, A : cavity의 표면적(mm^2)이다.

표 5-12 성형품 살 두께 상수 C

(단위 : mm)

t ≒	0.80	0.90	1.30	1.50	1.80	2.00	2.30	2.50
C =	0.036	0.041	0.047	0.051	0.055	0.058	0.062	0.065

5-6-10 Submarine gate : Tunnel gate

(1) gate의 방법으로는 pin point gate와 큰 차이가 없다.

(2) 성형품 표면에 gate 자국을 남기지 않고 측면 또는 표면에 만들 수 있으므로 외관이 중요할 때에 많이 사용한다.

(3) 이형(열림)할 때 gate부가 자동적으로 절단되어 성형품과 runner, gate부가 별개로 되기 때문에 gate의 마무리 공정이 생략된다.

(4) runner와 gate의 조각가공이 어느 정도 under cut이 되기 때문에 runner가 ejector하는 과정에서 파손되거나, gate가 cavity 내에 남지 않도록 해야 한다.

그림 5-34와 같이 가동 측 형판의 중앙을 tunnel식으로 만들어 cavity에 주입된다. 그림 5-35는 특히 최근의 TV, cabinet 등의 가전 제품 또는 radiator, gill 등의 자동차 용품에 많이 사용되고 있는 구조이다. 이것은 성형품의 뒷면에 일정한 2차 runner를 세우고 submarine gate에서 그 2차 runner를 통하여 성형품에 간접적으로 주입하는 것으로 적당한 위치에 2차 runner를 설치한다.

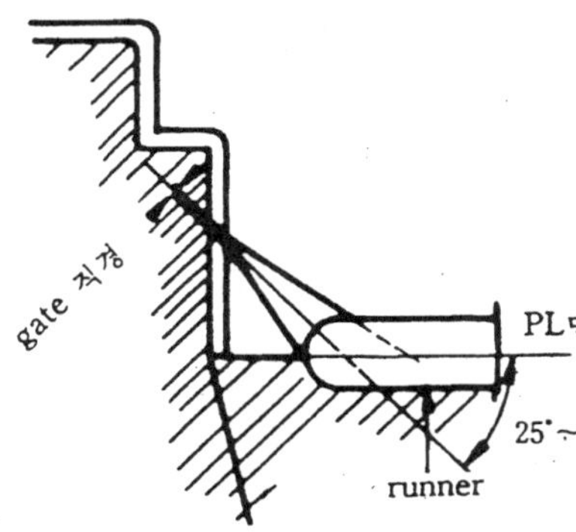

그림 5-34 표면 Submarine gate

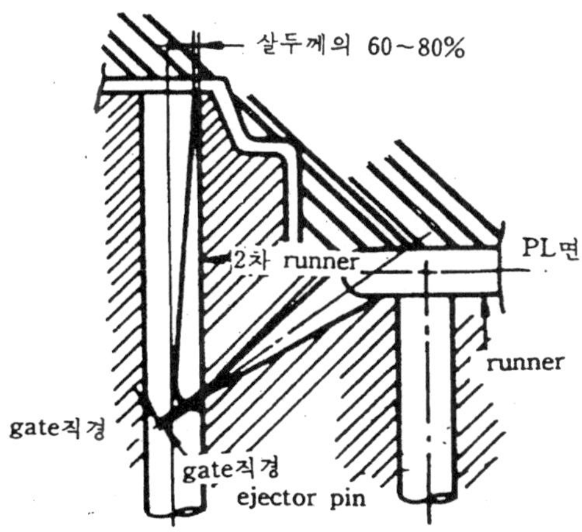

그림 5-35 2차 Runner submarine gate

그림 5-36은 gate와 2차 runner를 절단한 것으로 성형품을 ejector 시킴과 동시에 밀어내게 되고, gate는 자동적으로 절단된다. 그림 5-37은 gate부의 상세도로 특히 (a)는 그림 5-34와 같을 때에 사용되고, 그림 5-35와 같을 때에도 그때의 gate각도에 따라 사용된다. (b)와 같이 R의 형상을 크게 할 때는 그림 5-35의 gate 설계가 가장 적당하다.

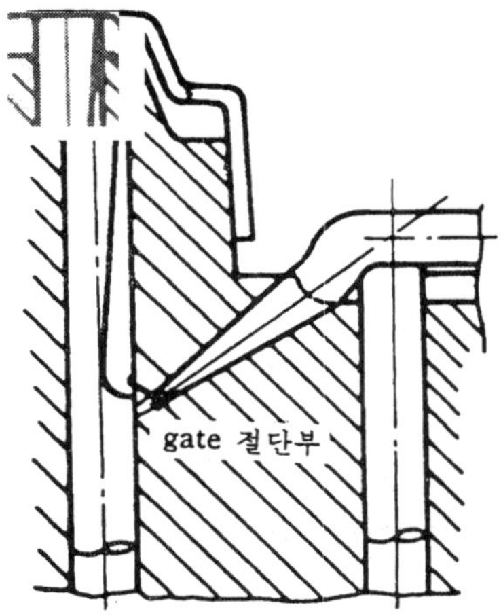

그림 5-36 Gate의 절단부

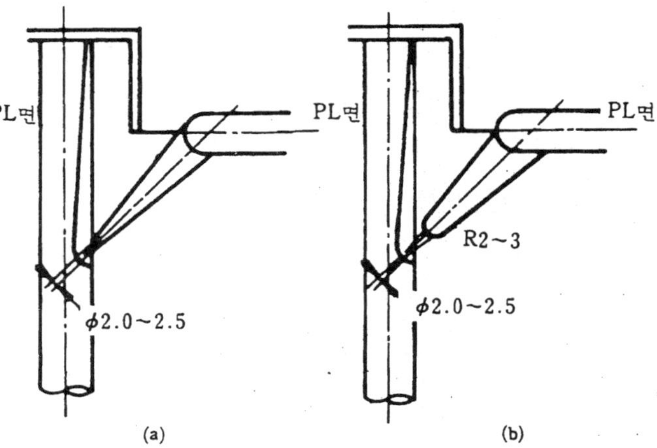

그림 5-37 Gate부 상세도

5-7 Runnerless system

지금까지 설명한 금형에서는 반드시 sprue, runner가 있어 성형품과 동시에 성형되어 이것을 분리, 다듬질 처리하는 것은 경제적인 손실은 물론 자동화하는데 불리할 때가 많다. 따라서 이 sprue, runner를 제거하거나 있어도 shot마다 ejector 성형이 요구되는데 이것이 runnerless이다. 이 방법을 선택할 때는 금형의 온도제어 및 성형수지의 특성 또는 성형품의 형상 등을 충분히 검토할 필요가 있다.

5-7-1 성형의 특성

(1) 성형품의 품질이 우수하다 : 소형품이거나 비제한 gate에서는 관계가 없으나 대형품이면서 비제한 gate일 때는 주위에 발생하는 잔유응력 및 변형이 생긴다.

(2) 수지의 단가가 낮아진다 : 성형품의 물성과 외관의 요구가 엄격하게 되면 재생품을 사용할 수 없을 때가 많다.

(3) 성형기의 크기가 한 단계 작아도 된다 : sprue, runner에 관계되는 사출 용량, 금형 체결력, 3매 구성 금형일 때의 성형품, runner ejector에 관계되는 금형 열기 stroke는 모두 작아도 된다. 그러나 runnerless 성형에서는 높은 사출 압력이 요구될 때가 많다.

5-7-2 Runnerless 금형에 적합한 수지의 조건

(1) 온도에 대하여 열 안전성이 있고 낮은 온도에서 성형이 쉬워야 한다.
(2) 압력에 대하여 민감하고 낮은 압력에도 사출성형이 쉽게된다.
(3) 금형에서 신속하게 ejector될 수 있도록 열변형 온도가 높아야 한다.
(4) 열전도율이 높아야 한다. 열전도율이 높으면 수지로부터 열을 신속하게 방출할 수 있으므로 냉각시간이 단축된다.
(5) 비열이 낮아야 한다. 비열이 낮으면 약간의 가열에 의해서도 신속히 온도가 올라가며, 또 약간의 냉각에 의해서도 수지온도는 신속히 내려간다.

5-8 Runneress system의 종류

5-8-1 Well type nozzle

(1) 전실이 있는 sprue라고도 하고, italian sprue라고도 한다. 금형의 구조가 간단하고 조작도 쉽다. 그림 5-38은 가장 대표적인 well type형이다.
(2) 그림과 같이 sprue bushing에 해당되는 bushing이 있고, spring이 후퇴하도록 되어 있다. nozzle이 sprue bushing에 접촉하여 bushing을 cavity에 밀착시켜서 사출 한다. 사출이 끝나면 nozzle은 후퇴한다.
(3) 성형cycle이 길거나 성형온도가 낮은 성형수지는 이 정체되는 전실에서 고화하기 쉽고, 특히 gate 앞부분에서 냉각되므로 다음의 사출이 되지 않게 된다.
(4) 일반적으로 이 전실은 다른 bushing으로 cavity와의 접촉면적을 가능한 작게 하고 nozzle 접촉면과 실제 gate의 길이가 되도록 짧게 하여 용융 수지 온도가 떨어지지 않도록 한다.
(5) cavity와의 관계에서 전실이 길어질 때에는 (b)와 같이 하고, 전실까지 나오도록 한다.
(6) 많이 이용되는 수지는 polyethylene이 가장 많고, 그 다음이 polypropylene과 styrol 수지이며 다른 수지는 성형성을 고려하여 사용하지 않는다.
(7) 그림 5-38의 (c)와 같이 spring을 넣어 성형할 때 nozzle이 약간 후퇴함과 동시에 bushing이 spring에 의하여 후퇴하고, sprue bushing과 분리시켜 단열 되도록 하는 방법으로 가장 좋은 구조의 금형이다. gate부의 수지 고화 역시 작아진다.

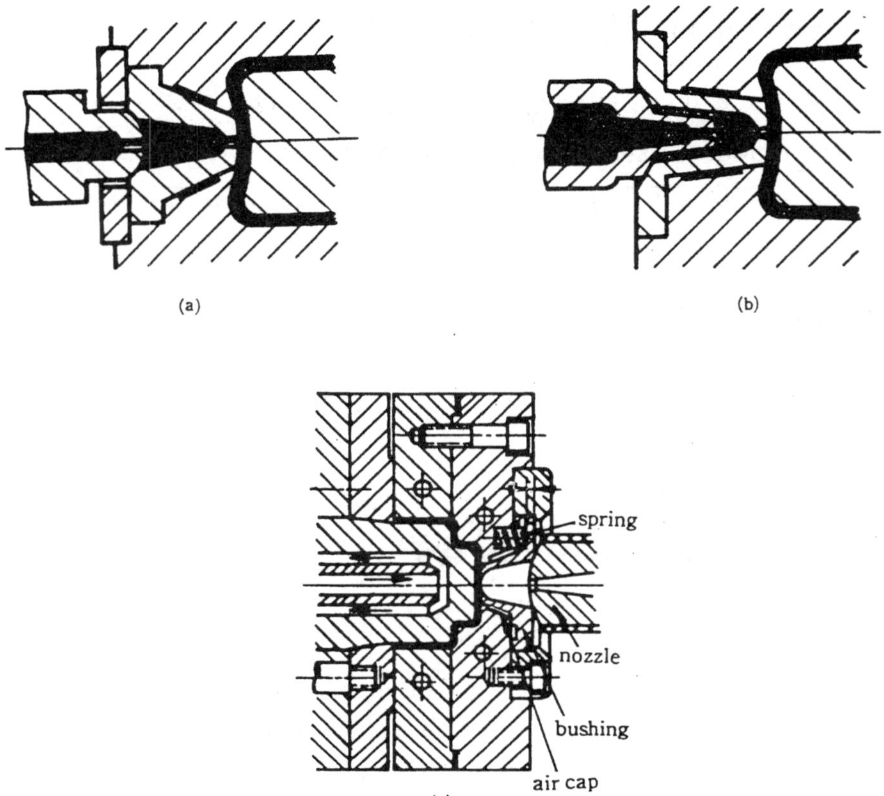

그림 5-38 Well type nozzle

그림 5-39와 표 5-13은 well type nozzle의 전실과 그 설계치수를 나타낸다.

bushing부의 전실은 가능한 짧고, 굵게 설계할 필요가 있으나 사출성형기의 nozzle 밀착력이 그렇게 크지 않으므로 전실 지름 D는 다음 식을 고려하여 결정한다.

$$\text{Nozzle 밀착력} > S \times P$$

여기서 S : 전실의 투영면적($\pi D^2/cm^2$), P : 사출압력 또는 성형기의 gate의 압력 (kg/cm^2)이다.

표 5-13 Well type nozzle의 설계치수

(단위 : mm)

성형품 중량(g)	50~160	15~40	6~15	3~6
매분 성형수	2~3	4~5	6~7	8~10
d	1.5~2.5	1.2~1.6	1~1.2	0.8~1.0
R	5.5	4.5	4	3.5
a	0.8	0.7	0.6	0.5

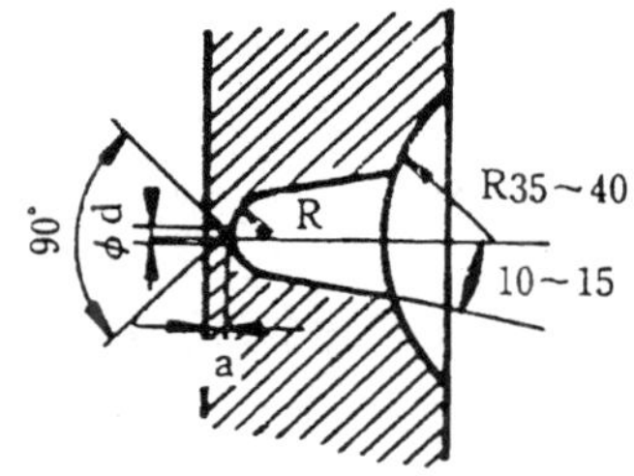

그림 5-39 Well type nozzle의 전실

5-8-2 Extended nozzle

(1) nozzle이 cavity의 일부를 성형하거나 또는 gate부까지 nozzle이 연장되어 있거나 둘 중의 하나이다. 일반적인 direct gate나 성형이 가능한 수지이면 sprue가 없는 성형품으로 성형이 된다.

(2) 성형할 때의 문제로는 well type nozzle의 전실과 같이 nozzle과 cavity와의 접촉면을 작게 하여 nozzle온도 저하에 의한 수지의 고화 방지가 필요하다.

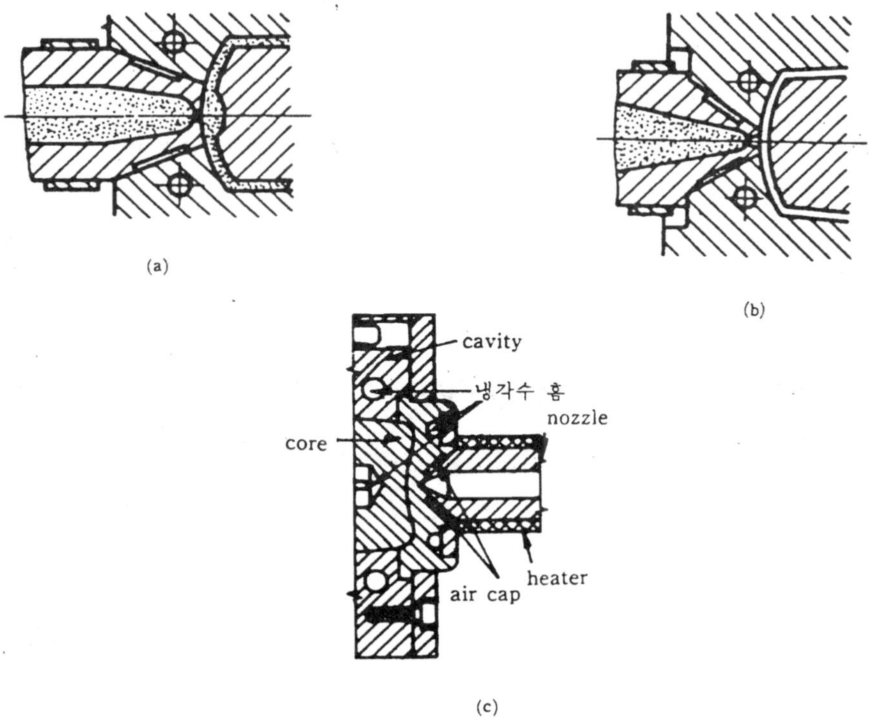

그림 5-40 Extended nozzle의 구조

(3) cavity와 nozzle의 고정 면에 flash가 발생하기 쉬우므로 주의를 요한다.
(4) 금형의 cavity부는 냉각을 효과적으로 하고 성형할 때마다 nozzle을 금형에서 분리시켜 열전도를 가능한 적게 한다.

그림 5-40은 성형기의 nozzle이 direct gate에 접촉하여 일반적인 금형의 sprue 부분을 제거한 구조이다. 금형의 cavity부는 냉각을 효과적으로 하고, 성형할 때마다 nozzle을 금형에서 분리시켜 열전도를 가능한 적게 한다.

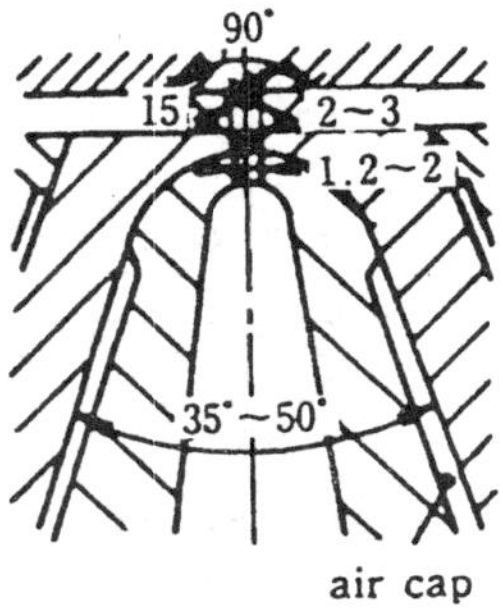

(a)

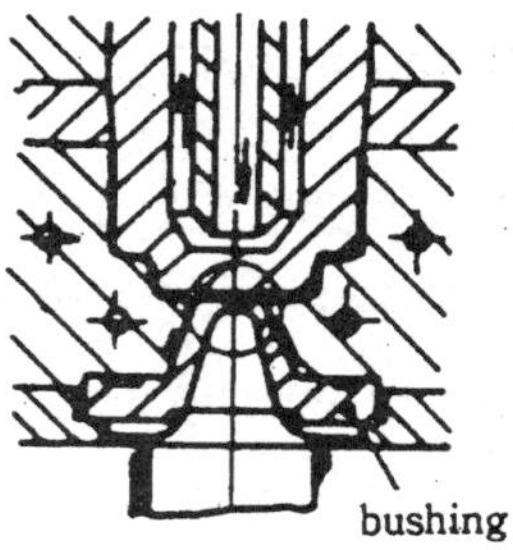

(b)

그림 5-41 Bushing있는 Extended nozzle

그림 5-41은 polycarbonate용으로 설계한 extended nozzle로서 직접 cavity에 접촉되는 것을 피하기 위하여 bushing이 설치되어 있다. 또한 well type nozzle 금형에 비하여 gate의 막힘이 적기 때문에 sprue bushing의 냉각과 nozzle의 온도조절을 정확하게 하면 pin point gate가 허용되는 성형품인 한 모든 수지에 적용할 수 있고 응용 범위가 매우 넓다.

5-8-3 Insulated runner : 단열 Runner

(1) 그림 5-42와 같이 runner의 단면적을 크게 하여 외벽과 접촉한 수지를 단열 층으로 이용하여 runner 지름의 1/2~1/3 정도의 내부수지를 용융 상태로 유지하는 방법이다.
(2) runner의 지름이 크기 때문에 runner가 가지고 있는 분할 면은 성형중 닫힌 상태로 유지되어야 한다. 따라서 성형수지가 한정되며 주로 poly ethylene, polypropylene이다. well type nozzle에서는 여러 개 성형이 동시에 되지 않으나, insulated nozzle에서는 가능하고, 큰 성형품의 성형도 가능하다.

(3) 여러 개의 성형을 동시에 할 때 insulated runner를 이용하면 금형 구조가 간단하게 된다.

(4) 수지유동은 전단면이 균일하게 유동하지 않고 runner의 외주로부터 약 2~4 mm 안쪽의 수지가 유동하여 충전된다. 즉, runner의 바깥쪽은 온도가 낮은 금형과 접촉 그 부분의 수지는 반용융 상태 및 고화되어, 이 층이 단열 작용을 하여 내부 온도가 낮아지는 것을 방지한다.

(5) runner의 직경은 ϕ 16~24 mm의 범위이며 너무 크면 cavity 온도제어가 어렵게 된다.

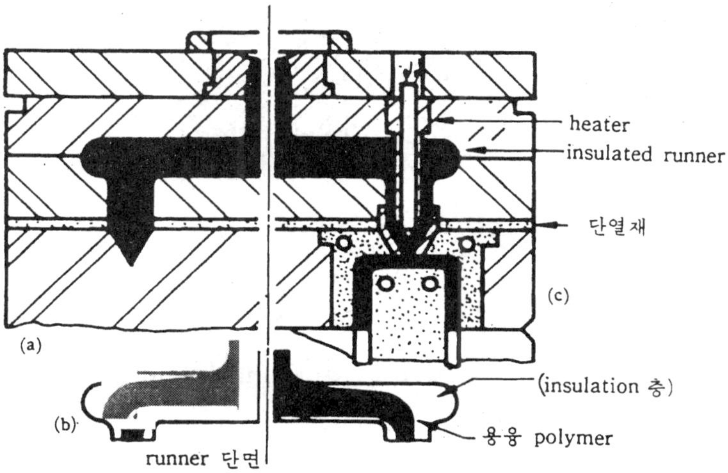

그림 5-42 Insulated runner

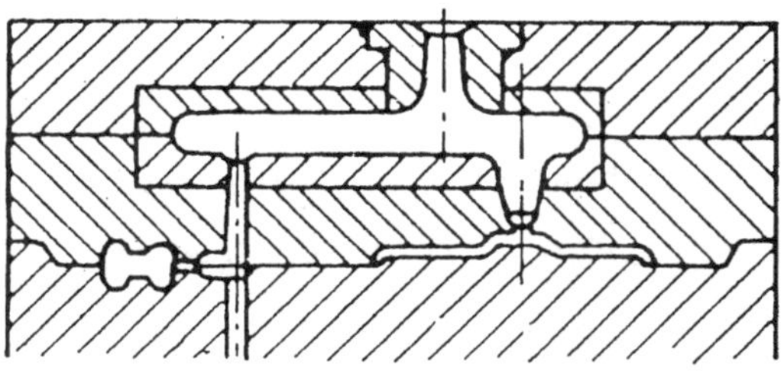

그림 5-43 Insulated runner의 금형

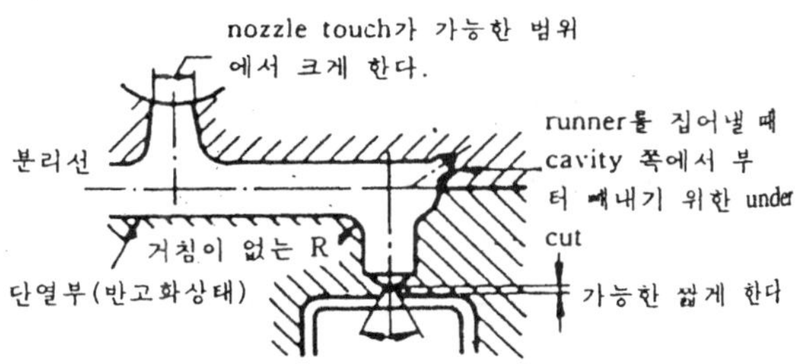

그림 5-44 Insulated runner

그림 5-43은 bucket의 뚜껑(우측)과 손잡이(좌측)를 insulated runner에서 pin gate 및 일반 gate를 병용하여 하나의 금형으로 설계한 구조로 뚜껑은 sprue를 직접 cavity에 접촉되어 있고, 손잡이는 일반 gate로 cavity에 충전되고 있다.

그림 5-44는 insulated runner를 설계할 때의 유의할 점을 나타낸다.

5-8-4 Hot runner

extended nozzle형이지만 insulated runner를 발전시킨 것으로 runner를 가열cylinder (nozzle)의 일부분으로 취급한 것이다.

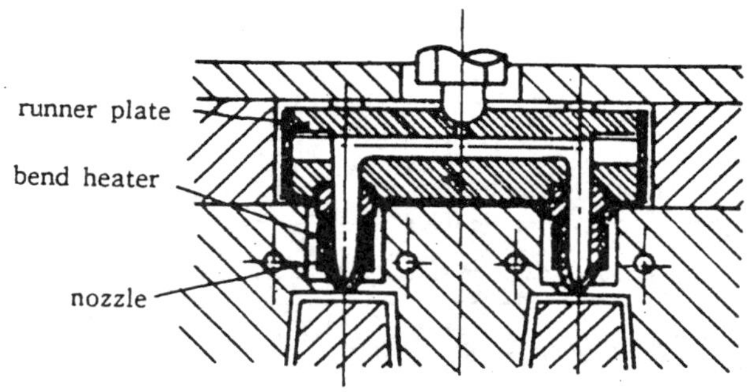

그림 5-45 Hot runner의 구조

그림 5-45는 hot runner의 금형은 runner를 가열할 수 있는 가열기를 runner plate에 내장시켜, runner 내의 수지를 항상 용융 상태로 유지시키기 위해 가열cylinder가 금형 안쪽까지 연장되어 있는 것이다.

그러나, 이와 같은 금형은 온도제어를 확실하게 해야 하는 어려움이 있는데, 성형품의 한쪽에 있는 충전 nozzle은 수지가 가소화 된 상태에 있도록 온도를 유지해야 한다. 한편 cavity의 한쪽에서는 성형품이 고화되도록 충분히 온도를 낮추어야 한다.

[1] Hot runner의 특성

(1) hot runner system 전체의 온도 제어가 균일하여야 한다. 만일 적절한 온도 구배가 이루어지지 않으면 부분적인 가열로 인하여 수지 태움, 변색이 일어나고, 그 반대일 때는 수지가 정체현상을 일으켜 성형이 안정하지 안거나 성형이 불가능하게 된다.

(2) runner plate에 필요한 열량을 정확하게 계산하여야 한다. 보통 runner plate 넓이의 25.4 mm^2당 60W 이상 필요로 한다.

(3) runner plate와 금형과의 연결점과 열 절연상태를 충분히 검토한다.

(4) runner plate의 균일한 온도 및 cavity와 nozzle의 단열 방법을 충분히 검토한다.

(5) gate부가 막히지 않도록 하고 만일 막혔을 때에는 신속하게 분해, 청소를 할 수 있어야 한다.

(6) hot manifold 각부의 조립 등에서 수지가 누수 되지 않도록 하고, 수지의 색상 교환은 가능한 신속, 정확하게 한다.

(7) 성형을 시작할 때의 온도상승이 신속해야 한다. hot runner block의 heat up 시간이 빠르고, 또 필요 없는 전력이 소비되지 않도록 설계한다.

(8) gate에 의하여 drooling이 없어야 한다. 이 현상은 gate실이 확실하게 할 수 있는 설계로 되어 있으면 일어나지 않는다.

(9) gate의 균형유지가 쉬워야 한다. 여러 개 빼내기에서 다 점 gate를 사용하여도 이 균형이 유지되지 않으면 성형품의 품질이 안정되지 않는다.

(10) hot manifold block의 열팽창에 대해 충분한 검토가 요구된다. 이 검토가 충분하지 않으면 그림 5-46의 (b)와 같이 수지가 누수 되거나 nozzle이 만곡된다.

hot runner에서 runner plate 내의 runner 형상은 전단면이 사출된 용량만큼 유동하지 않으면 안 된다. 만일 runner의 곡선부분이나 모서리부분에서 유동되지 않는 수지가 있으면 정체시간이 길어지거나 과열되어 수지의 열분해작용을 일으킨다. 이것이 흑 줄이나 광택불량으로 나타난다. 따라서 runner plate를 설계할 때에는 어느 단면에서도 항상 유동될 수 있도록 하여야 한다. 또 극단적으로 변화시키는 부분은 절대로 피해야 한다.

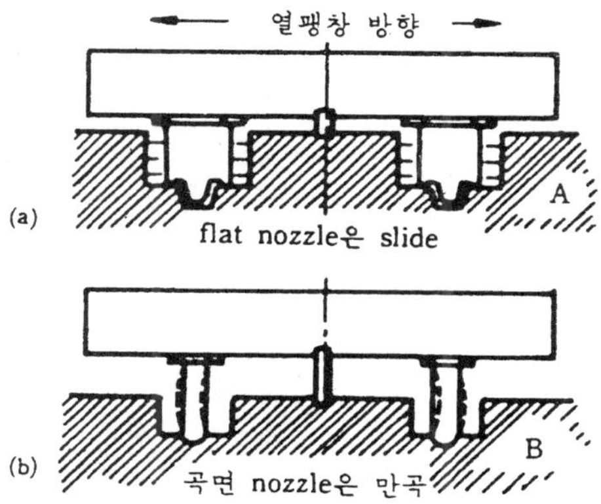

그림 5-46 Hot manifold block의 열팽창 방지 설계

chapter 6

Ejector(밀어내기) 장치

6-1 Ejector 장치의 개요

금형을 제작하는데 있어서 cavity 또는 core를 적정 치수로 가공하고 cavity의 표면 다듬질을 정밀하게 가공하는 것이 중요하며, 성형품에 crack, sink mark 등이 발생하지 않고 제품을 ejector할 수가 없으면 성형 cycle은 자연히 대폭 길어진다.

사출성형의 능률과 품질을 높이기 위해서는 자동화하는 것이 필요하며, 이를 위해서는 sprue, runner 및 성형품이 자동적으로 확실하게 낙하하지 않으면 안 된다.

6-2 Ejector의 종류

6-2-1 Ejector pin에 의한 방식

(1) 원형 pin은 $\phi 2 \sim \phi 15$ mm까지 규격품이 시판되고 있다.

(2) pin은 가장 가공이 쉽고 경도를 필요로 할 때에는 담금질열처리, 연삭 가공 및 pin 구멍의 가공이 쉽고, 성형품의 임의의 위치에 배치할 수 있으므로 가장 많이 사용된다.

(3) 마무리다듬질 및 정밀도가 높으며, 작동저항이 가장 적으므로 제품 표면에 손상이 일어나지 않는다. 따라서 금형의 수명이 길고 또 교환성이 좋아 파손되었을 때에는 보수가 쉽다.

(4) 작은 면적으로 ejector하므로 성형품의 일부에 ejector 압력이 집중되어 cap 또는 box형상일 때에는 변형이 적기 때문에 이형저항이 큰 성형품에 사용할 때에는 변

형이 발생하므로 적당하지 않다.

그림 6-1은 pin만을 사용할 때 가장 많이 사용되는 pin을 설치하는 위치는 이형저항이 큰 부분에 배치하고, 만일 이형저항이 같을 때에는 균등하게 배치하는 것이 바람직하다.

그림 6-2는 부분적으로 가늘고 긴 boss 또는 rib가 있을 때 pin으로 ejector 하면 균열을 일으켜 성형품이 파손되므로 boss나 rib의 밑 부분에 pin의 위치를 결정하여 정확하게 이형 시킨다.

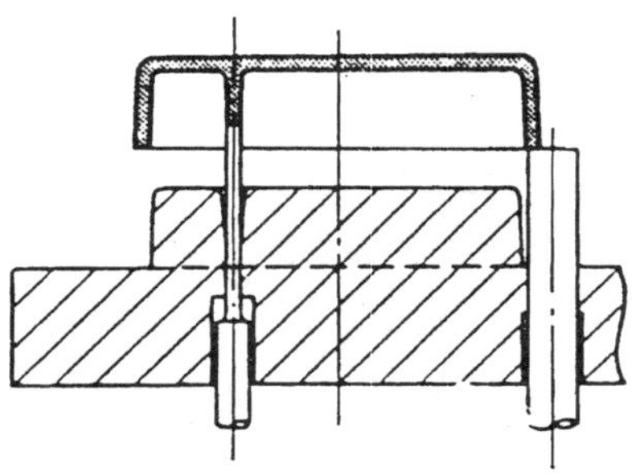

그림 6-1 Pin ejector

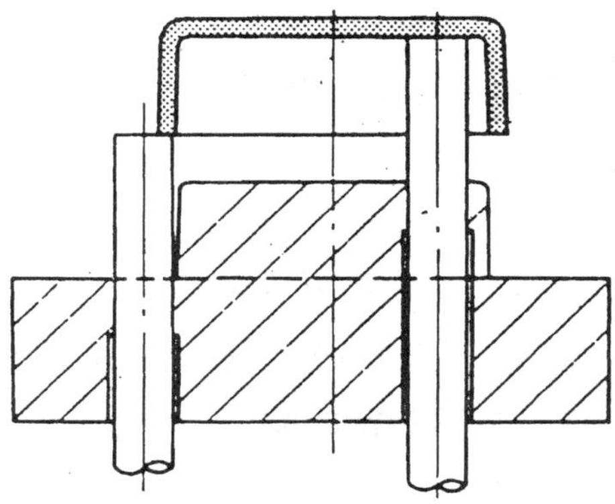

6-2 Boss ejector

6-2-2 Ejector sleeve에 의한 방식

(1) ejector sleeve는 중앙에 구멍이 있는 원형의 boss를 ejector시킬 때 사용하는 방법으로 그림 6-3과 같이 boss의 ejector에는 ejector sleeve를 사용하는 것이 가장 좋다.

(2) ejector sleeve는 boss의 바로 밑에, 이형저항이 가장 큰 위치에 배치시켜 성형품의 백화현상 또는 균열이 발생하지 않고 이형이 가능하다.

(3) ejector sleeve의 말단은 ejector plate에 부착되어 있고 core pin은 fitting plate에 부착되어 있다.

(4) sleeve의 가공성은 비교적 양호하나 sleeve의 안지름이 작고 긴 것은 가공이 어렵고, 살 두께가 얇은 것은 사용 중 균열되기 쉽다.

(5) ejector sleeve는 안쪽의 core pin 또는 바깥쪽의 가동형판과 긁힘 형상을 일으킬 때가 있으므로 가능한 높은 경도로 담금질열처리 후 질화처리 한다.

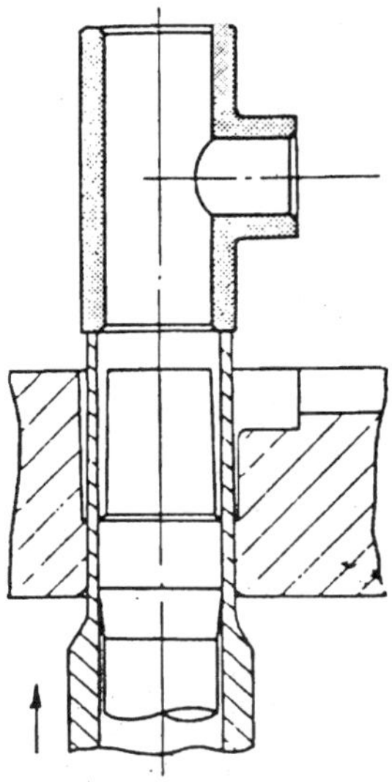

그림 6-3 Boss ejector

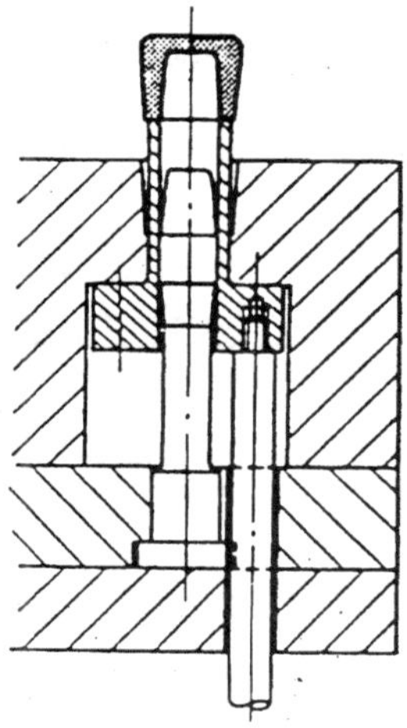

그린 6-4 Sleeve ejector

6-2-3 Stripper plate에 의한 방식

(1) stripper plate는 plate나 core의 가공이 비교적 쉽지만 pin과 비교하면 기계 가공 및 작동 면의 끼워 맞춤가공에 시간이 많이 소요되며 열처리 할 필요가 있다. 또 호환성을 갖기 어렵고 보수에 많은 공정을 필요로 한다.

(2) 호환성을 갖고 담금질열처리를 쉽게 하기 위해서는 bushing을 삽입하면 보수가 쉽고 파손될 때 교환이 쉬워진다.

(3) stripper plate는 다른 방법과 비교하여 ejector면적이 가장 넓으므로 성형품이 확실하게 이형된다. 따라서 이형저항이 크고, 외관에 ejector자국이 거의 나타나지 않으므로 cup, cap 등의 성형품에 많이 사용된다.

(4) stripper plate의 내면과 core의 주위를 정확하게 가공하지 않으면 그 사이에 수지가 유입되어 군살이 된다. 또한 마찰에 의해 마모가 발생하므로 열처리를 하여야 한다.

(5) stripper의 형상이 원형일 때에는 열처리 후 연삭하여 다듬질을 하여야 하고 원형이 아닐 때에는 강한 재질로 하거나 마찰 부분을 담금질열처리된 강을 선택하여 사용한다.

(6) stripper plate를 작동할 때에는 그림 6-5와 같이 ejector plate에 연결하여 장치하거나 또는 ejector rod로 작동시킨다. 그림 6-6은 pin과 stripper plate를 병용

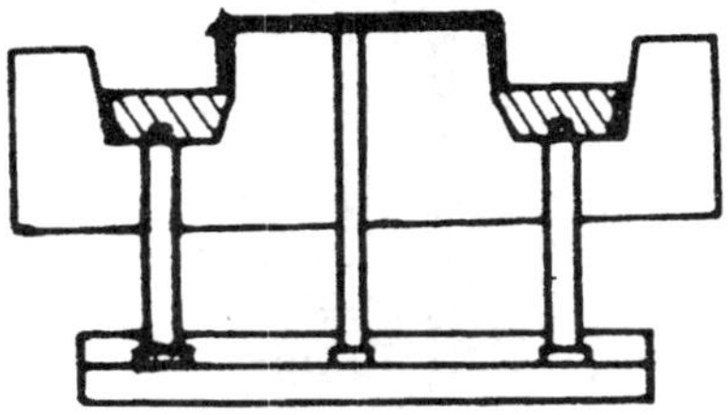

그림 6-5 Stripper plate

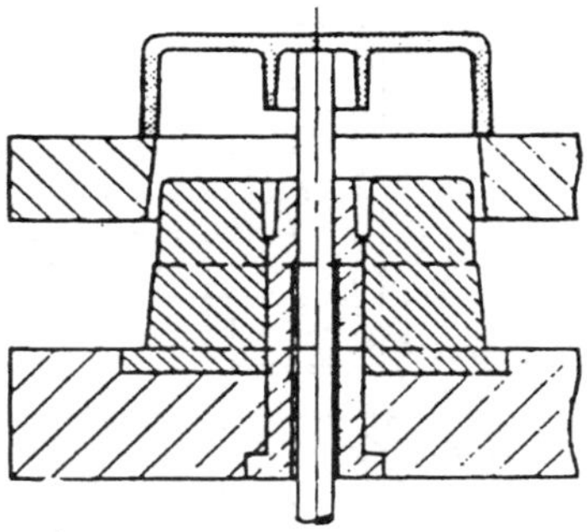

그림 6-6 Stripper plate와 pin

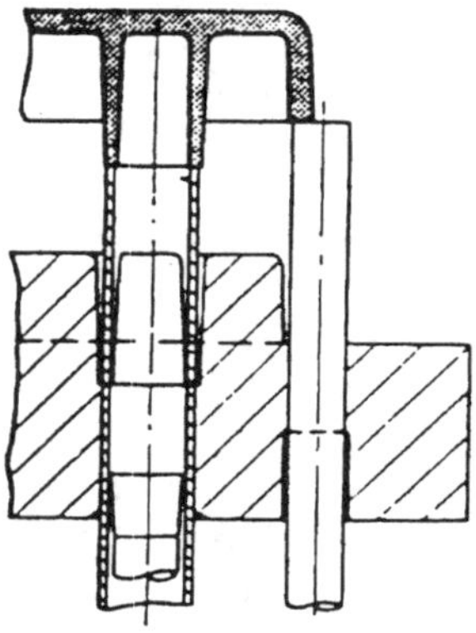

그림 6-7 Pin과 Sleeve

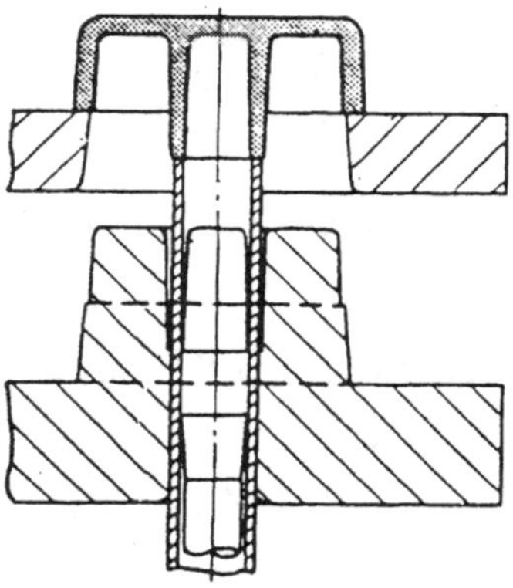

그림 6-8 Stripper plate와 sleeve

할 때로 core의 안쪽 면에 이형저항이 큰 부분에 있어서 stripper plate만으로는 그 부분이 파손되어 금형에 남는 것을 방지하기 위해서 pin을 마련한 것인데, stripper plate를 주로 하고 pin을 보조로 할 때이다.

그림 6-7은 부분적으로 이형저항이 큰 pin 형상의 돌기가 있을 때로, 그 주위나 안쪽 면을 pin으로 ejector시키면 성형품이 파손되기 때문에 sleeve에 의해 ejector시키는 것으로 pin을 주로 하고 sleeve를 보조로 한 것이다.

그림 6-8은 그림 6-6, 6-7과 같을 때 stripper plate와 sleeve를 병용한 것이다. 일반적으로 cap 형상의 성형품 ejector방법으로는 그림 6-5와 같은 stripper plate가 많이 사용된다.

[1] Spring에 의한 방법

stripper plate 뒤에 spring을 설치하여 stripper plate를 낙하시키는 방법으로 stroke

가 큰 성형품에는 사용이 곤란하다.

[2] 인장 Bolt에 의한 방법

그림 6-9와 같이 고정 측 형판에 인장 bolt를 조립하고 이 bolt의 선단에 stripper plate와 접촉하는 stripper를 설치하여 금형이 열리면 stripper plate는 이 bolt에 의해 고정 측에서 인장 되어 작동한다.

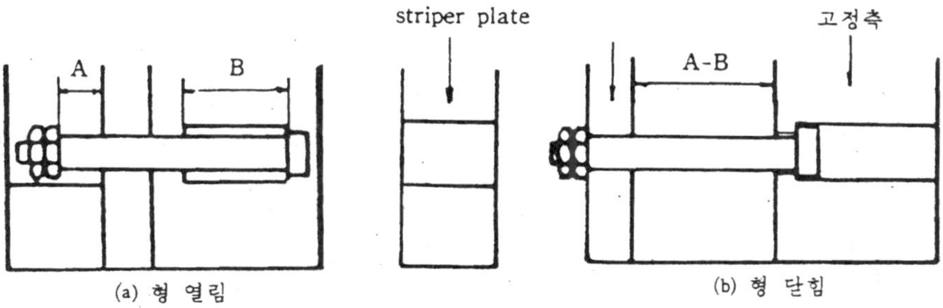

그림 6-9 인장 Bolt 이용한 Stripper plate

[3] Chain 또는 Ring을 사용하는 방법

그림 6-10은 chain의 선단을 stripper plate의 타단고정 측 형판에 고정한 것으로 금형이 열릴 때 stripper plate가 인장 되어 작동한다.

chain을 사용할 때에는 그 길이에 차이가 있으면 stripper plate가 경사 되어 side point를 일으키므로 조정 bolt에 의하여 길이를 조정할 수 있도록 하여야 한다. 또 성형

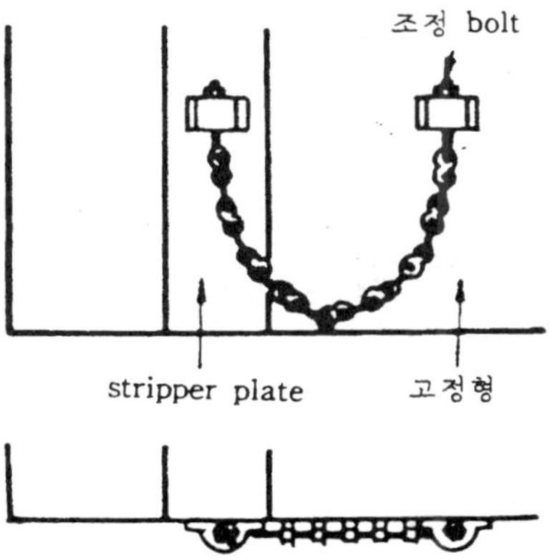

그림 6-10 Stripper plate의 인장 Chain

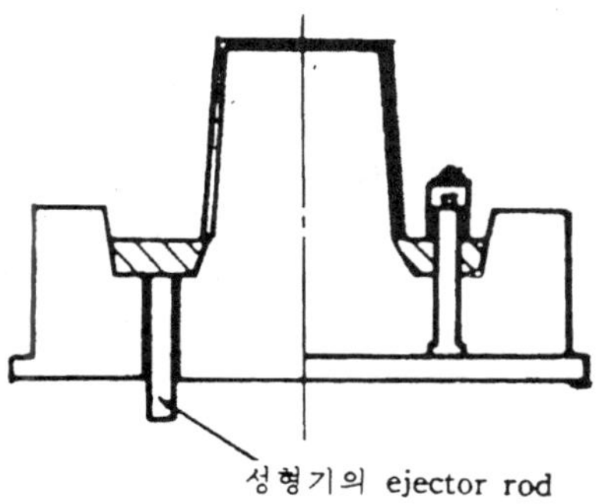

그림 6-11 Stripper plate의 돌출

품을 ejector할 때는 방해를 받지 않도록 주의할 필요가 있다.

[4] 성형기의 Ejector rod에 직접 ejector하는 방법

그림 6-11과 같이 성형기의 ejector rod로 직접 stripper를 ejector하는 것으로 성형기 die plate의 적당한 위치에 구멍이 있을 때에는 금형에 구멍을 가공하므로 가장 제작비가 적게 들고 간단한 구조이다.

[5] Air ejector

큰 평면으로 깊고, 살 두께가 얇은 대형 용기의 성형품, 예로서 cup, bucket 등을 stripper plate로 ejector시키면 성형품이 좌굴을 일으키고, 또 성형품과 core의 사이가 진공이 되어 파손되며 쭈그러진다. 특히 polyethylene, poly propylene 등 연질의 수지를 사용 할 때에 현저히 나타난다.

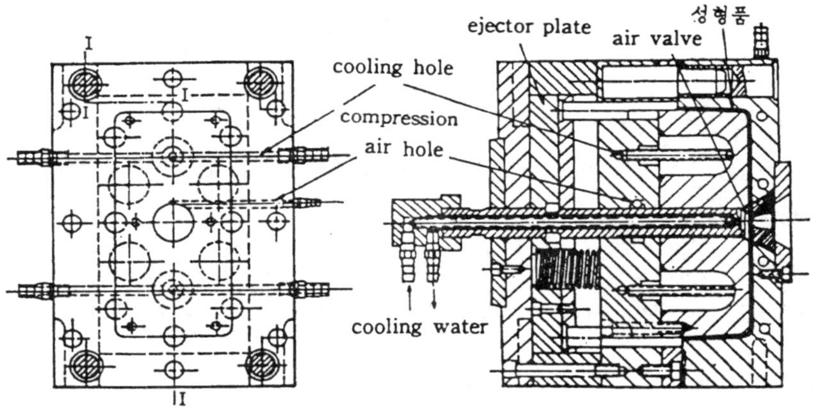

그림 6-12 Air ejector

6-3 나사(Thread)부가 있는 성형기의 Ejector

성형품에 나사부가 있을 때의 이형방법으로는 다음의 3가지가 있다.

(1) 금형의 나사부를 분할형 또는 slide block으로 한다.

(2) 금형의 나사부를 고정 core부로 한다.

(3) 성형품 또는 금형의 나사부를 회전시킨다.

6-3-1 금형의 나사부를 분할형으로 할 때

이 방법은 수나사에 적합하며 금형 구조나 제작이 비교적 간단하며 ejector도 확실하게 된다. 그러나 성형의 나사부에 분할 선이 들어가기 때문에 flash가 발생하였을 때에는 성형품의 마무리손질이 어렵고 상대 나사부와의 끼워 맞춤에 지장을 일으킬 염려가 있다.

6-3-2 금형의 나사부를 고정 core로 할 때

금형 구조를 생각할 때 분할형이나 회전 자동형이 불가능하고 금형 구조를 간단하게 할 때에 core가 사용된다.

그러나 이 방법은 ejector 후 일일이 고정 core를 성형품에서 집어내야 하며 성형품이 수나사일 때에는 그 수축에 의하여 분리하기가 쉽지만 암나사일 때에는 고정 core와 성형품과의 접촉면적이 클수록 분리되기가 어렵고 성형품의 수지나 접촉면의 크기에 따라서도 분리하기가 곤란하다.

6-3-3 성형품 또는 금형의 나사부를 회전시킬 때

일반적으로 cap 등과 같은 암나사가 있는 성형품을 회전시켜 자동으로 분리시키는 방법이 사용된다.

이 때 성형품 또는 금형의 어느 한쪽으로 회전과 이송을 하고, 한쪽은 회전만을 시키고 다른 한쪽으로 이송을 하는가에 따라 어느 한쪽을 선택한 것인데, 반드시 성형품에 회전 정지구 장치를 할 필요가 있다.

회전기구 장치는 일반적으로 nozzle과 ejector가 반대방향으로 되어 있으므로 sprue, runner의 배치나 ejector의 관계를 고려하여 가동 측에 회전기구를 장치하는 것이 금형의 구조나 성형능률을 고려할 때 효과적이다.

6-3-4 성형품 바깥쪽 면에 회전정지구가 있을 때

그림 6-13은 바깥쪽에 pin point gate, 그림 6-14는 안쪽에 pin point gate로 모두 pin, stripper 등의 ejector를 사용하지 않아도 금형 열기 하는 사이에 성형품 나사산 수만큼 ⓐ를 회전시키면 cavity, core의 어느 쪽으로도 부착되지 않고 성형품은 자연히 낙하한다.

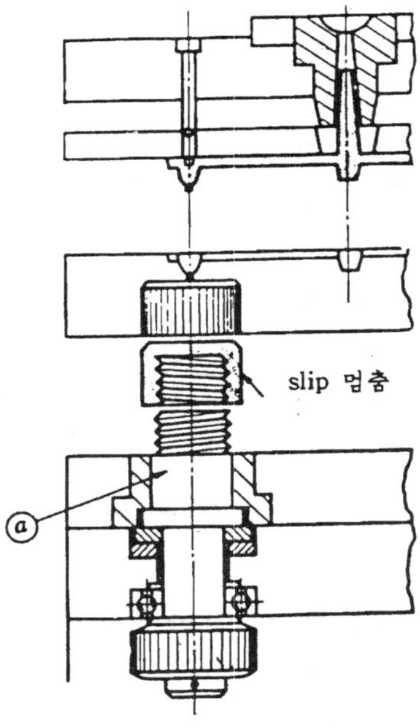

그림 6-13 바깥쪽 Pin point gate

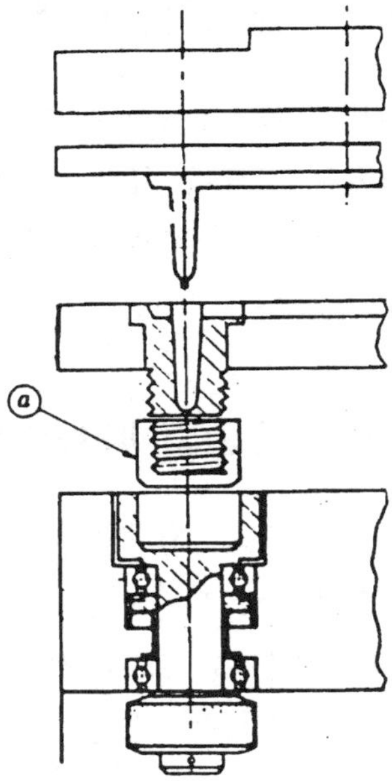

그림 6-14 안쪽 Pin point gate

6-3-5 성형품 안쪽 면에 회전정지구가 있을 때

그림 6-15는 안쪽 면의 평면부에 회전정지구가 있어서 ⓐ가 회전하면서 이동하므로 나사가 빠져나간 후에도 회전정지구가 부착되어 있기 때문에 자연 낙하를 위해서는 다른 장치가 필요하다.

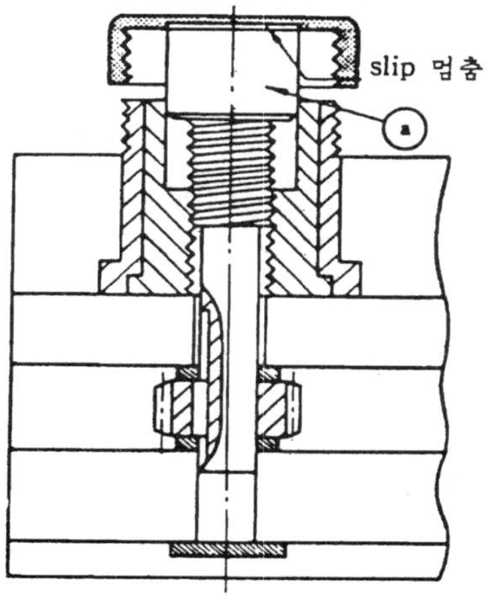

그림 6-15 안쪽 면 평면의 회전 정지구

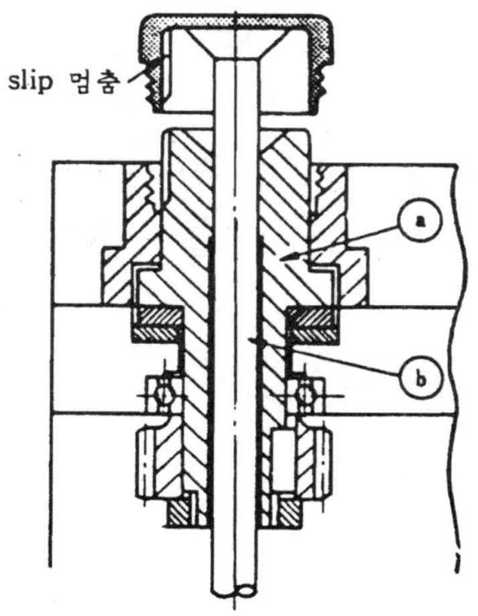

그림 6-16 수나사 안쪽 면의 회전 정지구

그림 6-16은 안쪽 면에 회전정지구가 있는 수나일 때로 ⓐ의 회전에 의하여 성형품이 나사의 lead로 밀어 올려지며 나사가 빠진 뒤에는 반듯이 pin ⓑ로 ejector시켜야 한다.

그림 6-17은 안쪽 면에 회전정지구가 있는 암나사일 때에로 ⓐ만이 회전하고 ⓑ는 고정되어 있으며 나사가 빠져나간 후에도 stripper plate에 의해 ejector가 되도록 되어 있다.

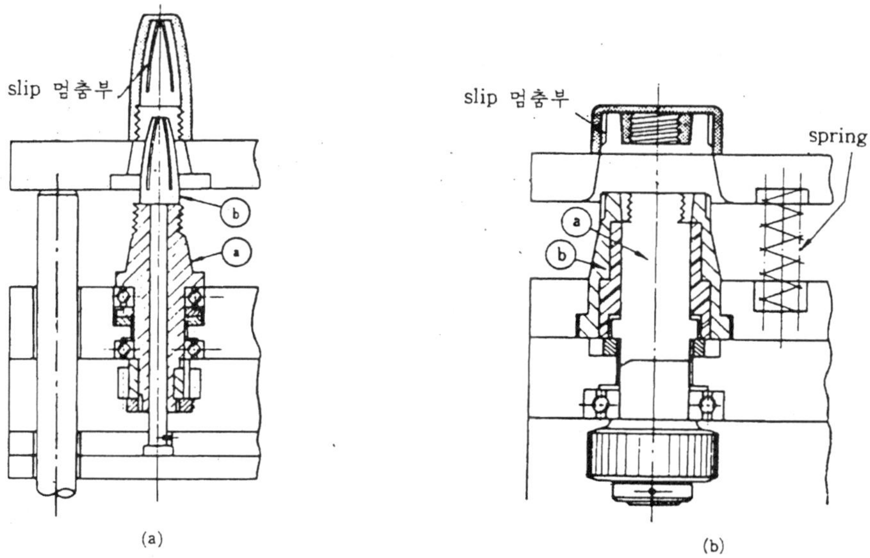

그림 6-17 암나사 안쪽 면의 회전 정지구

6-3-6 성형품 끝 면에 회전정지구가 있을 때

그림 6-18의 (a)는 stripper plate에 의할 때이고 (b)는 guide부 나사가 있을 때 모두 성형품 끝 면에 회전정지구가 있으며 나사가 빠져나간 뒤에도 성형품이 회전 정지구에 의하여 유지되고 자연낙하하기 위해서는 별개의 ejector ⓐ를 장치할 필요가 있다.

비교적 작은 성형품으로 side gate일 때에는 직접 성형품을 ejector시키지 않아도 runner를 ejector시키면 된다. 또 회전 정지구를 장치하지 않아도 gate를 끝 면에 장치하면 회전 정지구의 역할을 한다. 그러나 연질의 수지일 때에는 상당히 큰 gate로 하여야 한다.

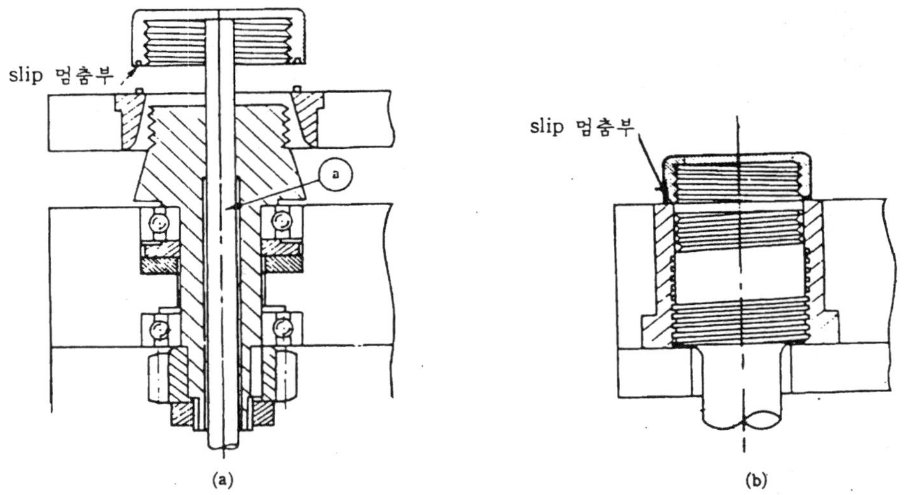

그림 6-18 성형품 끝 면의 회전 정지구

6-3-7 회전과 왕복운동을 하는 Core와 Pinion

그림 6-19의 (a)는 회전하면서 왕복운동을 하는 core ⓐ와 pinion ⓑ가 직접 연결된 것이고, (b)는 core ⓐ와 고정 pinion ⓑ가 간접으로 연결되어 있다.

왕복 운동의 작동저항은 (b)의 방법이 작고 원활하게 작동한다. 그러나 왕복 운동의 stroke가 클 때에는 (a)의 방법이 강도적으로 우수하며 core ⓐ안에 core pin을 장치할 때에는 (a)의 방법을 선택한다.

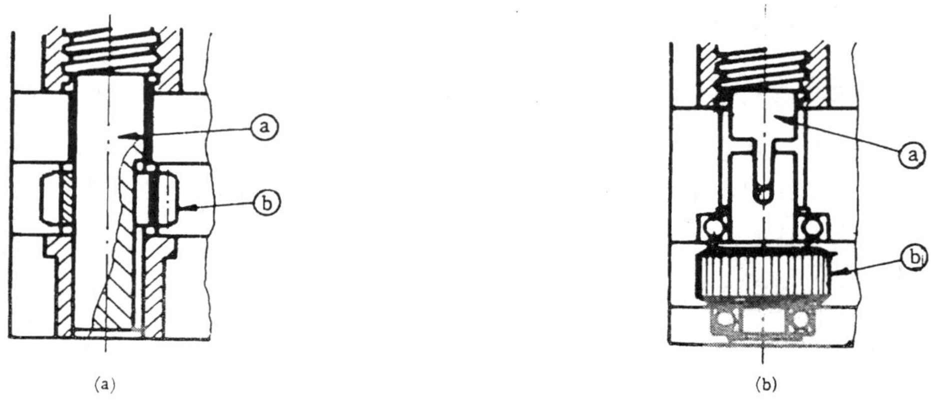

그림 6-19 회전 및 왕복운동의 Core와 Pinion

6-3-8 나사부 Core에 의한 구동방법

그림 6-20의 (a)는 2개조의 rack에 의한 방법이고 (b)는 bevel gear와 rack에 의한 방법으로 금형 열기의 stroke를 이용한 것이다.

그림 6-21의 (a)는 rack과 유압cylinder에 의한 방법이며 (b)는 warm gear와 motor에 의한 구동방법이다. 그러나 회전시작과 정지시간을 자유롭게 하는 장점은 있으나 동력 이외의 제어장치가 필요하다. 성형품의 나사회전수가 많을 때는 (b)의 구동 방법이 가장 우수하다.

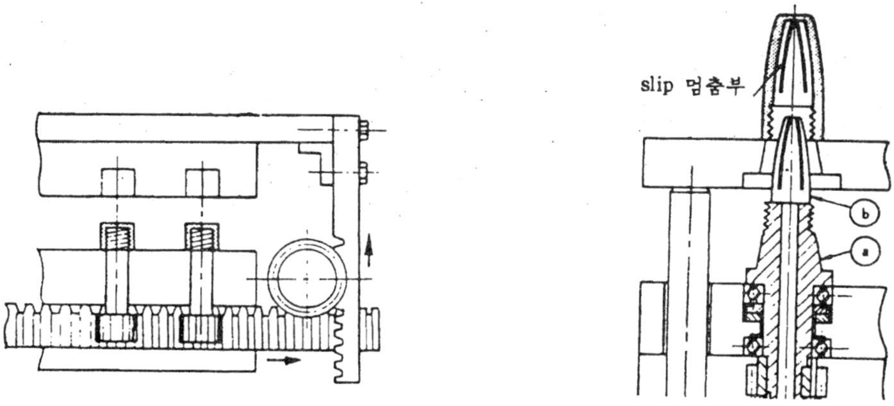

(a) (b)

그림 6-20 나사 Core의 구동

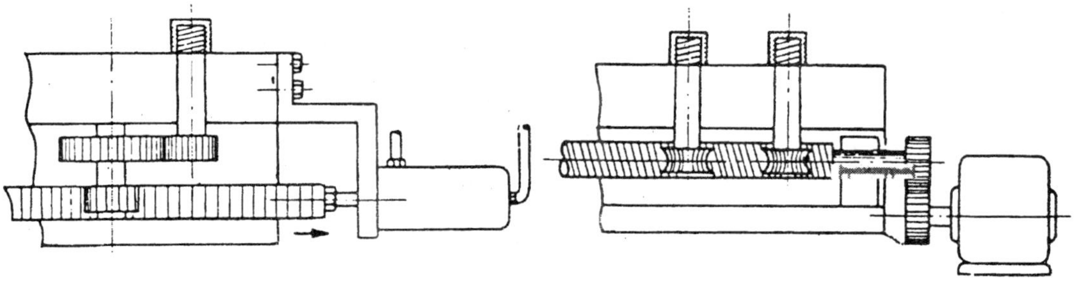

(a) (b)

그림 6-21 유압 Cylinder 및 Motor 구동 방법

6-4 Sprue 및 Runner의 Ejector

성형품을 ejector시킬 때 sprue 또는 runner도 자동적으로 ejector가 되지 않으면 자동운전이 되지 않는다. 성형품의 자동ejector장치는 성형품과 동시에 runner의 성형품을 ejector시키고, 또 runner를 ejector시킬 수 있도록 설계하여야 한다.

한편, slide gate와 같이 성형품을 ejector시키기 위해서 runner gate가 있을 때에는 성형품과 동시에 자연낙하가 쉽지만 pin point gate 등일 때에는 자연 낙하가 어렵다.

그림 6-22는 3 plate molds의 runner ejector장치이다. cap의 형상을 여러 개 ejector시키는 금형으로 cap 중앙에서 pin gate로 주입되고 있다. runner의 말단은 Z부의 상세도와 같이 60°의 각도로 under cut를 형성하고 있다. 이때 이 under cut를 pony tail (작은 꼬리)이라고 한다.

금형이 열리면 pony tail이 under cut으로 되어 pin gate를 절단한다. 다시 금형이 열리고 pony tail 부분은 중간 plate에서 벗어나게 되어 자동적으로 낙하한다.

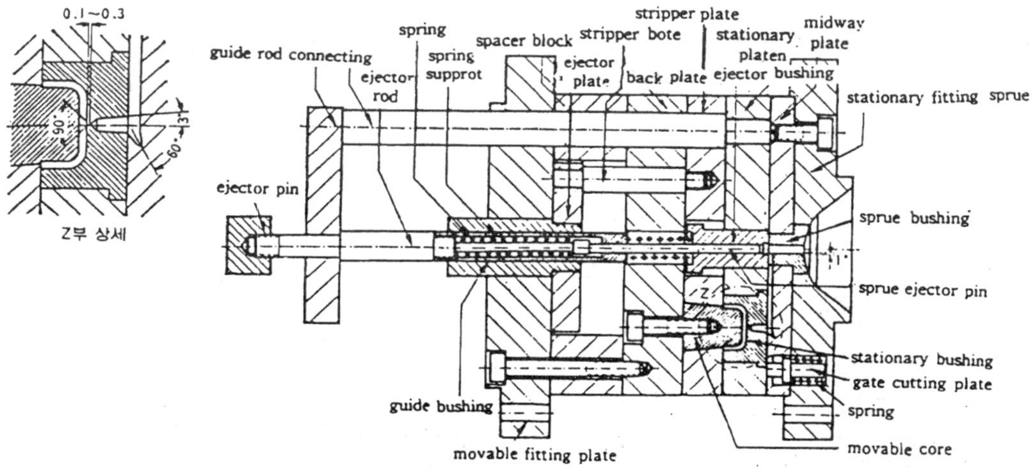

그림 6-22 Pin gate 금형의 Runner ejector

그림 6-23은 submarine gate와 그 절단방법을 나타낸다. (a)는 성형품의 안쪽에 gate를 설치한 것으로 그림에 표시한 치수는 poly carbonate수지를 성형하기 위한 치수이다. gate는 sprue ejector pin에 의해 ejector가 되며 자동적으로 절단되어서 sprue와 성형이 개별적으로 ejector 된다. (b)는 Z부 상세도와 같이 성형품 바깥쪽에 tunnel gate를 설치하였다. 이것도 금형이 열림과 동시에 절단되며 runner와 성형품은 개별적으로

ejector 될 수 있다.

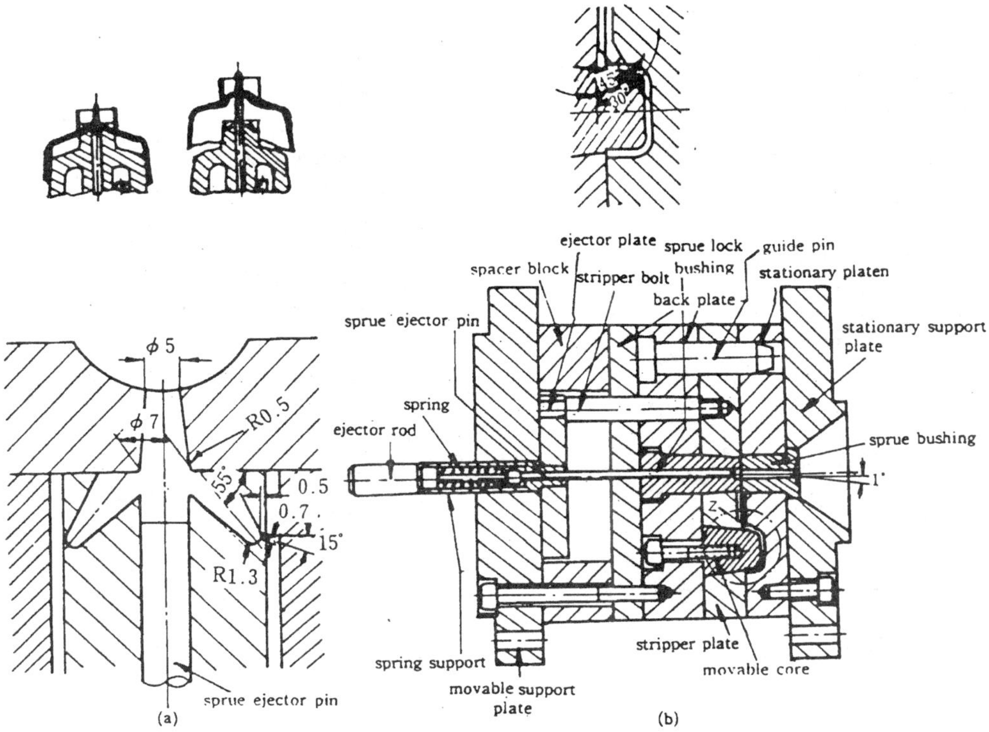

그림 6-23 Submarine gate와 절단법

6-5 2단 Ejector 장치

2개의 ejector plate의 동작을 2단으로 나누어서 sprue, runner와 성형품과의 자동절단 또는 성형품의 자동낙하를 확실하게 하는 금형 구조를 말한다.

2단 ejector에는 2종류가 있다. 즉, 한 개의 ejector가 작용하고, 이어서 다른 ejector가 작용하여 2개의 ejector가 동시에 정지하는 방법과 2개의 ejector가 작용하기 시작하여 도중에 ejector 하나가 정지하고, 이어서 다른 ejector가 정지하는 방법이 있다. 전자를 2단 작동 개시형이라 하고, 후자를 2단 작동 정지형이라 한다.

그림 6-24는 submarine gate를 사용한 금형으로 runner의 ejector를 성형품 보다 늦게 하여 gate를 자동절단 하는 구조로 되어 있다. 즉 (a)는 ejector 전의 상태이며 (b)는

ejector 후의 상태이다. 이것은 ejector의 중요한 기기의 한 가지로 ejector 기구가 작동하고, 조금 후에 보조적 ejector 기구가 움직이게 하는 것이 일반적이다.

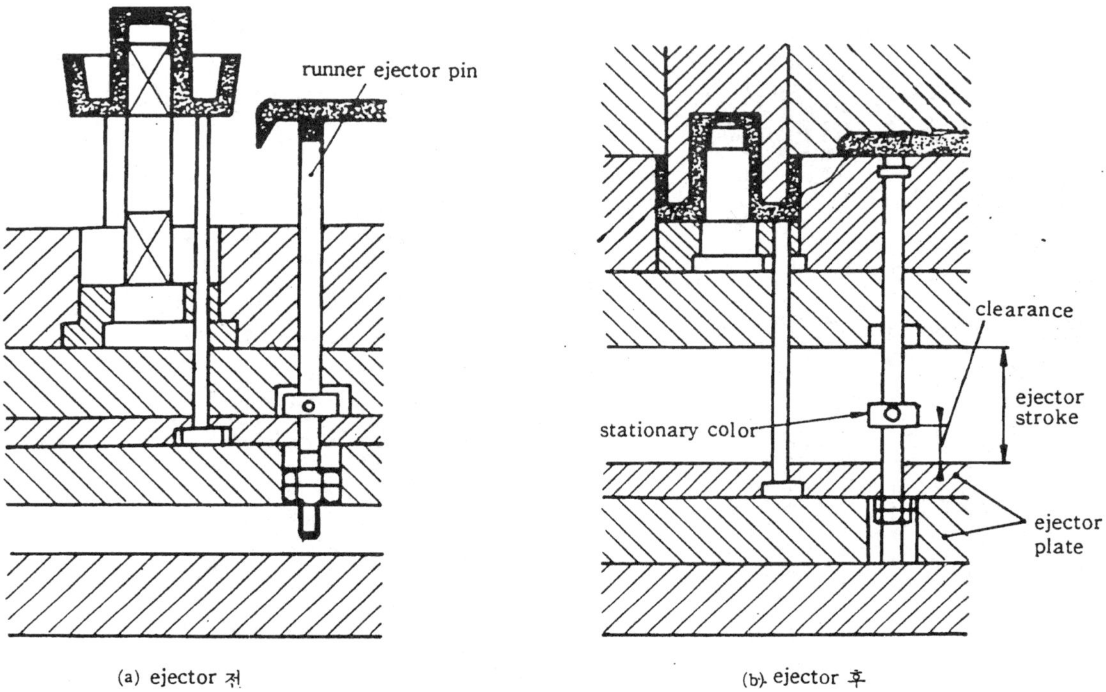

그림 6-24 Runner의 2단 Ejector

6-5-1 2단 Ejector trimming 및 Stroke 조정기구

[1] spring 및 cylinder를 이용하는 방법

그림 6-25는 2단 ejector의 한쪽을 spring에 의하여 작동시키는 것으로 제작이 쉬우며 설치면적이 작은 가장 간단한 기구이다. 그러나 큰 힘을 가할 수 없으며 작동이 확실하지 않는 것이 결점이다.

그림 6-26은 spring 대신에 cylinder를 사용하는 것으로 작동이 확실하고 시간도 자유롭게 조정할 수 있다. 그러나 설치면적이 비교적 크게 차지하므로 성형기나 금형이 작을 때에는 사용이 곤란하고 또 유압 pump나 air compressor 등의 제어계통을 필요로 한다.

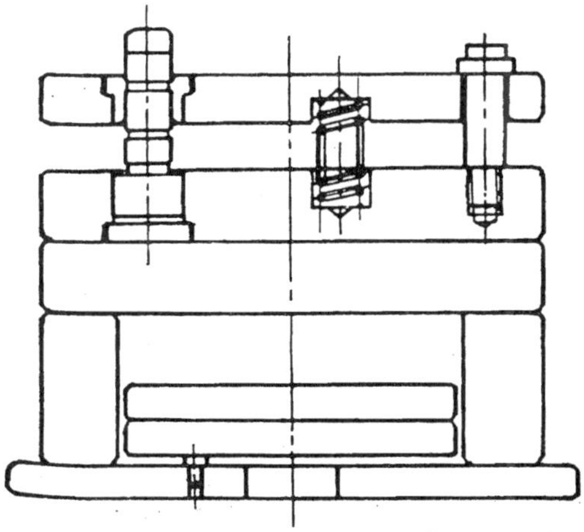

그림 6-25 Spring을 이용한 방법

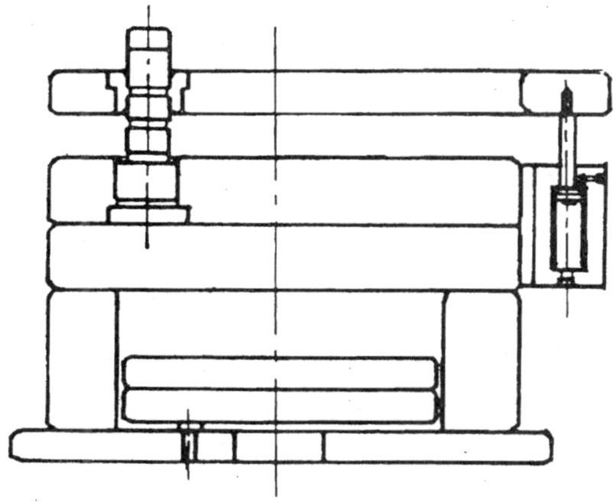

그림 6-26 Cylinder를 이용한 방법

[2] Cam을 이용하는 방법

그림 6-27은 spring이나 cylinder 대신에 cam을 사용하는 것으로 작동이 확실하고 다른 부속장치가 필요로 하지 않는다. 그러나 고정 측으로부터 상당히 길게 cam의 bar ⓐ가 튀어나오므로 성형품을 ejector하는데 방해가 되지 않는 위치에 설치하여야 하는 결점이 있다.

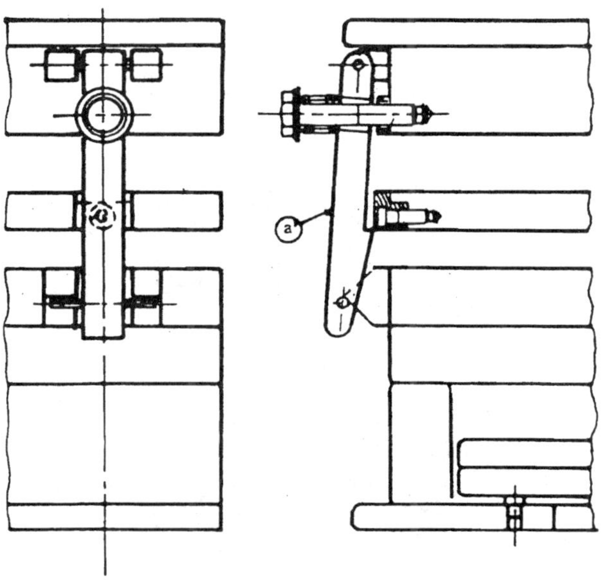

그림 6-27 Cam을 이용한 방법

[3] Claw(발톱) 및 Slide block을 이용하는 방법

그림 6-28은 2개조의 ejector plate ⓐ, ⓑ를 사용하는데, ⓐ를 ⓒ로서 직접 ejector 하고, ⓐ는 claw ⓓ에 의해 ⓐ에 연결되어 있으며, 작동도중에 ⓓ가 빠져 나감으로써 2단 ejector를 하게된다.

그림 6-29는 stripper plate와 ejector pin을 동시에 작동시키고, ⓐ의 바로 아래에 있는 slide block ⓑ의 이동에 의해 ejector plate가 이동하게 되며 이 중에서 stripper plate가 작동정지하고 2단 ejector를 한다. 이 때 ⓐ와 ⓑ의 접촉면이 원활하게 sliding 되도록 하여야 한다.

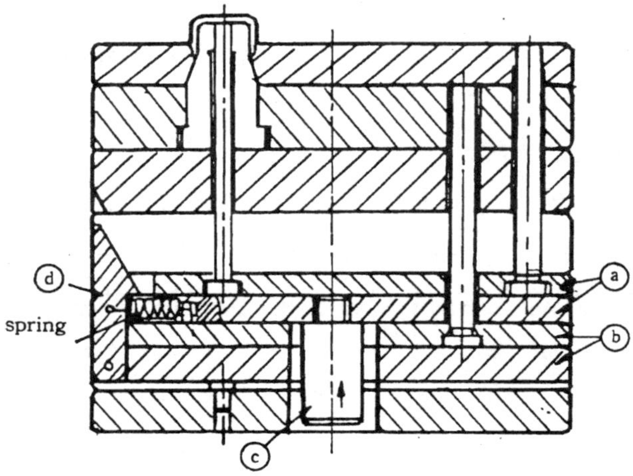

그림 6-28 Claw를 이용하는 방법

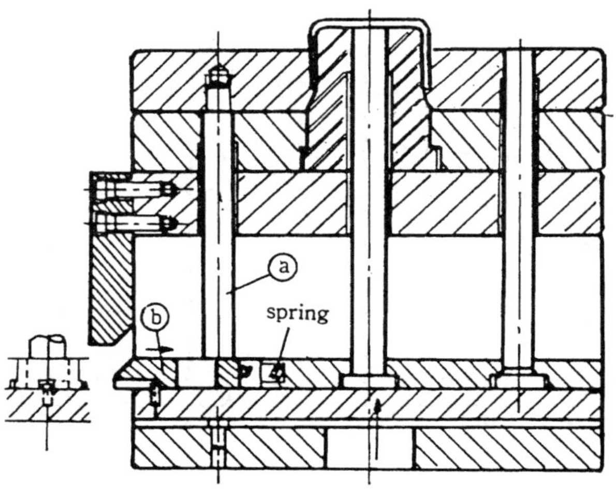

그림 6-29 Slide block을 이용한 방법

6-6 Ejector plate의 복귀기구

ejector plate를 원래의 위치에 복귀시키는 것은 return pin을 이용하는 것이 기본적이다. 대부분의 금형은 이 방법을 이용하고 있으나 이 방법도 문제는 있다.

즉, return pin이 ejector plate에 조립되어 있으므로 금형 조립 후 stroke의 하사 점에서의 return pin이 고정형판 표면에 접촉하게 되면 ejector plate도 임의로 가압하게 된다. 이 기구는 다음과 같은 결점이 있다.

(1) 금형 체결 후 속도가 빠르면 ejector plate가 고정 측에 충돌하게 되므로 성형 cycle이 길어지게 된다.

(2) slide core를 ejector plate 앞에 배치할 때에는 ejector plate의 slide core가 빠지기 전에 ejector 되지 않으면 ejector pin은 slide core와 간섭을 일으킨다.

(3) 가동 측의 금형에 insert를 넣을 때 ejector pin이 있으면 이 pin이 밀려나와 있으므로 insert를 넣을 수 있다. 이 때에는 ejector plate의 빠른 속도의 return 기구를 사용한다.

6-6-1 Link를 이용하는 방법

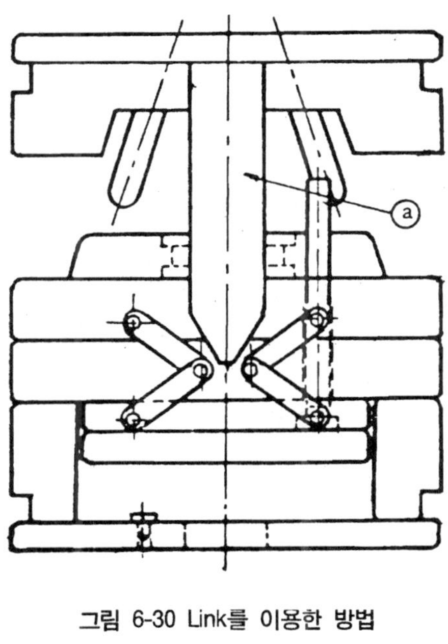

그림 6-30 Link를 이용한 방법

그림 6-30과 같이 link를 사용할 때에는 작동이 확실하며 결점은 별로 없으나 고정측에서 bar ⓐ가 상당히 길게 튀어나오므로 가능한 성형품을 ejector하는데 방해를 받지 않는 위치에 설치하도록 한다.

6-6-2 Bar를 이용한 방법

그림 6-31과 같이 bar를 사용할 때에는 그 장단점으로 link를 이용한 방법과 같다. 그러나 ⓐ와 ⓑ를 ejector plate 작동이 끝난 시기에 분리되지 않으면 안되므로 시간조정에 주의할 필요가 있다.

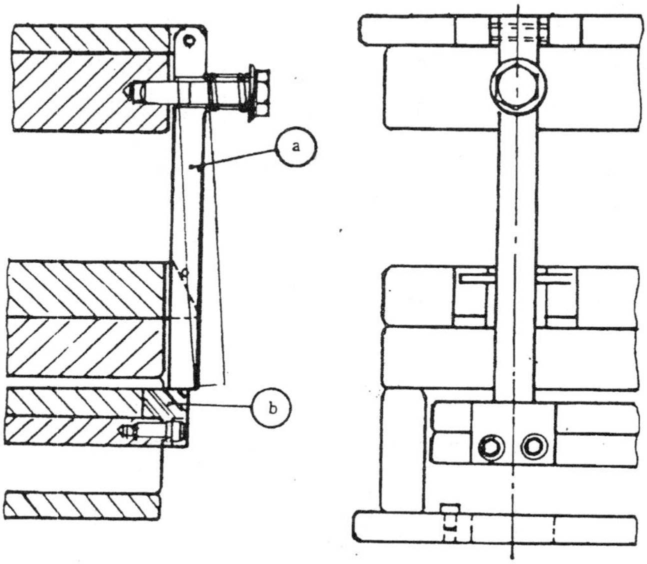

그림 6-31 Bar를 이용한 방법

6-6-3 Rack과 유압 Cylinder를 이용하는 방법

그림 6-32와 같이 rack을 이용할 때의 작동은 link일 때와 같이 확실하며, 성형품을 ejector를 위해서는 link와 bar를 이용한 방법과 같은 점을 고려할 필요가 있다. 다른 방법과 다른 점은 ejector plate의 작동이 왕복 모두 rack에 의하여 이루어지므로 ejector plate의 ejector가 안정되도록 고려하여야 한다.

유압 cylinder를 이용할 때의 기구 및 장단점은 2단 ejector일 때와 같이 작동이 확실하며 시간을 자유롭게 조정할 수 있으나 장치가 다소 복잡하여지는 결점이 있다.

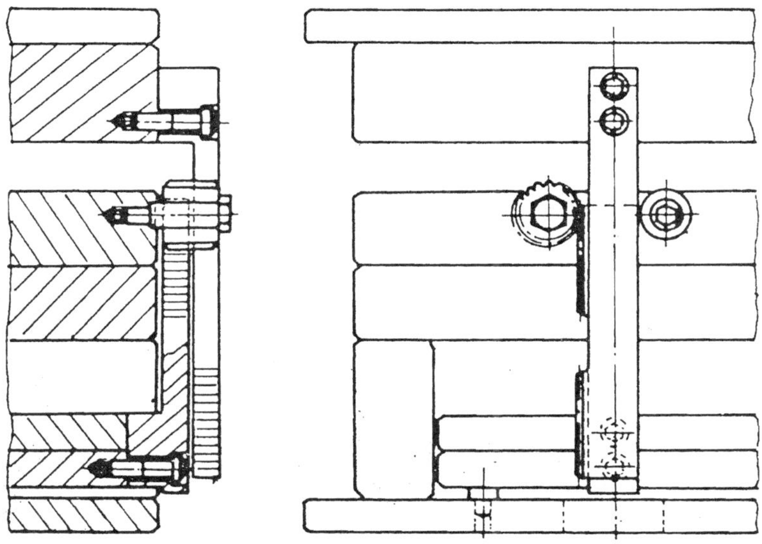

그림 6-32 Rack을 이용한 방법

chapter 7

성형품의 불량원인과 방지책

7-1 성형품의 불량원인과 대책

사출성형에 있어서 성형품을 성형할 때 목적한 성형품의 외관 및 형상과 다른 불량품이 발생할 때가 있다. 이 성형불량의 원인은 (1) 성형조건이 적정하지 않을 때, (2) 금형설계의 결함, (3) 성형기 기능의 최대평가, (4) 성형수지의 결함, (5) 성형품의 설계의 결함 등이나 성형불량의 원인은 이들의 여러 가지 인자가 복잡하게 서로 관련되어 일어나기 때문에, 그 방지법 역시 어려움이 많다. 여기서는 성형불량의 종류와 방지법에 대하여 간단하게 설명한다.

[1] Short shot(충전부족)

성형할 때 수지가 cylinder 내에서 충분히 가열되지 않거나 사출 압력이 낮을 때 또는 금형의 온도가 대단히 낮아서 cavity 전체에 수지가 돌아가지 않고 냉각 고화되어

표 7-1 충전부족의 불량원인과 대책

발생장소	불 량 원 인	불 량 대 책
성형기	· 성형기의 능력이 부족할 때 · 형체결력이 부족할 때 · 수지의 유동성이 좋지 않을 때 · 수지의 유동저항이 클 때 · 수지의 공급량이 너무 많거나 부족할 때 · 사출압력이 낮을 때 · 사출속도가 너무 늦을 때	· 수지의 가열시간을 연장, 스크루 회전수 증가, 배압의 증가 등으로 가소화를 충분히 한다. · 형체결력을 증가시킨다. · 수지온도, 금형온도, 사출압력 및 사출속도를 높이거나 유동성이 좋은 수지로 교환한다. · 노즐, 스프루, 러너 및 게이트의 단면적을 크게 하고 길이는 짧게 한다. 단, 러너의 형상은 원형 및 사다리꼴로 한다. · 적정한 배합원료로 교환, 특히 플랜저식의 성형기에서는 사출압력을 높인다.

발생장소	불 량 원 인	불 량 대 책
금 형	· 캐비티 내의 에어벤트가 없을 때 · 여러 개 빼내기를 할 때 · gate의 balance가 불량할 때 · gate, runner, 스프루가 너무 작을 때	· 사출속도를 느리게 하거나 에어 벤트를 설치하고, 게이트의 위치를 이동시키거나 금형의 일부를 코어로 설계변경, 파팅면의 일부에 얕은 홈을 만들거나 이젝터핀을 설치한다. · 게이트의 바란스를 수정한다. 즉, 러너의 지름을 크게 하고, 동시에 스프루에서 멀리 떨어진 캐비티의 게이트를 크게 한다.
재 료	· 윤활 처리가 적당하지 않을 때 · 재료의 흐름이 나쁠 때	· 윤활제를 적정하게 사용하거나 적정한 배합원료로 교환한다. · 재료의 흐름을 원활하게 한다.

성형품의 일부가 충전부족 현상을 일으킬 때를 말한다. 표 7-1은 발생장소별 충전부족의 원인과 대책을 나타낸다. 주원인은 수지의 유동성부족, 금형의 내압 부족, 성형기 능력부족, cavity 내의 공기 배출 불량, 수지의 공급량부족 및 유동저항의 최대 등이며, 이들 중 가장 결정적인 원인은 금형의 형상과 수지의 유동성이다.

[2] Flash

금형의 patting line(fitting)면 즉, 고정형과 가동형의 사이, slide부분, insert의 틈새, ejector pin의 틈새 등에 수지가 흘러 들어가 고화되는 현상을 말한다.

주로 금형의 제작단계에서 틈새가 크게 가공되어 생길 때가 많으며, 과대한 사출 압력으로 인하여 slide core가 밀리거나 형판이 변형되어 생길 때가 있다. 표 7-2는 발생

표 7-2 플래시의 불량원인과 대책

발생장소	불 량 원 인	불 량 대 책
성형기	· 사출압력이 높거나 사출압력 유지시간이 길 때 · 형체결력이 부족할 때 · 형의 밀착성이 부족할 때 · 수지의 유동성이 좋을 때 · 수지의 공급량이 너무 과대할 때 · 수지 온도가 높을 때	· 사출압력을 낮추거나 형체결력을 높이고, 경우에 따라서는 유동성이 좋은 수지로 교환하면 사출압력이 낮아도 된다. · 타이바는 4개 또는 2개를 균등하게 배치하고, 형체결력을 높인다. · 수지온도, 금형온도를 낮추고, 사출속도를 낮춘다. 이 방법은 수지의 특성을 저하시킬 우려가 있으므로 주의해야 한다. · 수지의 공급량을 약간 적게 시작하여 점차 적정량이 되도록 조절하거나 사출시간, 보압시간을 증가시킨다.
금 형	· 금형이 변형될 때 · 금형의 중심이 맞지 않을 때 · PL면의 밀착성 및 표면 거칠기가 불량할 때 · PL면에 이물질이 부착되어 있을 때	· 금형의 두께를 증가시키거나 형 받침을 강하게 보강한다. · 금형의 중심을 맞춘다. · 형체결력을 높이거나 금형 표면을 재 연마한다. · PL면을 깨끗이 하여 밀착성을 좋게 한다.
재 료	· 성형할 때 수지점도가 너무 낮을 때	· 수지의 온도를 높인다.

장소별 flash의 불량원인과 대책을 나타낸다. 만일 flash가 발생하면 금형을 즉시 수정하도록 한다.

[3] Sink mark

모든 성형품은 성형 후 체적이 감소하면서 고화 된다. 이때 성형품의 표면에 부분적으로 나타나는 凹한 부분을 말하며, 성형품 불량 중에서 가장 많이 발생한다. 이것은 수지의 성형수축에 따른 것으로 그 방지가 대단히 곤란하다.

또한 사출성형은 냉각된 금형 내에 용융수지를 주입하는 것으로 당연히 금형에 접촉한 면부터 냉각되고, 수지는 열전도가 나쁘기 때문에 고화 및 수축을 하게된다. 이때 내부는 냉각이 늦게됨에 따라 빨리 수축하는 쪽으로 수지는 이동하고, 늦게 수축하는 부분은 수지량이 부족해서 sink mark가 발생한다. 표 7-3은 발생장소별 sink mark의 불량원인과 대책을 나타낸다.

표 7-3 싱크마크의 불량원인과 대책

발생장소	불 량 원 인	불 량 대 책
성형기	· 사출압력이 낮거나 사출압력 유지시간이 짧고, 사출속도가 느릴 때 · 수지공급량이 부족하거나 수지온도가 높을 때 · 노즐부의 저항이 크고 압력손실이 클 때	· 수지의 가열시간을 연장하고, 스크루의 회전수를 증가시키거나 게이트, 러너, 스프루의 단면적을 크게 하고 길이는 짧게 하여 사출 유지시간을 길게 한다. · 수지의 공급량을 증대시키고, 성형품의 살 두께를 균일하게 한다. 수지의 열팽창계수가 클 때에는 저온에서 성형하거나 사출압력을 낮춘다. · 노즐부의 저항을 줄이고 압력손실을 적게 한다.
금 형	· 금형 온도가 높거나 또는 균일하지 않을 때 · 게이트 러너, 스프루의 단면적이 작고 저항이 클 때 · 캐비티에 두꺼운 부분이 있을 때	· 금형 온도를 낮추거나 냉각수량을 조절한다 · 게이트, 러너, 스프루의 단면적을 크게 하고 길이는 짧게 한다. · 캐비티의 두께를 일정하게 한다.
재 료	· 수지의 유동이 너무 양호하고, 수지의 수축률이 클 때	· 수지의 점도를 낮추거나 비결정성의 폴리머로 대체한다.

[4] Weld line(Weld mark)

용융수지가 금형 내를 분기하여 유동하다가 합류하는 부분에서 생기는 가는 선을 말한다. 또 이것은 분기하여 유동되는 수지의 선단부가 다시 합류하는 동안에 냉각되어 온도가 낮아짐에 따라 완전히 융합되기 어렵기 때문에 합류부에 줄이 생긴다.

이 weld line은 구멍이 있는 성형품, 다 점 게이트 등에서는 반드시 발생하며 1점 게이트로 유동시켜도 도중에 구멍, 인서트 및 편육이 있을 때에도 발생한다. 또 이 부분은 다른 부분보다 융합이 완전하지 않기 때문에 강도가 낮아지는 것은 피할 수 없다. 방지법으로는 2개 이상의 게이트로 할 때에를 포함하여 게이트의 위치를 변경시켜 보이지 않는 장소로 이동시키는 방법 이외는 없다. 표 7-4는 발생장소별 weld line의 불량원인과 대책을 나타낸다.

표 7-4 웰드라인의 불량원인과 대책

발생장소	불 량 원 인	불 량 대 책
성형기	· 수지의 유동성이 부족할 때 · 사출압력이 낮고 사출속도가 느릴 때	· 수지온도를 올리거나 유동저항을 낮춘다. 또는 사출속도, 압력, 금형온도를 증가시키거나 게이트의 단면적을 크게 한다.
금 형	· 웰드라인의 위치불량 · 공기 또는 휘발분이 혼입되었을 때 · 이형제가 금형면에 남아있을 때 · 알루미늄, 파알 착색제가 들어간 펠렛을 사용하였을 때	· 웰드라인 위치를 변화시키거나 게이트의 위치를 이동시킨다. 또는 금형온도, 수지온도, 사출압력을 증가시킨다. · 가스가 배출 되도록 인서트의 틈새를 이용하거나 에어벤트 및 핀을 설치한다. · 금형을 깨끗이 청소한다. · 웰드라인 부분이 없도록 설계한다.

[5] Flow mark

용융수지가 cavity내에 충전되면서 유동궤적을 나타내는 줄무늬가 생기는 현상으로서 gate를 중심으로 동심원 모양으로 나타난다. 이 원인은 금형 면에서 균등하게 수지가 고화 하지 못하기 때문이다. 즉, 금형 내에 최초로 유입된 수지의 냉각이 너무 빠르게되어 다음에 유입되는 수지와의 사이에 경계가 생겨서 발생한다고 생각된다. 표 7-5는 발

표 7-5 플로마크의 불량원인과 대책

발생장소	불 량 원 인	불 량 대 책
성형기	· 수지온도가 일정하지 않거나 유동성이 부족할 때 · 사출속도가 빠를 때 · 노즐의 단면적이 작거나 사출 유지압이 낮을 때	· 노즐온도를 높이고 노즐의 연마를 잘 하여야 한다. · 스크루의 회전수를 줄인다. · 노즐의 단면적을 크게 하거나 스프루, 러너, 게이트의 단면적을 크게 한다.
금 형	· 금형온도가 낮거나 금형의 냉각이 일정하지 않을 때 · 슬러그 웰이 너무 작을 때	· 수지의 온도를 높이거나 금형온도를 높인다. · 슬러그 웰을 크게 한다.
재 료	· 수지의 유동이 좋지 않을 때 · 성형시의 수지 점도가 너무 낮을 때	· 수지의 점도를 낮추거나 유동성이 좋은 수지로 교환한다.

생장소별 flow mark의 불량원인과 대책을 나타낸다.

[6] Silver streak(은줄)

은줄은 성형품의 표면 또는 표면 가까이 수지의 흐름방향으로 아주 가는선의 은색줄 무늬가 많이 발생하는 현상을 말한다. 원인은 수지에 수분, 휘발분, 열분해 및 서로 다른 수지의 혼입 등이며, 이들 중 충분하게 건조가 되지 않을 때에 많이 나타난다. 수지의 종류로는 poly carbonate, poly vinyl chloride, AS수지 등이며, 방지법은 건조를 충분히 한 pellet를 사용한다.

건조는 재료의 연화점 이하에서 실시하는데, 보통 80～85℃에서 3～4시간이 적당하다. 표 7-6은 발생장소별 silver streak의 불량원인과 대책을 나타낸다.

표 7-6 실버 스트릭의 불량원인과 대책

발생장소	불 량 원 인	불 량 대 책
성형기	·사출용량 및 가소화 능력이 부족할 때 ·사출압력이 너무 높거나 사출속도가 너무 빠를 때 ·수지가 실린더 내에 체류 등으로 과열 해 있을 때 ·실린더 내에 공기가 혼입되어 있을 때	·수지의 가열시간을 연장하거나 스크루의 회전수를 증가시키고, 성형용량이 큰 성형기로 교환한다. ·수지온도를 낮추거나 게이트, 러너, 스프루의 단면적을 크게 한다. ·가열실린더 온도를 낮추어 수지의 온도를 낮게 유지한다. ·호퍼 밑의 온도를 낮추고, 가열실린더 뒷부분의 온도를 내리며 스크루의 회전수를 느리게 한다.
금 형	·금형온도가 낮을 때 ·게이트, 러너, 스프루의 단면적이 작거나 슬러그 웰이 작을 때 ·캐비티 내의 배기가 좋지 않을 때	·수지의 온도를 높이거나 금형온도를 상승시킨다. ·게이트, 러너, 스프루의 단면적을 크게 하고 길이는 짧게 한다. 슬러그웰을 크게 한다. ·금형 내의 공기배출을 충분히 한다.
재 료	·수지에 수분이나 휘발성분이 있을 때 ·실린더 내에 공기가 혼입되었을 때	·건조를 충분히 하고, 흡수수분 및 휘발성분을 완전히 제거하거나 가스가 배출될 수 있도록 성형품의 살 두께를 얇게 조절한다.

[7] Black streak(흑줄)

black stops라고도 하며, black streak은 성형품의 내부 또는 수지나 수지중의 첨가제 및 윤활제가 열분해 하거나 금형 내의 공기가 압축되면서 고온으로 되어, 그 열 때문에 수지가 가소화 하는 현상을 말한다. 표 7-7은 발생장소별 black streak의 불량원인과 대책을 나타낸다. 즉, 사출성형기 등의 가열cylinder 내부에서 성형수지가 열분해를 일으켜 성형품에 발생하는 검은 줄무늬를 말한다.

표 7-7 블랙 스트릭의 불량원인과 대책

발생장소	불 량 원 인	불 량 대 책
성형기	· 수지가 실린더 내에서 과열되거나 장시간 정체되어 열분해 할 때 · 실린더 내의 공기가 단열 압축되어 고온으로 되었을 때 · 가열실린더 및 체크 밸브가 손상되었을 때	· 수지온도를 낮추거나 성형하면서 실린더 내의 수지가 장시간 정체되지 않도록 하고, 될 수 있으면 스크루식 성형기를 사용하는 것이 좋다. · 사출성형용 수지 이외의 슬라이성이 부족한 펠레트를 사용하지 말아야 한다. · 신속하게 수리하거나 교체한다.
금 형	· 게이트 부에서의 마찰로 과열 분해할 때 · 캐비티 내의 배기가 좋지 않을 때	· 게이트의 단면적을 크게 하거나 길이는 짧게 한다. · 금형 내의 공기배출을 충분히 한다.
재 료	· 윤활제가 너무 많을 때 · 수지 중에 이물질이 혼입되어 있을 때	· 윤활제를 적정하게 사용하거나 적정한 배합원료로 교환한다. · 오염된 수지는 사용하지 않도록 한다.

또한 cylinder내부나 screw에 홈이 있으면 마찰열도 가해져서 검은 이물질이 되고, 수지에 혼입 되어 검은 black streak이 되므로 주의해야 한다. 이 대책은 충실한 관리가 요구된다. 또한 금형의 공기 빼기를 충분히 하고 사출속도를 늦추고, 수지온도 및 사출 압력을 내린다.

[8] 기포 및 Pin hole

기포는 성형품의 내부에 생기는 공간을 말하는데, 그 생성과정에 따라 성형품이 비교적 두꺼운 위치에 발생하는 진공포와 수분이나 휘발분에 의해서 발생하는 기포가 있다. 진공포는 성형품이 냉각되면서 수축할 때 두꺼운 위치의 바깥쪽이 먼저 고화하기 때문에 늦게 고화하는 두꺼운 부위의 중심은 수지의 전체 용적이 부족한 채 고화를 완료하므로 공간이 생기게 된다. 이 공간을 단순한 기포와 구분하여 일반적으로 pin hole이라고 한다. 이 pin hole은 생성과정으로 볼 때 수축 때문에 발생하며, 체적수축이 큰 poly olefin, poly acetal 등에 많이 발생한다. 표 7-8은 발생장소별 기포 및 pin hole의 불량원인과 대책을 나타낸다.

기포 및 pin hole은 투명한 성형품에서는 절대로 피해야 하는 것이지만, 착색 불투명한 성형품에서는 지장이 없을 때가 많다. pin hole의 개선에는 sprue, runner, gate의 단면적을 크게 하고, 길이는 짧게 설계한다. flash가 발생하지 않는 범위에서 사출 압력을 높이고, 충분한 유지시간을 준다. 유동성이 나쁜 수지는 금형온도를 높인다. 이 개선책은 sink mark의 발생과 상반관계가 있어서 양립하기 어렵다. 기포의 대책으로는 수지를 건조시켜서 수분이나 휘발성분을 제거하여 사용함과 동시에 윤활제나 이형제의 과다

한 사용을 피하고, cavity 내의 공기 빼기를 충분히 한다.

표 7-8 기포 및 핀홀의 불량원인과 대책

발생장소	불 량 원 인	불 량 대 책
성형기	· 사출압력이 낮을 때 · 수지온도가 낮고, 유동성이 부족할 때 · 사출속도가 일정하지 않을 때 · 수지온도가 높고, 가스가 발생할 때	· 스프루, 러너, 게이트의 단면적을 크게 길이는 짧게 한다. 수지온도를 내리고 금형의 온도를 높인다. · 수지온도를 높이거나 사출 및 보압시간을 길게 한다. 유동성이 불량할 때는 금형온도를 높인다. · 사출속도를 일정하게 유지한다. · 수지온도를 낮추고, 가스가 배출할 수 있도록 에어벤트를 설치한다.
금 . 형	· 성형품의 살 두께가 두껍거나 급격한 살 두께의 변화가 있을 때 · 금형온도가 낮을 때 · 게이트, 러너, 스프루의 단면적이 작을 때 · 캐비티 내의 공기 빼내기가 좋지 않을 때	· 성형품의 살 두께를 얇게 하고 살 두께는 일정하게 한다. · 수지의 온도를 높이거나 금형온도를 높인다. · 게이트, 러너, 스프루의 단면적을 크게 하고 길이는 짧게 한다. · 금형 내의 공기 배출을 충분히 할 수 있도록 에어벤트를 설치한다.
재 료	· 수지의 수축률이 클 때 · 수지에 수분이나 휘발성분이 있을 때	· 수지오도를 낮추거나 수축률이 작은 것으로 교환한다. · 호퍼에서 건조를 충분히 하여 흡수수분 및 휘발성분을 완전히 제거한다.

[9] Jetting

gate에서 cavity로 분사된 수지가 끈 모양의 형태로 고화하여 성형품 표면에 꾸불꾸불한 모양으로 나타나는 현상을 말하며, jetting은 side gate에서 cold slug well이 작은 금형에서 많이 발생한다. 또 gate에서 cavity로 유입되는 수지의 유속이 너무 빠르고, 유로가 너무 길 때 많이 발생한다. 대책으로는 gate의 위치를 수지의 두께방향으로 cavity벽에 근거리에서 닿도록 설치한다. 또 side gate에서는 cold slug well을 붙인다. gate부에서 수지의 유속을 느리게 하기 위해 gate의 단면적을 크게 하거나 성형기의 nozzle온도가 내려가는 것을 막아야 한다.

[10] 광택불량(Loss luster)

성형품 표면이 수지 고유의 광택과 다르고 층상이며 유 백색의 막이 생겨 안개가 낀 형상과 같은 상태로 되는 현상을 말한다. 원인은 금형의 연마부족, 윤활제 및 이형제의 과다 사용 등이다 표 7-9는 발생장소별 광택불량의 원인과 대책을 나타낸다.

표 7-9 광택의 불량원인과 대책

발생장소	불 량 원 인	불 량 대 책
성형기	· 사출속도가 균일하지 않을 때 · 노즐의 단면적이 작거나 노즐이 냉각되어 있을 때 · 실린더 내에서 장기체류로 수지가 과열되어 있을 때 · 수지의 용융이 균일하지 않고, 부분적인 과열을 하였을 때	· 스크루의 회전수를 조정하여 사출속도를 조절한다. · 노즐의 단면적을 크게 하고, 노즐에 가열히터를 설치한다. · 수지온도를 낮추고 실린더 내에서 수지가 정체하지 않도록 한다. · 가열실린더의 온도를 조절한다.
금 형	· 금형온도가 불균일 할 때 · 게이트, 러너, 스프루의 단면적이 작을 때 · 캐비티의 다듬질이 불량할 때 · 금형의 내면에 물 및 기름이 부착되어 있을 때 · 이형제의 사용량이 너무 많을 때	· 수지온도 및 사출속도를 조절하고, 금형온도를 조절한다. · 게이트 단면적을 크게 하고 길이는 짧게 한다. · 금형 내의 연마를 정밀하게 하고, 연질 Cr도금처리 한다. · 금형 내면의 수분과 기름을 잘 닦아 낸다. · 이형제의 량을 줄인다.
재 료	· 다른 수지가 혼입 되였을 때 · 수지 중에 수분이나 휘발성분이 있을 때	· 수지 교환한다 · 호퍼에서 건조를 충분히 하여 흡수수분 및 휘발성분을 완전히 제거한다.

[11] Crack, Crazing

성형품의 일부분이 일그러지고 표면에 가늘게 금이 가거나 crack되는 현상인 데, 그 정도 혹은 외관 차이로 구분하여 큰 것을 crack 혹은 깨짐이라 하고, 가늘게 깨지거나 실금이 생기는 것을 crazing이라 한다. 이중 crazing은 용융 수지가 cavity에 충전될 때

표 7-10 크랙, 크라이징의 불량원인과 대책

발생장소	불 량 원 인	불 량 대 책
성형기	· 사출압력이 너무 높을 때 · 수지온도가 낮고, 유동성이 부족할 때	· 스크루의 회전수를 조정하여 사출속도를 조절한다. · 수지온도를 높이고, 사출속도를 내리며 금형온도를 높인다.
금 형	· 금형온도가 낮을 때 · 이젝팅이 적당하지 않을 때 · 금형 및 성형품의 설계가 불량할 때 · 금속 인서트 사용이 적당하지 않을 때	· 수지온도를 높이고, 사출속도를 내리며 금형온도를 높인다. · 금형의 연마를 충분히 하고, 빼내기 테이퍼를 주며 성형품의 냉각을 충분히 하거나 금형의 냉각방법을 개선한다. · 코너부분은 곡률을 충분히 주고, 성형품의 살 두께는 서서히 변화시킨다. · 인서트를 미리 가열하여 수축의 차이를 작게 하고 둥글게 한다.

그 표면은 냉각되어 고화 또는 높은 점도층이 되고, 그 사이에 전단력이 발생하여 고화하면서 잔유응력을 내포하게 된다. 잠시 후 수지의 탄성한계 이상이 되면 가는 금으로 나타난다. 이 잔금이 더욱 진행되어 보다 커진 상태가 crack이다. 표 7-10은 발생장소별 crack, crazing의 불량원인과 대책을 나타낸다.

[12] 변형

성형품의 변형은 성형수축에 의해 발생하는 잔유응력, 성형조건에 의해 발생하는 잔유응력, 이형할 때 발생하는 잔유응력 등이 영향을 주어서 발생하며, crack의 발생도 같은 원인이다. 강인성이 높은 수지를 사용하였을 때는 잔유응력이 있어도 큰 변형이 일어나지 않으나, polyethylene 또는 polypropylene은 가소성이 있으며 성형수축률이 크기 때문에 변형이 크다.

성형품의 변형에는 여러 가지 형상이 있으나 대별하면 (1) 휨, (2) 굽힘, (3) 비틀림의 3종류가 있다. 특히 비틀림 현상은 polyethylene, polypropylene수지에서 깊이가 얕은 판 모양의 성형품에 많이 발생한다. 표 7-11은 발생장소별 변형의 불량원인과 대책을 나타낸다.

표 7-11 변형의 불량원인과 대책

발생장소	불 량 원 인	불 량 대 책
성형기	· 사출압력이 너무 높을 때 · 사출속도가 너무 느릴 때 · 수지온도가 낮고, 유동성이 좋지 않을 때	· 스프루, 러너, 게이트의 단면적을 크게 하고 길이는 짧게 한다. · 스크루의 회전수를 조정하여 사출속도를 조절한다 · 수지온도를 높이고, 사출속도를 내리며 금형온도를 높인다.
금 형	· 금형온도가 높을 때 · 이젝터가 적당하지 않거나 이형이 나쁠 때 · 냉각이 불균일하거나 불충분할 때	· 수지온도를 내리고, 금형온도를 내린다. · 금형을 재연마하여 성형품이 빠지기 쉽도록 하고, 동시에 이형제를 사용한다. · 냉각수관을 점검하고, 유량과 유속을 조절한다.

상자모양의 성형품을 성형했을 때 측벽이 안쪽으로 들어가는 안쪽 휨, rib가 있는 성형품에서 rib쪽으로 젖혀지는 오목 휨, 그 반대로 젖혀지는 블록 휨 및 gate 쪽으로 젖혀지는 오목 휨 등 여러 가지가 있다. 상자형 성형품의 안쪽 휨일 때는 core의 냉각이 충분히 되도록 냉각수관을 배치한다. 또 구조적으로 보강해 두는 의미에서 주위에 rib를 붙이거나 단을 설치하는 것이 좋고, 금형을 설계할 때 이러한 것을 예측하여 바깥쪽으로 블록 하게 round를 주는 것도 바람직하다. 이 때, 측벽 길이 중심의 round는 측벽

길이의 1/80~1/100 정도이다. 그러나 이것은 보조 수단으로만 이용되는 것이다.

rib는 반드시 휨의 원인이 되는 것은 아니지만, rib의 두께 또는 높이에 따라 휨이 발생한다. 또 본체의 살 두께보다 얇고 높은 rib일 때에는 rib의 부분이 본체보다 급냉되기 때문에 rib치수보다 길어지게 되어 rib쪽이 블록 하게 젖혀지고, 두껍고 낮은 rib일 때에는 rib쪽이 서냉되어 오목하게 젖혀진다. 따라서 금형의 냉각에 주의하고, 동시에 rib의 살 두께 및 높이 등의 수정도 필요하다.

굽힘은 가늘고 긴 통 모양의 성형품에서 많이 볼 수 있는데, 예를 들면 ball pen의 축이나 잉크를 넣은 심 등에서 발생한다. 이것은 수지가 cavity 내를 유동할 때, 가늘고 긴 core가 압력에 못 견디어 움직이므로 살 두께가 균일하지 않은 성형품이 되고, 또 성형품 전체의 살 두께가 두꺼운 쪽으로 굽힘이 일어난다. 방지법으로는 충전성이 좋은 수지를 높은 온도에서 사출 압력을 내리고 성형하면 되고, gate는 fan gate 또는 submarine gate 등을 이용하는 것이 바람직하다. 뒤틀림은 높은 밀도 polyethylene수지로 center gate에서 성형할 때에 가장 현저하게 나타나는 변형이다. polypropylene에서도 평판 또는 이것에 가까운 형상의 성형품일 때에 이 방향의 수축률보다 클 때에 일어나는 현상이다. 대책으로는 유동방향 및 직각방향의 수축률이 교차하는 점의 수지온도 이상의 온도로 성형한다.

[13] Mold mark

금형 상처는 금형 표면에 발생한 상처가 그대로 성형품 표면에 그대로 나타나는 현상인데, 이것은 금형을 수정하면 간단하게 고칠 수 있다. 이에 대하여 긁힌 상처는 금형의 역 taper 혹은 taper의 부족 때문에 성형품과 금형이 마찰되는 면에 상처가 생기는 현상이다. 표 7-12는 발생장소별 mold mark의 불량원인과 대책을 나타낸다.

표 7-12 몰드마크의 불량원인과 대책

발생장소	불 량 원 인	불 량 대 책
금 형	· 캐비티의 다듬질이 불량할 때 · 이젝터의 설계가 불량할 때 · 금형 이젝터 테이퍼가 부족할 때	· 금형을 재연마하거나 Cr도금을 실시한다. · 이젝터 플레이트가 기울지 않게 하거나 캐비티의 균형을 잡아준다. · 빼내기 테이퍼를 될 수 있으면 충분히 한다.

[14] Ejecting 불량

성형품의 설계의 잘못 또는 공작의 결함 때문에 구배의 부족, 혹은 역 taper 등이 없는데도 불구하고 성형품이 빠지기 어려울 때에가 있다. 이 때문에 성형품을 무리하게 밀어내면 성형품이 굽히거나 밀어낸 자국이 백화 또는 crack 등을 일으킬 때가 있다. 표 7-13은 발생장소별 ejecting의 불량원인과 대책을 나타낸다.

특히 성형품이 고정 측에 부착하여 도저히 빼낼 수 없는 결과가 되는 예도 있다.

사출 압력을 지나치게 올려서 성형하면 성형수축이 예정대로 일어나지 않고, 성형품을 금형에서 ejector하기가 어렵게 된다. 이러할 때에는 사출 압력을 내리고 사출시간을 짧게 하며 수지 및 금형온도를 내리면 이형하기가 쉽게 된다. 또 수지와 금형의 마찰을 적게 하는 이형제를 사용하는 것도 효과가 있으며, 금형 내부를 잘 청소하고 ejector pin수를 늘리는 것도 효과적이다.

성형품이 고정 측에 부착하는 원인은 두 가지가 있는데, nozzle과 금형의 선단 사이에 걸리는 곳이 있어 고정 측에 남을 때와 고정 측의 저항이 가동 측 보다 크기 때문에 고정 측에 남을 때가 있다. 즉 nozzle과 금형 사이의 저항에 의할 때에는 nozzle의 R쪽이 금형의 R쪽보다 클 때, 금형이 정확하게 nozzle 중심과 맞지 않을 때 또는 nozzle과 금형 사이에 수지가 끼어 있을 때 등이다. 어느 때나 그 원인은 고화한 수지가 걸려서 이런 현상은 일어난다

성형품의 저항이 큰 원인은 연마, under cut 등에 의할 때에는 이것을 수정하고, 가능하면 가동 측에 Z pin 등을 장치하여 잡아당기게 한다.

표 7-13 이젝팅불량의 불량원인과 대책

발생장소	불 량 원 인	불 량 대 책
성형기	· 사출압력이 너무 높을 때 · 사출 시간이 길고, 수지공급량이 너무 많을 때 · 수지온도가 높고, 유동성이 너무 좋을 때	스프루, 러너, 게이트의 단면적을 크게 하고 길이는 짧게 한다. · 스크루의 회전수를 조정하여 사출속도를 조절한다. · 수지온도를 높이고, 사출속도를 내리며 금형온도를 높인다.
금 형	· 금형온도가 높을 때 · 게이트의 단면적이 너무 크거나 게이트 밸런스가 맞지 않을 때 · 냉각이 충분하지 않아 성형품이 금형에 부착될 때 · 노즐구멍이 스프루 구멍보다 클 때 · 스프루 지름 테이퍼의 과소 및 다듬질 상태가 적당하지 않을 때 · 이젝팅이 적당하지 않을 때	· 금형온도를 내린다. · 게이트의 단면적을 줄이고 게이트의 밸런스를 조정한다. · 냉각수관을 점검하고 유량과 유속을 조절한다. · 노즐의 반지름을 스프루 반지름보다 약간 작게 한다. · 스프루 지름 테이퍼는 2~4°로 조정하고, 재연마를 한다. · 금형 내부를 잘 청소하고, 이젝터 핀을 증가시킨다.

[15] 표층박리

성형품이 운모 모양으로 얇은 층이 되어 벗겨지는 현상이다. 원인은 서로 다른 수지의 혼입이다. 즉, polyolefin에 ABS수지, polystyrene, AS수지 등을 혼입하거나, 같은 성형기로 상용성(相溶性)이 나쁜 수지를 교차하여 사용할 때에 발생한다. 특히 교차하여 사용할 때에는 cylinder, screw의 head 부분에 붙어 있는 수지가 성형 중에 간헐적으로 벗겨져서 혼입되기 쉬우므로 깨끗하게 청소를 해야 한다.

또한 성형조건이 대단히 극단적일 때, 즉 수지온도가 낮고, 금형의 온도가 매우 낮은 상태에서 성형하면, 금형 면에 접촉한 수지가 즉시 고화하여 박리 현상을 일으키게 된다. 이것을 방지하기 위해서는 수지온도 및 금형온도를 높이고, 고화의 속도를 늦추면서 성형하면 좋은 결과를 얻을 수 있다.

[16] 투명도 불량

성형품의 투명도 불량은 성형품 표면 거칠기(凹凸)와 성형품의 광선 투과율이 떨어짐에 따라 불량이 발생되고 있다.

먼저 표면 거칠기의 원인에 의한 투명도의 불량은 평면을 평활하게 하면 되고, 또 금형의 연마, 수지온도, 금형온도 상승 및 이형제 사용을 엄격히 규제할 필요가 있다. 한편 수지나 첨가제가 cylinder 내에서 열분해 하면 수지 자체의 투명성이 변화한다. 이 투명불량을 방지하기 위해서는 수지온도를 내리고, cylinder 내에서 수지가 정체하는 시간을 짧게 하여 열분해가 발생하지 않도록 하면 된다.

또한 수지의 결정도의 변화이다. 결정성 polymer인 높은 밀도 polyethylene, polypropylene 및 nylon 등은 냉각속도에 따라 결정도가 변화한다. 투명도를 높이기 위해서는 결정의 발생을 방지하면 되고, 가능한 낮은 온도의 금형을 사용하는 것이 바람직하다. 그러나 성형품의 살 두께가 두꺼운 부분은 냉각속도가 늦어져 투명도가 떨어진다. 따라서 두꺼운 부분이 없도록 성형품을 설계해야 투명도를 높이일 수 있다.

[17] 색상의 불균일

색상의 얼룩은 성형품의 표면의 색이 균일하지 못하여 일어나는 현상인데, 그 발생원인에 따라서 색이 얼룩지는 위치가 달라진다. 즉 gate 부근에 발생하는 불량은 착색제의 분산불량이고, 표면 전체에 나타나면 열 안전성의 불량이며, well부에 색이 얼룩지면 착색제 자체의 성질에 의한 것이다.

착색제 분산불량은 dry color를 사용하여 tumbling으로 착색한 pellet는 pellet 표면에 안료의 입자가 부착된 것으로 이러한 pellet를 plunger식 사출성형기로 성형할 때에는 nozzle에서 나온 상태로 안료가 수지 중에 충분히 균일하게 분산되지 못하기 때문에 gate부근에서 얼룩무늬가 발생하는 것은 피할 수가 없다. 이것을 방지하기 위해서는 dry coloring으로는 어렵고 성형품 표면 색상이 특히 중요할 때에는 착색 pellet를 사용하여야 한다.

수지에 사용한 착색제의 열 안전성이 부족하여 열에 의한 변색 또는 퇴색하였을 때나, 수지 자체의 열 안전성이 부족하여 변색할 때에는 cylinder내의 온도 불안정과 관계가 있기 때문에 cylinder 내에서 수지의 정체시간을 짧게 하여 성형하면 된다.

착색제의 성질에 의한 것으로 aluminium의 엷음, 파알 착색제 등 엷은 조각 모양의 착색제는 수지의 유동방향과 평행으로 되려는 성질이 있다. 따라서 평면에 수지가 유동하는 면에서는 희망하는 색조와 광택이 나타나지만 gate 부근과 gate의 반대방향, weld 부분 및 수지의 유동 끝 부분에서는 이들 착색제가 평행으로 되지 못하고 분산하여 색조가 다른 부분과 현저하게 달라진다. 일반적인 착색제로서는 눈에 잘 보이지 않는 weld line에서도 심한 색의 얼룩이 발생한다. 이 현상은 착색제의 성질로부터 발생하기 때문에 방지하기가 대단히 곤란하다.

chapter 8

성형수지의 종류와 특성

8-1 성형수지의 개요

제품의 용도 및 분야에 따라 성형품에 요구되는 기능이 다르기 때문에, 사용되는 plastic수지 역시 이들의 조건에 따라 선택된다. 결정성수지, 비결정성수지에 따라 성형성 및 수축률이 다르므로 각각 적합한 설계가 필요하고, 성형조건이 주는 영향의 정도도 변화한다. 따라서 plastic수지의 각종 성질을 실용적으로 크게 분류하면 다음과 같다.

(1) 경도, 강도 및 강인성 등의 기계적 성질
(2) 내열성, 변형 등의 열적 성질
(3) 내약품성, 내후노성 등의 화학적 성질
(4) 전자기학적인 전기적 성질
(5) 광학적 성질인 물리적 성질

특히, plastic수지와 금속 재료와의 큰 차이는 그 여러 가지 성질의 시간의존성, 온도의존성이 대단히 크다는 것이다. 이것은 plastic수지 자체가 점 탄성체인 고분자로 되어 있기 때문에 고속 짧은 시간의 부하조건 또는 온도가 낮을 때에는 단단하고 여린 탄성적인 거동을 나타내며, 부하시간이 길고 온도가 높을 때에는 부드럽고 영구변형이 쉬운 점성적인 거동을 나타내기 때문이다.

표 8-1~8-3은 plastic수지의 여러 가지 특성을 나타내며, 이들 수지의 종류 및 특성에 대해서 설명한다.

표 8-1 Plastic 수지의 열적 성질

(단위 : mm)

수 지 명	연속 내열온도(℃)	열팽창계수(10^{-5}/℃)	산소지수(%)
Polystyrene	60~80	6~8	18
AS	60~105	4~8	19
ABS	60~85	9~10	17
Polypropylene	~120	6~10	17
고밀도 Polyethylene	~120	11~13	17
저밀도 Polyethylene	~120	18~18	17
Poly vinyl chloride	65~75	5~18	45
Methacrylate	70~100	5~9	17
Poly carbonate	~120	~7	28
Poly acetal	85~100	~8	16
Poly amide	80	~8	28
Poly phenyrlne oxide	105~110	~3	30
PBT	~120	7~8	-

표 8-2 Plastic 수지의 전기적 성질

(단위 : mm)

수 지 명	체적저항 (Ω-cm)	절연파괴의 관계 (kV/mm)	비유전율 (1MHz)	유전 정점 (1MHz×10^{-4})
Polystyrene	10^{17}	20~30	2.5~2.7	1~4
ABS	10^{15}	18~20	2.8~3.0	~1
Polypropylene	$>10^{16}$	20~32	~2.0	3~10
Polyethylene	$>10^{17}$	18~21	2.2~2.4	<5
Poly vinyl chloride	10^{16}	17~50	2.3~3.1	90~100
Poly carbonate	10^{16}~10^{17}	15~20	2.9~3.0	90~100
Poly acetal	10^{15}	16~20	~3.7	~60
Poly amide	10^{12}~10^{15}	4.0~4.7	400~1,300	
Poly phenylene oxide	10^{18}	~20	~2.6	~9
PBT	10^{15}~10^{17}	16~20	3.3	~400

표 8-3 Plastic 수지의 물리적 성질

(단위 : mm)

수 지 명	비 중	굴 절 률	흡 수 율
GP Polystyrene	1.04~1.09	1.59~1.60	0.03~0.1
AS	1.075~1.10	1.56~1.57	0.2~0.5
ABS	1.02~1.07	-	0.2~0.5
Polypropylene	0.902~0.906	1.49	0.01~0.03
고밀도 Polyethylene	0.941~0.965	1.54	<0.01
저밀도 Polyethylene	0.910~0.925	1.51	<0.05
Poly vinyl chloride	1.35~1.45	1.52~1.55	0.07~0.4
Methacrylate	1.17~1.20	1.49	0.1~0.4
Poly carbonate	1.2	1.58	0.1~0.2
Poly acetal	1.42	1.48	0.25
Nylon 66	1.13~1.15	1.53	1.1~1.5
Poly phenylene	1.06	-	0.06
PBT	1.31	-	0.3~0.5

8-2 수지의 종류

(1) Poly acetal(PA)

(2) Polystyrene(PS)
- ① GP Polystyrene
- ② HI Polystyrene
- ③ AS : styrene과 acrylonitrile의 합성
- ④ ABS : acrylonitrile butadiene 및 styrene의 합성

(3) Polypropylene(PP)

(4) Poly carbonate(PC)

(5) Polyethylene(PE)
- ① 고 밀도 Polyethylene(HDPE)
- ② 저밀도 Polyethylene(LDPE)

(6) Poly vinyl chloride(PVC)

(7) Nylon

(8) Acrylic

8-3 Polyacetal(PA)

8-3-1 특성

(1) 결정성 polymer이며 종류는 homo-polymer와 co-polymer가 있다.

(2) 유 백색으로 표 8-4와 같이 경도가 있고 충격강도가 높으며 내열성이 있다.

(3) 유기용제에 대한 저항성은 매우 우수하다.

(4) 강성이 높고 치수정밀도는 비교적 양호하나 성형수축률 비는 1.5~3.5% 정도로 크기 때문에 높은 정밀도의 성형은 어렵다. 그러나 공업용의 정밀성형품으로는 그 기구적 강도의 이점 때문에 대단히 많이 사용되고 있다.

8-3-2 성형조건

성형온도의 폭은 그렇게 넓지 않고, 지나치게 온도를 올리면 분해되므로 철저한 온도 관리가 요구된다. 또 gate부에 유동상태가 변화되기 쉬우므로 gate부의 설계에 주의해야 한다.

표 8-4 Poly acetal의 특성

(단위 : mm)

항 목	단 위	일 반 용		고 충 격 용		고 유 동 성		유리섬 유강화
		homo-polymer	co-polymer	homo-polymer	co-polymer	homo-polymer	co-polymer	
Metal flow index	g/10 min	12~14	~9~	~2.5~	~2.5~	19~21	~27~	grade
비 중	-	1.42	1.41	1.42	1.41	1.42	1.41	1.56
융 점	℃	175	165	175	165	175	165	-
인장강도(항복)	kg/cm^2	720	620	720	620	720	620	670
인장신장(항복)	%	12	12	12	12	12	12	7
1 zod 충격강도	kg-cm/cm	7.6	6.5	12.4	7.6	7.0	5.4	4.5
항복 휨강도	kg/cm^2	990	910	990	910	990	910	1,200
휨 탄성률	kg/cm^2	29,000	26,000	29,000	26,000	29,000	26,000	63,000
열변형온도 8.6 kg/cm^2	℃	124	110	124	110	124	110	161
4.6 kg/cm^2	℃	170	158	170	158	170	158	174
Rockwell 경도(M)	-	94	80	94	78	94	80	90

[1] 성형온도

(1) 기계적 강도, 치수정밀도를 얻기 위해서는 균일한 수지온도가 요구된다. 일반적으로 190℃~220℃ 범위에서 성형한다.

(2) homo-polymer의 최적성형 온도는 215℃±5℃이고 co-polymer의 최적 성형온도는 190℃~220℃이다.

(3) 악취 또는 발포 현상이 없는 균일한 투명상태이면 적당한 온도라고 생각해도 된다.

[2] 사출 압력

(1) polyacetal의 성형은 높은 압력이 좋다. 높은 압력을 유지하기 위해서는 cavity의 유효압력전달이 좋은 screw형이 좋다.

(2) 사출 압력은 800~1,200 kg/cm^{2}의 범위가 좋다.

(3) homo-polymer는 900~1,200 kg/cm^2, co-polymer는 800 kg/cm^2 정도가 적합하다.

[3] 금형 온도

(1) 보통 60~80℃의 범위가 적당하지만 광택을 중요시할 때에는 약 120℃ 정도로 높인다. 그러나 온도가 높아지면 성형수축률이 올라가므로 주의를 요한다.

(2) 성형기 내에서 장시간 정체하고 열을 계속 받으면 열분해가 일어나 gas가 발생하기 때문에 위험하다. 따라서 성형기의 cylinder안이나 nozzle 등에서 수지가 정체하지 않도록 하여야 한다.

(3) nozzle은 free flow형이 좋으며 nozzle내에서 고화하여 막히지 않도록 heater를 설치해야 한다.

(4) 성형cycle은 금형온도, 제품의 살 두께 및 형상에 따라 결정되는데 6 mm 두께는 cycle를 60초로 하고, 3 mm 두께는 약 30초, 12 mm 두께는 약 120초의 cycle을 설정하는 것이 바람직하다.

(5) 성형수축이 크고, 변형할 염려가 있는 형상이나 살 두께가 균일하지 않은 성형품일 때에는 cycle을 약간 길게 한다.

(6) 금형은 강재로도 좋으나 sprue, runner는 가능한 한 짧게 하고, sprue의 taper는 1~3°의 원뿔형으로 하고, runner는 원형이 좋으며 3~10 mm의 지름이 일반적이다. gate의 규격은 표 8-5와 같다.

표 8-5 Polyacetal의 표준 Gate 치수

(단위 : mm)

Gate 수지의 점도 성형품의 두께	장 방향 Gate			원형 Gate 직경	
	두 께	폭			
	-	고 점도	중, 저 점도	고 점도	중, 저점도
1.0	0.9	1.8	1.4	1.0	1.0
1.5	1.0	2.0	1.5	1.5	1.5
2.0	1.3	2.5	1.9	2.0	1.8
3.0	1.8	3.5	2.5	3.0	2.4
3.5	2.2	4.3	3.3	3.5	3.0
4.0	2.5	5.0	3.8	4.0	3.5
4.5	2.8	5.6	4.2	4.5	4.0
5.0	3.0	6.0	4.5	5.0	4.5
5.5	3.4	6.8	5.0	5.5	5.0
6.0	3.7	7.4	5.5	6.0	5.5
6.5	4.0	11.5	7.5	6.5	6.0
7.0	4.3	13.0	8.5	7.0	7.0
7.5	4.5	14.0	9.0	7.5	7.5

8-4 Polystyrene(PS)

8-4-1 특성

(1) styrene계 수지는 비교적 낮은 영역에서 용융 점도가 낮고, 또 점도가 내려가는 정도가 완만하여 성형온도 폭이 넓으며 성형하기가 쉬운 재료이다.

(2) styrene계 수지의 성형은 plunger형, screw형 성형기 중 어느 것이나 사용할 수 있지만 screw형이 일반적으로 많이 사용한다.

(3) 수지의 유동길이와 살 두께 비 L/t는 GP는 230～250, HI는 220～230, AS는 170, ABS는 190～200이다. 일반적으로 성형수축률은 0.4～0.8%이다.

[1] GP Polystyrene계의 성질과 성형

(1) 일반용이며 무색 투명(굴곡률 1.59)의 아름다운 수지이다. 비중은 1.05로 비교적 경량이지만 단단하고 전기 전열성이 우수하며 착색과 도장이 쉽고 가격이 싸다.

(2) 유기용제에 용해되고 성형수축률이 0.4%로 작고, sink mark도 작다. 또 치수정밀도를 내기가 쉽다. 그러나 충격에 약하고 약품류에 stress crack을 일으키기 쉽다.

(3) cylinder온도는 일반적으로 200℃이다. 표 8-6은 GP polystyrene의 특성을 나타낸다.

표 8-6 GP-Polystyrene의 특성

항 목	단 위	양 류동 grade	범 용 grade	내 열 grade	고 강도 grade
인장강도	kg/cm^2	440	500	540	550
신 장	%	1.6	2.0	2.5	2.5
휨 강도	kg/cm^2	550	720	950	1,000
휨 탄성률	kg/cm^2	3,200	33,000	33,500	33,000
1 zod 충격강도	kg-cm/cm	1.1	1.2	1.3	1.3
Rockwell 경도(M)	-	83	84	84	84
연화점	℃	91	100	106	97
가열변형온도	℃	74	82	87	80
Melt flow index(200℃, 5 kg)	g/10min	20	7.5	2.1	2.3
비 중	-	1.05	1.05	1.05	1.05

[2] HI Polystyrene계의 성질과 성형

(1) 내 충격용이며 butadiene(탄화수소의 일종) 고무를 약간 배합하여 개량한 것으로 그 조직은 polystyrene의 바닥에 butadiene의 섬유조직이 산재하고 있는 형이다.

(2) 힘이 가해지면 섬유조직에 응력집중이 일어나서 미세한 crazing이 발생하고 이 crazing이 충격을 흡수한다.

(3) 투명성을 상실하고 GP에 비하여 강도는 약간 떨어지지만 충격에 강하므로 응용범위가 넓고 주요성질은 표 8-7과 같다.

표 8-7 HI-Polystyrene의 특성

항 목	단 위	범용. 양류 grade	내 열 grade	고광택 grade
인장강도	kg/cm^2	240	340	310
신 장	%	40	50	45
휨 강도	kg/cm^2	390	550	520
휨 탄성률	kg/cm^2	21,000	22,000	21,000
1 zod 충격강도	kg-cm/cm	5.5	7.0	7.5
Rockwell 경도(L)	-	78	80	70
연화점	℃	92	105	102
가열변형온도	℃	72	82	81
Met floww index(200℃, 5 kg)	g/10min	14	2.7	2.5
비 중	-	1.05	1.05	1.05

(4) 용도에 따라서 GP와 HI를 3 : 7, 5 : 5, 또는 7 : 3으로 혼합하여 사용하기도 한다. GP가 많으면 광택내기가 쉽고 수지의 유동성이 좋다.

(5) 금형 온도는 50℃ 정도이고 L/t는 220 정도이다.

[3] AS의 특성과 변형

(1) styrene과 acrylonitrile(인종수지의 일종)를 동일 중량을 합친 것으로 약간 황색의 투명하고 강성이 높으며 내약품성이 개선되고, 내열성이 높아 구조용품에 적합하다.

(2) 성형수축률은 0.4% 정도이며 치수정밀도가 좋다.

(3) L/t는 160 정도이며 성형압력을 높일 때가 많으므로 ejector 구배가 충분하지 않으면 이형성이 나쁘다. 표 8-8은 AS의 특성이다.

표 8-8 AS 수지의 특성

항 목	단 위	양 유동 grade	범 용 grade	내 열 grade	유리섬유 강 grade
인장강도	kg/cm^2	700	730	780	1,100
신 장	%	2.0	2.0	2.0	-
휨 강도	kg/cm^2	990	1,070	1,100	1,250
휨 탄성률	kg/cm^2	34,000	35,000	36,000	68,000
1 zod 충격강도	kg-cm/cm	1.3	1.5	1.8	3.0
Rockwell 경도(M)	-	83	83	87	-
연화점	℃	107	107	112	-
가열변형온도	℃	88	90	94	103
Melt flow index(230℃, 3.8 kg)	g/10 min	9.5	4.3	3.5	-
비 중	-	1.08	1.08	1.08	1.23

[4] ABS의 특성과 성형

(1) acrylonitrile, butadiene 및 styrene의 동일 중량을 합성한 styrene계에서는 마지막으로 만들어진 수지이다.

(2) 성형수축률은 0.4% 정도이고, polystyrene에 비해 가격이 비싸다.

(3) crazing은 대단히 미세하여 내 충격성은 현저하게 향상된다.

(4) 내열성, 내약품성이 양호하고, 강인성, 내 충격성 및 광택이 있으며 우수한 수지이다. 그러나 유지, 약품에 의한 균열은 polystyrene보다 낮다. 표 8-9는 ABS수지의 특성이다.

(5) L/t는 190 정도이다.

(6) 사출속도를 조정할 수 있는 성형기에서는 속도를 신속하게 하는 것이 좋지만 금형에 좁은 통로가 있거나 가는 gate가 있을 때에는 jetting을 일으키므로 적당한 조정이 필요하며, 이형 할 때 성형품의 균열발생은 매우 적지만 무리한 힘을 가하면 백화현상을 일으킨다.

표 8-9 ABS 수지의 특성

항　목	단 위	초고충격 grade	고 충격 grade	중 충격 grade	고 강성 grade	초고강성 grade	양유동 grade	내 열 grade
인장강도	kg/cm^2	360	430	490	540	610	430	470
신 장	%	50	30	20	15	10	20	20
휨 강도	kg/cm^2	520	640	740	860	1,000	670	730
휨 탄성률	kg/cm^2	16,000	20,000	23,500	27,500	30,000	22,400	23,000
1 zod 충격강도	kg-cm/cm	29	16	11	6	3	12	11
Rockwell 경도(R)	-	90	103	110	114	118	105	108
연화 점	℃	107	107	107	107	107	100	115
가열변형 온도	℃	78	81	82	82	84	77	9.3
Melt flow index (200℃, 21.6 kg)	g/10 min	13	17	21	24	27	35	8
비 중	-	1.04	1.05	1.05	1.06	1.07	1.05	1.05

8-4-2 성형 조건

polystyrene계 금형의 sprue, runner는 가능한 굵고 짧게 하고, 압력 손실이 적게되도록 설계한다. gate는 pin point gate, direct gate로 대표되는데 성형품의 크기, 살 두께 및 형상에 따라 선택된다. pin point gate에서는 gate land를 지름의 1/2 정도로 하는 것이 좋다.

[1] 성형온도

(1) 일반적으로 190～240℃ 범위에서 설정하는데, 성형기의 성능, 성형품의 형상, 살두께, 크기 및 금형 구조에 따라 다르다.
(2) 수지의 유동성은 성형온도의 영향을 크게 받으므로 변화가 적도록 제어한다.
(3) cylinder의 온도의 설정은 중간을 최고로 하고 앞부분을 10～20℃ 정도 높게, 뒷부분은 20～30℃ 정도 낮게 한다.
(4) flash의 발생이나 sink mark는 성형온도를 조절하지 않는 것이 좋으며 일반적으로 AS수지는 230℃, ABS수지는 220℃, GP, HI polystyrene에서는 220℃ 정도로 하면 좋다.

[2] 사출 압력

(1) 사출 압력이 너무 높으면 이형이 어렵게되거나, flash의 발생을 초래하며, 또한 성형품에 내부변형이 남아 균열의 원인이 된다.
(2) 용융수지는 금형 내로 급속히 충전되는 것이 좋으므로 사출속도를 빠르게 한다.
(3) 사출속도가 너무 빠르면 jetting 현상이 일어나거나, over shot가 될 때가 있으므로 일반적으로 사출 압력은 500～1,200 kg/cm^2 범위이다.

[3] 금형 온도

(1) 일반적으로 금형 온도가 높으면 유동저항과 내부변형이 적으며 표면광택이 좋은 성형품을 얻는다.
(2) 금형 온도는 50～60℃의 범위가 좋다.
(3) 유동성, 이형성 및 인성의 개량을 목적으로 윤활제를 첨가하기 때문에 표면 광택의 불량, silver streak 등의 불량현상이 나타날 때도 있으므로 주의해야 한다.
(4) 장시간 방치에 의하여 수분을 흡수하므로 성형할 때에는 80～90℃에서 최저 2시간의 예비건조를 하여야 하고, 특히 ABS일 때에는 특별한 주의가 요구된다.
(5) 금형에 부착되어 있는 윤활유, 절삭유, 방청유, 이형제 등이 작용하여 응력 균열을 일으키는 일이 있으므로 금형을 깨끗이 유지하고 지정된 윤활제, 이형제 이외는 절대 사용하여서는 안 된다.

8-5 Polypropylene(PP)

8-5-1 특성

(1) 대부분의 성질이 polyethylene에 가깝다. 비중은 0.90~0.91 정도로 범용 plastic 중에서 가장 가볍고, 내열성, 내약품성, 내 충격성이 양호하고 값이 싸며 유기용제에도 강하다.

(2) 유동성이 우수하여 초대형 성형품, 극히 얇은 성형품의 성형이 쉽다.

(3) 접착 및 도장이 어렵고 성형수축률이 1.5% 정도로 비교적 크며 변형이나 sink mark가 발생하기 쉽다.

(4) 실용 충격강도는 높지만 낮은 온도에서 현저하게 낮아지는 경향이 있다. 그러나 기름 또는 약품에 의한 응력 균열이 적다.

(5) 흡수성이 거의 없으므로 성형할 때 예비건조가 필요 없고 착색은 dry color, beth master color, 액체안료 등의 사용으로 color pellet과 같은 성형이 된다.

(6) 금형을 설계할 때의 수축은 1g/1,000을 중심으로 14/1,000~22/1,000의 범위에서 한다.

표 8-10 Polypropylene의 특성

항 목	단 위	일반 grade				내 충격 grade		
		저유동	중유동	고유동	초고유동	초고충격	고충격	중충격
Melt flow index (230℃, 2.16 kg)	dg/min	1.0	3.0	7.0	13.0	1.5	2.5	13.0
밀 도	g/cc	0.91	0.91	0.91	0.91	0.91	0.91	0.91
항복점 응력	kg/cm²	310	320	330	340	240	260	300
파단점 항장력	kg/cm²	450	440	430	410	350	360	440
파단점 신장	%	800	800	800	800	600	700	700
휨 초기 탄성률	kg/cm²	15,000	15,500	16,000	18,000	14,000	14,500	15,000
표면경도(HRC)	-	93	95	96	100	85	90	90
1/zod 충격강도 (notch) 23℃	kg-cm/cm²	3.0	2.0	2.0	1.5	15	10	3.5
0℃	kg-cm/cm²	2.0	1.5	1.5	8.0	3.0	2.0	
-18℃	kg-cm/cm²	-	-	-	-	4.0	2.0	-
연화점	℃	150	155	155	155	140	145	145
열변형도 66psi	℃	115	115	125	130	110	110	115
264psi	℃	60	60	65	65	60	60	60
성형 수축률	%	1.8	1.8	1.6	1.8	1.7	1.5	

(7) 성형품의 살 두께는 1.8~2.5 mm가 적당하고 균일한 설계가 되도록 한다.
(8) gate는 pin point, direct gate 및 특수 gate 모두 적용된다.
(9) pin point gate의 지름은 0.5~1.5 mm, gate 길이는 짧은 것이 좋으므로 1.0~2.0 mm 범위로 한다. direct gate의 지름이 너무 크면 효과가 적기 때문에 ϕ8 mm 이하로 길이를 짧게 하는 것이 효과적이다.
(10) 성형기는 plunger형, screw형 등을 사용하지만 screw형이 성형온도를 낮게 설정할 수 있고, 좋은 품질을 얻는 점에서도 유리하다.
(11) 성형기의 크기는 성형품 중량의 약 1.5배 정도의 용량의 성형기가 적당하다. 표 8-10은 polypropylene의 특성이다.

8-5-2 성형조건

[1] 성형온도

(1) 200~300℃ 범위에서 성형하는데 성형온도가 너무 낮으면 분자배양을 일으키고, 변형 또는 충격강도를 떨어트릴 수 있으므로 약간 높게 설정한다.
(2) 성형온도의 설정목표는 충전부족이 되지 않는 최저성형온도보다 20~30℃ 높은 온도 또는 성형품을 열탕 속에 넣어서 twist가 되지 않는 최저 온도로 한다.

[2] 사출 압력

(1) flash가 발생하지 않은 최저압력이 좋으며 일반적으로 800~1,200 kg/cm^{2}가 표준이다. 그러나 sink mark, void(洞空)가 발생하기 쉬운 성형품일 때에는 약간 낮게 한다.
(2) 사출시간은 5초 이상으로 하나 sink mark, void가 문제될 때에는 길게 하고 gate측이 문제가 될 때에는 길이는 짧게 한다.

[3] 금형 온도

(1) 금형 온도는 40~60℃가 표준이며 sink mark가 발생할 때에는 금형 온도를 낮게 한다.
(2) 금형 온도에 의하여 수축률이 변화하므로 치수정밀도가 요구되는 성형품일 때에는 온도조절기를 사용한다.
(3) 유동성이 좋으므로 L/t는 240 정도이고 성형온도 범위가 넓고 성형이 쉽다. 그러

나 성형수축률이 크고, 강성이 낮기 때문에 치수정밀도가 떨어지므로 금형 내에서의 냉각시간을 충분히 길게 할 필요가 있다.

(4) 금형의 냉각이 매우 중요하므로 냉각수구멍의 배치에 충분한 검토가 요구된다. 냉각수간격은 구멍의 중심에서 40~45 mm로 하고, 그리고 금형의 냉각수 출입구의 온도차가 성형중에 ±2~3℃ 범위가 되도록 냉각수의 유량을 조절한다. 그림 8-1, 그림 8-2는 냉각수구멍의 필요한 길이이다.

(5) polypropylene은 유동성이 좋아 매우 얇은 성형품도 성형이 가능하나 경험에 의하면 최저 살 두께는 0.33 mm가 한계이며, 유동성이 성형에 미치는 영향은 성형온도가 65~70%, 사출 압력이 27~30%, 금형온도가 2~3% 정도이다.

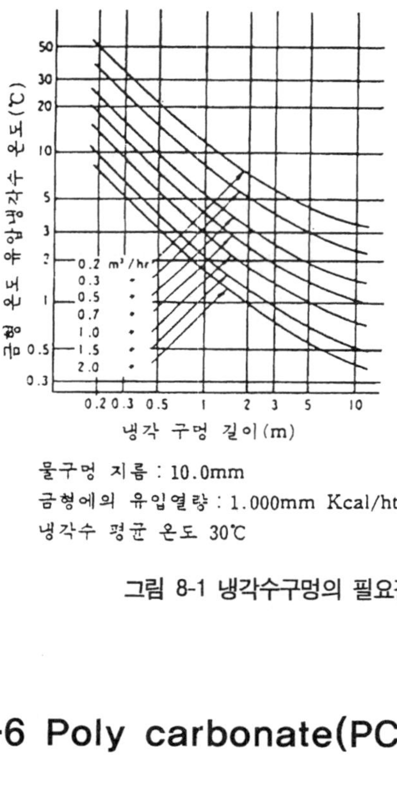

그림 8-1 냉각수구멍의 필요길이

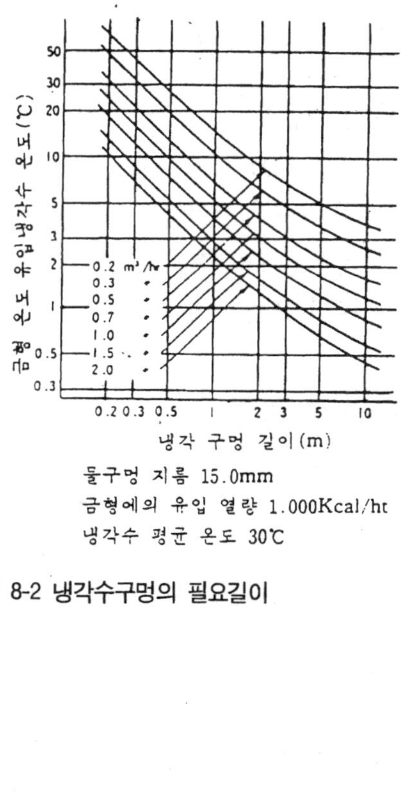

그림 8-2 냉각수구멍의 필요길이

8-6 Poly carbonate(PC)

8-6-1 특성

(1) 융점이 높고 용해온도가 높으므로 일반적으로 높은 성형온도와 압력이 필요하다.

(2) 내열성이 130℃ 정도로 좋고, 내 충격강도가 대단히 높고 내후성이 좋으며 담황색으로 투명하기 때문에 응용범위가 넓다.

(3) 대단히 강인하지만 insert나 표면에서의 응력이 의외로 약한 부분이 있고 일부 약품에 의한 응력 균열이 있다.

(4) 성형수축률은 0.6% 정도로 적고 강성도 높아 치수정밀도가 비교적 높다. 그러나 가격이 비싸며 성형할 때에 어려운 점이 있다.

표 8-11 Poly carbonate의 특성

항 목	단 위	범 용 grade	난 연 grade	유리섬유강화 grade
비 중	g/cc	1.20	1.24	1.35
1 zod 충격강도(notch 붙음)	kg-cm/cm^2	90~100	50~60	~10
인장강도	kg/cm^2	600	600	1,200
신 장	%	110	110	4
Rockwell 경도(M)	-	70	74	91
휨 강도(23℃)	kg/cm^2	950	950	1,480
휨 탄성률(23℃)	kg/cm^2	24×10^3	24×10^3	56×10^3
흡수 률(水中 24 hr)	%	0.15	0.15	0.16
열 변형온도(18.6 kg/cm^2)	℃	132~140	132	146
선팽창계수(-30~30℃)	cm/cm ℃	6.8×10^{-5}	6.6×10^{-5}	2.7×10^{-5}
성형수축률	cm/cm	0.005~0.007	0.005~0.007	0.005~0.007

(5) 탄산 ether(유기화합물의 일종) 결합을 가지고 있기 때문에 수분이 있으면 용융할 때 열분해를 일으키게 되어 성형품의 외관, 품질은 물론 성형의 문제를 일으키므로 사용할 때에는 충분한 관리와 완전한 건조를 필요로 한다.

(6) 건조시킬 때에는 용기에 담아 110~120℃의 건조기에 넣고 4~5시간 가열한 후 hopper에 넣고 성형하는데 온도가 내려가면 수분을 흡수하므로 hopper를 110℃ 정도로 온도를 유지하여야 한다.

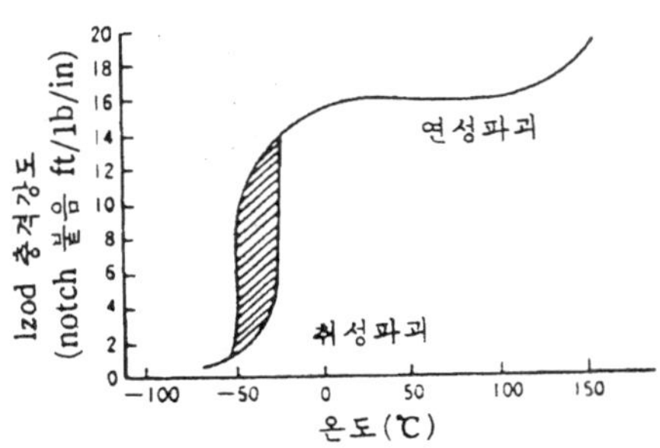

그림 8-3 충격강도의 온도

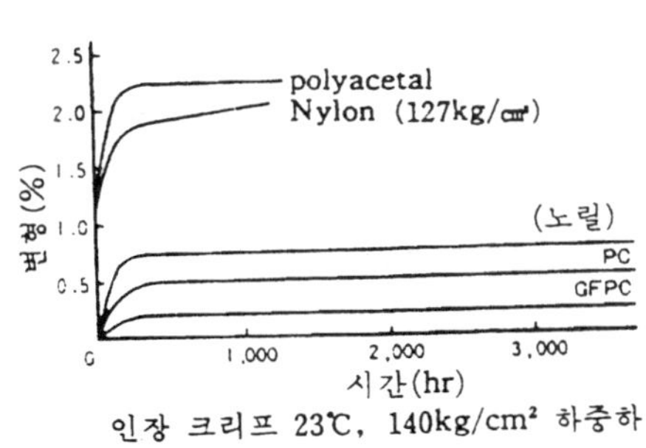

인장 크리프 23℃, 140kg/cm² 하중하

그림 8-4 각종 수지의 creep 거동

(7) 사용 후 남은 pellet는 진공건조나 탈수건조 공기를 사용하는 열풍건조기가 적합하다. 이 때에는 110~120℃ 정도의 가열과 8~10시간 정도 필요하다.
(8) hopper는 수분흡수를 방지하기 위하여 dryer를 부착할 때도 있다. 그림 8-3, 그림 8-4는 충격강도의 온도 및 수지의 creep 거동이다.

8-6-2 성형조건

(1) poly carbonate는 용융 점도가 높으므로 유동성은 좋지 않다. 실제로 L/t가 40 정도이다. 따라서 높은 온도 높은 압력의 성형이 되고, 가소화 효율이 좋은 성형기가 요구된다.
(2) gate나 runner는 크게 하고, 특히 cylinder 설계가 중요하며, 성형을 위한 cylinder 온도는 300℃ 정도로 높게 할 필요가 있지만 대단히 어려운 것은 아니다.
(3) 성형기의 nozzle은 수지를 높은 온으로 유지하기 위하여 가열한다. nozzle의 온도는 cylinder온도보다 약간 높은 것이 좋고, 누수 되는 현상을 방지하기 위하여 valve가 부착된 nozzle이 적합하다.
(4) 금형 구조는 수지온도가 높은 것을 고려하여 sprue 및 runner는 가능한 굵고 짧게 하여 굴곡부분이 작게 되도록 설계하고, 단면은 원형이 바람직하다.
(5) sprue, runner 및 cavity는 연마를 충분히 하여 유동저항이 작도록 하고, gate는 원형의 단면적이 크고, 길이는 짧은 것이 좋다. 위치는 가능한 성형품의 살 두께가 두꺼운 부분에 설치한다.

[1] 성형온도

(1) 용융점이 약 220℃이므로 150℃ 이하에서 연화하지 않기 때문에 일반적으로 260~300℃의 범위가 좋다.
(2) 분해온도는 약 340℃이고 성형품의 중량에 대하여 성형기의 cylinder가 크면 수지의 정체에 의한 분해가 있으므로 310℃ 이상 가열해서는 안 된다.

[2] 사출 압력

(1) 용융 점도가 높아 큰 사출 압력을 필요로 하는데 너무 높으면 내부변형이 발생하고, 성형품이 파손되기 쉽다.
(2) 성형온도가 낮으면 성형 사출 압력은 자연히 높아진다. 온도가 올라가면 압력은 낮게 된다. 물론 이들의 관계는 gate의 지름 또는 성형품의 살 두께에 따라 다르

다. 그림 8-5, 그림 8-6은 cylinder 온도와 사출 압력 및 금형 온도와 사출 압력이다.

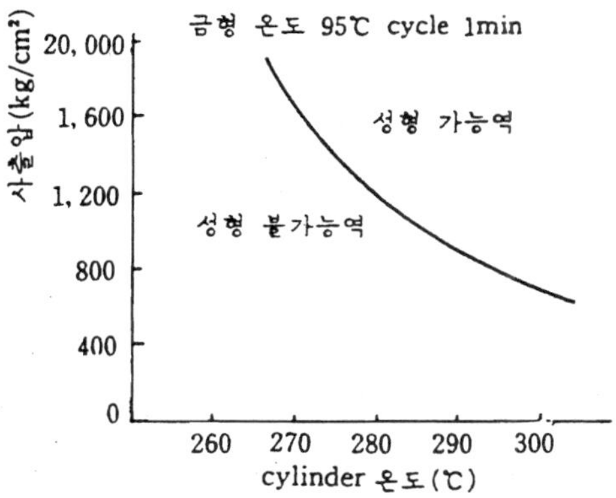

그림 8-5 cylinder 온도와 사출압력

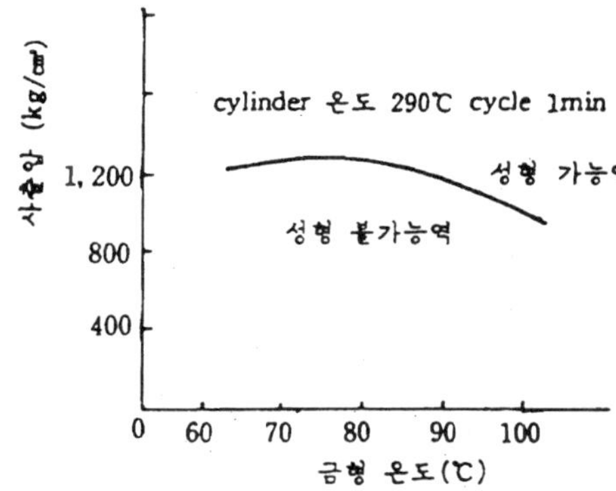

그림 8-6 금형 온도와 사출압력

[3] 금형 온도

(1) 성형품의 형상, 크기에 따라 다르지만 85～110℃의 범위가 적당하다.

(2) 금형 온도가 높으면 유동성, 광택이 양호하고 변형이 적은 성형품을 성형할 수 있으나 성형시간이 길어진다. 반면에 온도가 낮으면 변형 및 crazing 또는 균열의 원인이 된다.

(3) 가열cylinder의 설정온도는 앞부분을 낮게 하고 뒷부분을 올려 가소화를 방지한다. 이때 hopper 밑에서 용융되어 교량모양을 만드는 일이 없도록 적당히 냉각할 필요가 있다.

(4) 금속 주위에 사출 된 수지가 냉각할 때 팽창계수 차에 의해 변형이 잔류되여 균열을 일으키기 쉬우므로 성형할 때 금속 insert를 200℃ 정도로 가열하여 사용하여야 한다.

(5) cylinder 내부를 청소할 때에는 400℃로 가열한 전기로 속에 넣어 수 시간 태운 다음 청소한다. 또 cylinder를 해체하고 Cu주걱으로 용융물을 제거한다.

(6) 성형품의 내부변형은 annealing에 의해 완화시키는데 125～135℃의 범위가 적당하다.

(7) 이 수지는 금형에 접착하는 성질이 있으므로 금형에 Cr도금을 하여야 한다. 성형품의 외관적 불량은 silver streak, 기포, sink mark, jet flow, crazing과 균열 및 이형불량 등이다.

8-7 Polyethylene(PE)

8-7-1 특성

이 수지는 비중 0.85 정도의 고밀도 polyethylene과 비중 0.92 정도의 저밀도 polyethylene가 있으며 용도에 따라 구분하여 사용한다.

[1] 고 밀도 Polyethylene(HDPE)

(1) 성형수축률이 크므로 금형을 설계할 때에는 20/1,000~30/1,000 정도의 수축률을 예상하여야 한다.

(2) 성형조건 중 성형온도, 성형압력 및 금형 온도가 성형품에 미치는 영향이 대단히 크다.

(3) 강성 및 내 충격성이 우수하여 원통용기나 container 등의 대형 성형품 분야에 이용된다.

표 8-12 고밀도 polyethylene

항 목	단 위	고 강성 grade	nest less균열성 grade	양 류동 grade
Melt flow index	g/10 min	5	7	13
밀 도	g/cm^2	0.970	0.955	0.965
인장항복강도(50 mm/min)	kg/cm^2	330	260	300
인장절단신장(50 mm/min)	%	990	1,000	700
휨 탄성률	kg/cm^2	19,000	12,000	16,000
1 zod 충격강화(노치 붙임)	kg-cm/cm	10	10	7
경도(쇼어 D)		74	66	72
연화점	℃	130	122	128
취하 온도	℃	<-70	<-70	<-70

[2] 저밀도 Polyethylene(LDPE)

(1) 이 수지는 성형성이 우수하며 성형기는 plunge형, screw형을 사용한다.

(2) 동일한 온도에서 spiral flow 길이가 길고, 성형온도를 낮게 하여 성형할 수 있다.

(3) 성형온도와 금형으로부터 ejector하는 온도와의 enthalpy차가 작기 때문에 수지의 연화온도가 낮지만 냉각시간이 짧다.

(4) 강성이 낮으므로 이형이 쉽기 때문에 under cut가 붙어있고 상온에 대한 높은 온

표 8-13 저밀도 polyethylene

항 목	단 위	범 용 grade	양 류동 grade	강 성 grade	nest less 균열성 grade
인장강도(항복)	kg/cm²	85	82	123	91
인장강도(최종)	kg/cm²	95	88	92	138
신 장	%	600	500	150	>600
경도(쇼어 D)		41	41	47	42
연화점	℃	81	80	98	86
Melt flow index	g/10min	20	45	20	2
밀 도	g/cm²	0.915	0.915	0.926	0.918

도영역의 비 체적이 작으며 결정온도가 낮으므로 성형수축률이 작아진다.

(5) 성형온도를 높게 하고 금형 온도를 균일하게 낮추고 사출 압력도 충전부족이 되지 않을 정도로 낮추면 성형 cycle을 짧게 할 수 있다.

(6) 이 수지는 부드러워서 포장 재료로서의 film이나 얇은 판 재료로서의 용도가 대부분이지만 사출성형용으로서는 그 유연성, 성형성을 이용한 분야에 사용된다.

8-7-2 성형조건

(1) 성형할 때의 수지의 유동성은 수지에 따라 다르지만 비교적 좋으며, L/t는 240정도이다.

(2) 성형온도의 범위가 넓고 성형이 쉽지만 성형수축률이 크고 강성이 낮기 때문에 치수를 맞추기가 어렵다.

(3) 금형의 온도를 균일하게 유지하고 또 금형 내에서 냉각시간을 충분히 길게 할 필요가 있다. 만일 금형의 냉각을 균일하지 않게 하면 내부 변형을 남기고 응력 균열을 일으킬 염려가 있다.

[1] 성형온도

(1) 용융 수지의 온도를 높이면 일반적으로 표면광택이 증가하여 외관은 좋아지지만 성형수축률이 커지는 경향이 있다. 또 지나치게 낮은 온도로 하여도 성형수축률은 커지며 변형한다.

(3) 일반적으로 성형온도는 180～300℃ 범위이지만 실제로는 최저충전온도 보다 얇은 성형품은 40～50℃, 두꺼운 성형품은 20～30℃ 정도 높게 설정하는 것이 바람직하다.

[2] 사출 압력

(1) 압력 및 속도는 금형 cavity 내의 수지온도가 거의 균일하여지고 성형품의 밀도와 강도를 균일하게 하기 위해서는 높고 신속한 것이 좋다.

(2) 충전 후에는 성형품에 과대한 응력을 주지 않기 위하여 낮은 유지압력으로 전환한다. 유지압력을 높이면 성형수축률을 작게 할 수 있으나 지나치게 높이면 과충전에 의한 gate부의 변형이 커져서 균열의 원인이 되므로 주의할 필요가 있다.

[3] 금형 온도

(1) 일반적으로 금형 온도를 높이면 성형품의 광택은 향상되지만 성형cycle이 길어지고 충격강도가 떨어진다. 또 수축률이 크고 비중도 커진다.

(2) 금형 온도가 낮으면 급속 냉각에 따르는 냉각변형이나 분자배양에 의하여 성형품의 변형이나 표층이 벗겨져 떨어짐이 발생하고 과 냉각에 의한 금형 면에 결로 현상에 의하여 성형품의 외관을 불량하게 한다.

(3) 금형 온도는 일반적으로 30~80℃ 범위에서 선택한다.

(4) 성형품의 gate부가 다른 부분에 비하여 강도가 약해지는 경향이 크다. 이 원인은 gate부의 냉각이 다른 부분보다 낮고 성형기로부터 압력을 끝까지 받거나 수축변형, 성형변형 및 내부변형이 집중 되어 약해진다고 할 수 있다. 따라서 금형을 설계할 때 gate부의 냉각이 잘 되도록 할 필요가 있다.

(5) 성형수축률은 성형품의 살 두께에 따라 다르며 살 두께가 두꺼운 제품이 크다. 그림 8-7은 살 두께와 수축률의 관계를 성형품의 실제치수로 나타낸 것이며 표 8-14는 성형조건과 성형수축률과 성형품 중량의 관계를 표시한 것이다.

(6) 유동성에 영향을 주는 성형조건의 비율은 사출 압력 70~72%, 수지온도 25~28%, 금형 온도 2~3%로 polypropylene과 반대이다.

표 8-14 성형요인의 영향

성 형 요 인	성 형 수 축	성 형 품 중 량
압력을 올린다.	작아 진다.	무거워진다.
사출 시간을 길게 한다.	작아 진다.	무거워진다.
수지온도를 올린다.	클 때와 작을 때가 있다.	무거워지기도 하고 가벼워지기도 한다.
금형 온도를 올린다.	커진다.	가벼워진다.

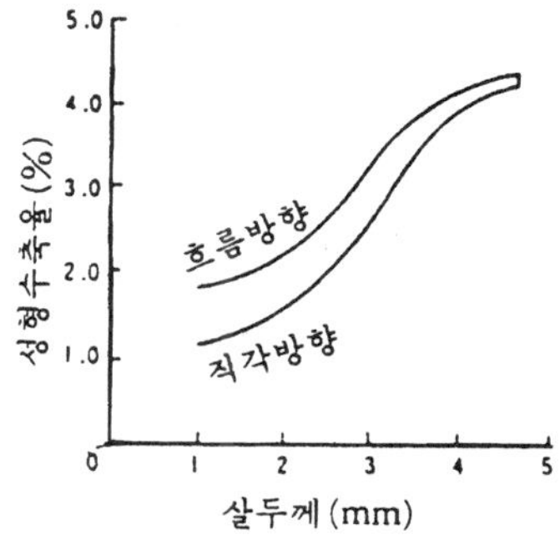

성형조건
cylinder 온도 : 230℃
금형 온도 : 75℃
사출압력 : 800 kg/cm^2
사출시간 : 10 sec
냉각시간 : 25 sec

그림 8-7 성형수축률과 살 두께

8-8 Poly vinyl chloride(PVC)

8-8-1 특성

(1) 폴리 염화비닐이라는 것으로 가소제가 혼합되어 있는 연질인 것과 포함되어 있지 않는 경질이 있다. 연질인 것은 작은 분자의 가소제를 첨가하고 poly vinyl chloride는 큰 분자 사이에서 굴림대 역할을 하도록 한다. 가소제의 첨가에 따라 부드러운 수지를 만들 수 있다.

(2) 이 수지는 용융점도가 높고, 가공할 때의 온도와 poly vinyl수지 자체의 분해온도가 근접해 있으므로 열분해 때문에 타거나, 금형 부식의 문제가 있기 때문에 성형할 때는 정확한 온도제어가 필요하다.

(3) 연질의 poly vinyl chloride를 장시간 사용하면 가소제가 나와서 다른 plastic 즉, polystylene에 응력 균열, 녹 또는 색을 변질시킬 때가 있다. 따라서 가소제가 들어간 것은 다른 수지에 접촉시키지 않도록 하고 만일 접촉할 때에는 polyethylene과 같은 내약품성이 있는 수지로 밀봉 처리한다.

(4) 경질 poly vinyl chloride는 가소제가 포함되어 있지 않으므로 사용할 때의 제약이 적으며 광택이 있고 충격강도가 강한 반면 성형이 곤란하다.

(5) 유동성, 열 안정성을 개선하는 방법은 수지 자체의 융합도 조절, ethylene, plopylene, 초산 vinyl, ether 초산 vinyl 및 vinyl ether 등의 공통융합, 가소제를 첨가하여 유동성을 향상시키나 기계적 성질 및 내열성의 저하를 초래한다.

(6) 열 안정성은 안정제의 선택, 증량재, 골재의 사용으로 수지 및 수지와 screw, cylinder벽이나 gate부의 마찰을 적게 하고 발열을 방지하는 방법이 선택되고 있다.

표 8-15 및 8-16은 각각 poly vinyl chloride, methacrylate 수지의 특성을 나타낸다.

표 8-15 Poly vinyl chloride의 특성

항 목	단 위	homo polymer 경질품		내부 가소화 수지	
평균 융합도		650	800	630	800
비 중	g/ cc	1.40	1.40	1.37	1.36
인장강도	kg/cm^2	600	610	580	550
충격강도					
charpy	kg-cm/cm^2	6.9	7.1	6.0	7.2
듀퐁 23℃	kg-cm/cm^2	30	33	18	33
0℃		9	10	4	12
듀로미터 경도	-	74	74	74	73
유연 온도	℃	65	66	61	57
침입(針入) 온도	℃	72	74	66	63
가열변형온도	℃	68	69	62	59
flow온도	℃	168	170	155	122
고화식 flow 200℃	×10^{-3}cc/sec	13	6	20	11
170℃		0.15	0.06	0.31	2.70

표 8-16 Metharylate의 기본 물성

항 목	단 위	양류동 grade	범 용 grade	내 열 grade
비 중	-	1.19	1.19	1.19
굴절률(no)	-	1.49	1.49	1.49
광선투과율	%	93	93	93
항장력	kg/cm^2	630	760	790
항장탄성률	kg/cm^2	2.7×10^4	2.7×10^4	2.8×10^4
항절력	kg/cm^2	1,140	1,400	1,430
항절탄성률	kg/cm^2	3.0×10^4	3.4×10^4	3.4×10^4
신장률	%	4~6	4~6	4~6
Rockwell 경도(M)	-	92	97	99
1 zod 충격강도(노치붙음)	kg-cm/cm^2	1.1	1.3	1.4
비 열	Kcal/kg ℃	0.35	0.35	0.35
열전도율	Kcal/m hr℃	0.16	0.16	0.16
열 변형 온도	℃	72	92	102
Melt flow index	g/10min	6~8	2~3	0.7~1.2
체적고유 저항	Ω-cm	10^{15}~10^{17}	10^{15}~10^{17}	10^{15}~10^{17}
절연내력	kV/mm	20	20	20
역률(60 Hz)	-	0.045	0.035	0.030
성형 수축률	%	0..3~0.5	0.5~0.7	0.6~0.8

8-8-2 성형조건

poly vinyl chloride 수지는 각종 배합에 있어서 다양하므로 성형조건의 선택은 가능한 각 요인을 낮게 한다. 성형기는 screw형이 적합하며 nozzle은 open nozzle을 사용하고 screw는 poly vinyl chloride 수지용 cone head가 좋다. 이때 역류방지 장치의 사용은 피한다.

[1] 성형온도

약간 낮게 설정하는 것이 좋은데 일반적으로 180～190℃ 정도의 범위로 한다. 성형중 온도 관리에 충분히 유의하고 동시에 purge에 의한 수지온도를 점검하는 것이 좋다.

[2] 사출 압력

(1) 약간 높게 설정하며 800～1,200 kg/cm^2의 범위에서 성형한다.

(2) 사출속도는 다른 plastic에 비하여 약간 낮게 하는데 속도가 빠르면 gate부에서 마찰열에 의하여 black spots의 원인이 되므로 중, 저속도의 범위를 선택한다.

(3) screw 배압 및 회전수는 약간 낮게 한다. 배압이 높으면 nozzle에서 수지의 유출이 있고, flow mark의 원인이 된다. screw의 회전수가 높으면 수지점도가 높고 screw 부하가 크게 되어 발열이 많아지고 분해의 원인이 되기 쉽기 때문에 배압은 5～15 kg/cm^2로 하고 회전수는 20～40 rpm의 범위로 한다.

[3] 금형 온도

(1) 성형온도와 같은 범위로 하고, 열분해, 유동성을 생각하여 설계한다.

(2) sprue, runner 및 gate는 수지의 유동은 높고, 압력전달을 쉽게 하기 위하여 굵고 짧게 하며, 성형품의 살 두께를 가능한 두껍게 한다.

(3) 이 수지는 열분해에 의하여 발생하는 염산으로 금형을 부식시키므로 유로는 모두 Cr 도금해야 하는데 이것은 다른 plastic에도 적용되며 특히, slug well 설치가 양호한 성형에서는 더욱 중요하다.

(4) 성형기는 plunger식과 screw식이 있는데 plunger식은 수지의 체류가 많고, 균일한 용융이 곤란하며 열분해나 flow mark의 원인이 되므로 screw식의 사용이 바람직하다.

(5) 수지의 유동성은 좋지 않으며 L/t는 130 정도이다. 또 성형중 금형 면의 청소를 자주 해야 한다.

8-9 Nylon

8-9-1 특성

(1) 현재 공업적으로 생산되고 있는 nylon은 66, 6, 610, 11의 4종류이며, polyacetal, polypropylene 및 polyethylene과 결정성 polymer로 융점 이상의 용융 영역에서 사출성형 된다.

(2) 흡수성이 높기 때문에 충분히 건조하지 않으면 성형품에 기포, silver streak, 재질노화 등의 문제가 있다.

(3) 온도에 대한 용융 점도의 변화가 polyethylene에 비하여 크고, 성형할 때 온도변화에 따른 점도로 품질의 안전성이 부족하게 되므로 성형온도의 제어가 대단히 중요하다.

(4) 결정성 polymer를 용융시킬 때에는 결정의 용융점 이상으로 가열해야 한다. 일반적으로 결정성 polymer는 비열이 크고 polyethylene, polypropylene도 같은데 nylon 역시 융점 부근에서 겉보기 비열이 대단히 크다. 따라서 성형기도 가열용량이 큰 것이 요구된다. 표 8-17 및 8-18은 각각 polyamide의 기계적 성질과 금형의 온도를 나타낸다.

표 8-17 Polyamide의 특성

nylon-6		유리섬유강화 nylon-66		유리섬유강화 nylon-6		미네랄 강화 nylon
건조시	대기중 평형 수분	건조시	대기중 평형 수분	건조시	대기중 평형 수분	
740	310	-	-	-	-	930
785	350	1,800	1,200	1,900	1,000	-
200	250	4.5	5	5.8	4.5	3
1,250	385	2,500	2,000	2,500	1,300	-
28,600	7,200	90,000	60,000	75,000	38,600	60,000
20	>14	9	11	22	36	3.5
114	85	120	110	120	112	121
-	-		14~16	-	-	-
60		245		195		215
150		250		200		250
1.13		1.39		1.40		1.50
0.8~1.5		0.2~1.0		0.2~1.0		0.5~1.0

표 8-18 Nylon의 기계적 성질과 금형온도

성 질	단 위	금형온도(℃)	Nylon		
			-6	-66	-610
인장 및 항복강도	kg/cm^2	20	700~750	800	600
		120	800	850	670
파단 신장	%	20	100	40	230
		120	60~80	25	40
굽힘 탄성률	kg/cm^2	20	25,000	27,500	19,000
		120	27,000	28,800	21,500
굽힘 강도	kg/cm^2	20	940	1,100	720
		120	1,200	1,300	950
충격 강도	$kg\text{-}cm/cm^2$	20	9.0	9.0	9.5
		120	6.5	3.0	-

8-9-2 성형조건

이 수지의 성형은 충분히 혼합되고, 균일한 용융 상태가 요구되기 때문에 성형기는 screw식이 좋다. 또 용융 부근에서 겉보기 비열이 커서 용융에 대량의 열량이 필요하므로 cylinder 가열용량이 큰 것이 바람직하고, 점도의 온도 의존성이 크기 때문에 cylinder 온도를 충분히 제어할 수 있는 것을 선택한다. 특히 nozzle heater는 가능한 용량을 크게 하고 nozzle에서 누수가 발생하기 쉬우므로 역 taper 또는 nozzle을 사용한다.

[1] 성형온도

(1) 일반적으로 nylon-6은 230~270℃, nylon-66은 270~300℃ 정도로 약간의 차이는 있지만 230~300℃의 범위에서 성형한다.

(2) 성형온도는 성형수축률, 성형품의 강도 및 외관에 영향을 주므로 약간 높게 설정하는 것이 좋다, 그러나 지나치게 높이면 수지가 열분해를 일으켜 변색 또는 silver streak가 발생하여 불량품이 된다.

[2] 금형 온도

(1) 금형 온도는 20~100℃의 범위가 선택되는데, 냉각이 균일하고 적정하게 유지되도록 제어해야 한다.

(2) nylon의 물성은 결정화도와 구슬모양 구조에 영향을 받기 때문에 금형 온도는 약간 높게 설정하는 것이 바람직하다. 지나치게 이 온도가 낮으면 표면 경화와 강성이 낮아진다. 그러나 성형품의 살 두께가 얇으면서 강인성과 투명성이 요구될 때

는 낮은 것이 효과적이다.

(3) nylon의 성형수축률은 온도 비체적의 관계에서 polyacetal과 polyethylene의 중간 정도이며 금형 온도가 클수록 크고 성형 cycle이 길수록 작아지는 경향이 있는데 일반적으로 0.7~3.0%의 범위에 있고, 살 두께의 영향이 가장 크게 나타난다.

(4) 그림 8-8은 이 관계를 나타내며, 그림에서 성형수축이 작은 유리섬유가 충전된 nylon 등은 살 두께의 영향이 작으나 성형수축이 큰 nylon-66 등은 그 영향이 크게 나타난다.

(5) 사출 성형품은 성형할 때의 잔유응력이 시간과 함께 완화되는데, 사용하는 환경조건에 따라서 변화한다. 이 응력 완화는 치수수축을 동반하지만, nylon은 수분흡수에 의한 치수증가 때문에 성형수축이 상쇄되어 장시간 지난 후의 치수변화가 작고, 일반적으로 사용중의 치수변화를 작게 하기 위하여 열처리와 조습을 수행함으로서 성형 후 치수변화를 신속히 안정시킨다.

(6) 열처리는 성형품의 잔유응력의 완화, 결정화도를 높여서 강성 및 경도를 향상시키는 효과가 있는데, 이 때의 열처리온도는 150℃ 이상에서 결정화가 진행된다.

그림 8-9는 nylon-66의 열처리온도와 결정화도의 관계를 나타낸다. 그림에서 성형수축률은 금형 온도가 높으면 크고, 낮으면 작으나 열처리 후의 수축률은 대체적으로 차이가 없어진다. 이것은 금형 온도가 낮으면 열처리에 의한 수축이 크고, 높으면 열처리에 의한 수축이 거의 없음을 나타낸다.

그림 8-10은 150℃로 2시간 열처리하였을 때의 예이다.

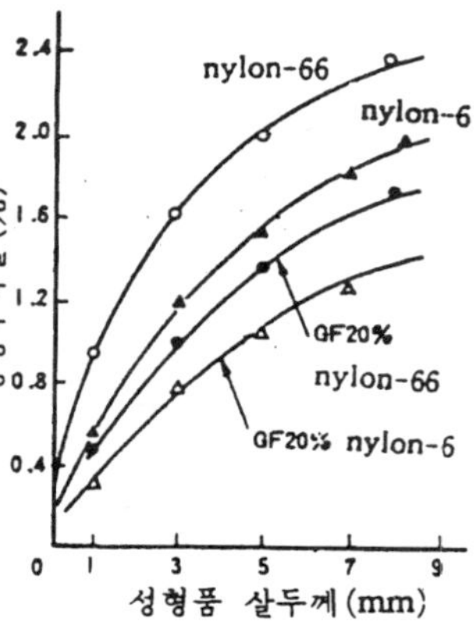

그림 8-8 살두께와 성형 수축률

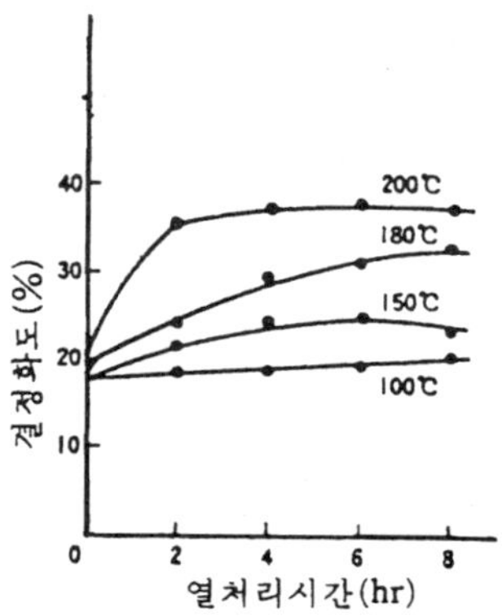

그림 8-9 열처리 시간과 결정화도
(nylon-66)

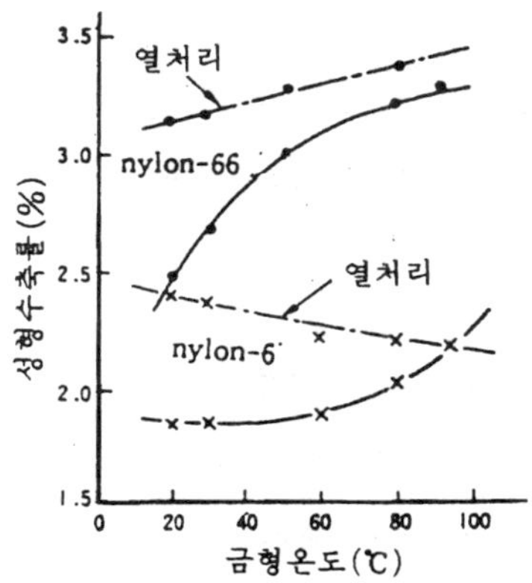

그림 8-10 금형 온도와 성형수축률

8-10 Acrylic

8-10-1 성질

(1) 투명성이 우수하고, 성형수축률이 GP-polystyrene과 같이 작기 때문에 주로 판재, 조명기구, lens 등 고급부품에 사용된다.

(2) acrylic수지는 methacryl oxide methyl의 융합체를 주성분으로 한 것으로 유동성은 polystyrene보다 나쁘기 때문에 높은 성형온도가 필요하다.

(3) 수지의 형은 내열성이 높은 형과 유동성이 좋은 high flow형 및 그 중간형이 있으며 성형품과 사용조건에 따라 선택된다.

(4) 습온성이 있으므로 성형할 때는 수분을 충분히 건조시키는데 일반적으로 80~100℃의 열풍건조를 2~3시간정도 하면 된다.

8-10-2 성형조건

[1] 성형온도

(1) 유동성이 떨어지므로 polystyrene보다 약간 높은 온도, 높은 압력으로 성형하는데 수지의 온도가 지나치게 높으면 성형품이 파손되기 쉬운 성질을 갖게 된다. 또 유동성이 낮으므로 성형품의 살 두께를 두껍게 설계할 때가 있는데 일반적으로 수지온도는 200~240℃로 하여 사출한다.

(2) cylinder온도의 설정은 poly carbonate와 유사한 앞쪽은 낮게 뒤쪽은 높게, 예를 들면 nozzle은 200℃, 앞부분은 220℃, 중간 부분은 230℃, 뒷부분은 240℃로 할 때가 많은데 hopper 밑의 과열로 수지가 용융되어 screw 원료계량이 불량하지 않도록 관리하여야 한다.

[2] 사출 압력 및 금형 온도

(1) 일반적으로 900~1,200 kg/cm^{2}의 범위에서 성형하는데 수지의 grade, 성형품의 형상 등을 생각하여 선택한다.

(2) 금형 온도는 높은 것이 유동성을 향상시키므로 내부변형이 작고, 성형품의 물질성분이 개선되지만 지나치게 높으면 sink mark가 발생한다. 따라서 60~80℃를 표준으로 하고 있다.

(3) acrylic수지는 유동성이 polystyrene보다 떨어지므로 성형온도의 조절 또는 금형

을 설계할 때는 유동저항을 작게 하여야 하며 sprue, runner는 가능한 굵고 짧게 하는 것이 바람직하다. 특히 runner가 길 때에는 지름은 10 mm로 할 수도 있고, sprue의 근원에는 cold slug 제거의 trap을 설치하는 것도 중요하다.

(4) 성형수축률은 0.3～0.5%로, 살 두께가 두꺼운 성형품에서는 약간 커진다. 또 성형품의 변형은 그 탄성과의 관계에서 현저하지는 않으나 내부변형이 남으면 성형품의 물성이 나빠지기 때문에 일반적으로 annealing을 한다.

(5) annealing은 열변형 온도보다 약간 낮은 70～80℃로 수 시간 처리하는 것이 보통이다.

그림 8-11～13은 각각 수지의 종류에 따른 내마모성, 피로 특성 및 휨 탄성률과 온도 의존성을 나타낸다. 표 8-19는 각종 수지의 성형조건이다.

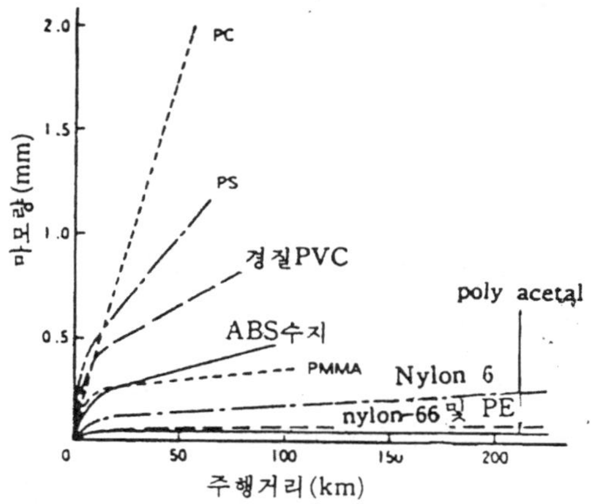

그림 8-11 각종 수지의 내마모성

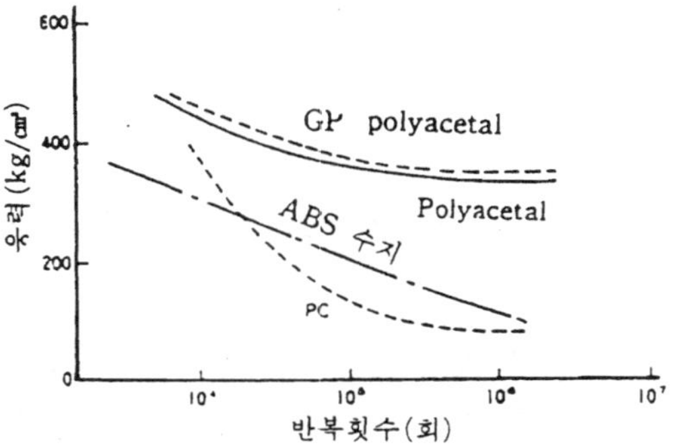

그림 8-12 각종 수지의 피로특성

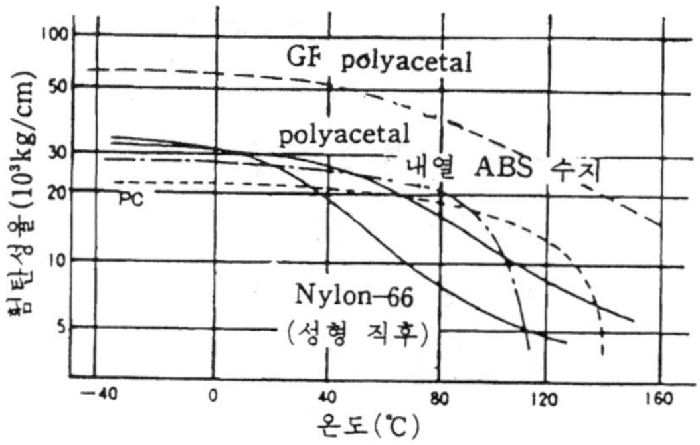

그림 8-13 휨 탄성률의 온도의존성

표 8-19 각종 수지의 성형조건의 일례

항 목	Poly acetal	Poly propylene	고 밀도 Polystyrene	PVC	Polystyrene	AS수지
온도(℃)						
Cylinder 후부	200~230	200~270	200~240	140~150	170~180	200~260
Cylinder 중앙부	200~230	230~300	230~290	150~160	190~300	220~290
Cylinder 전부	200~230	220~290	220~280	160~170	200~310	220~260
Cylinder 노즐	190~200	200~250	200~250	170~180	190~290	200~290
금형 온도	60~100	30 ~ 80	30 ~ 80	40 ~ 60	30 ~ 70	40 ~ 80
수지온도	200~210	200~300	200~300	160~180	180~260	200~260
압력(kg/cm^2)						
사출 압력	1,000~1,400	600~1,400	600~1,400	1,000~1,500	700~1,400	700~1,400
시간(sec)						
성형 Cycle	40~60	10 ~ 60	10 ~ 60	40~190	4~60	10~60
사출 시간	5~20	5 ~ 20	5 ~25	20 ~ 50	1~30	2~20
Gate 치수						
원형 Gate 지름	0.8~1.5	0.5~8.0	0.5~8.0	2~15	0.8~6.5	0.8~6.5
Land 길이	0.8~1.0	0.8~1.0	0.8~1.5	2 ~ 5	0.8~1.0	0.8~1.0
직사각형 Gate폭	0.8~1.5	2 ~ 5	2 ~ 5	5~15	1.5~2.5	1.5~2.5
직사각형 깊이	0.8~1.5	2 ~ 5	2 ~ 5	5~15	0.6~1.3	0.6~1.3
Land 길이	0.8~1.0	1.0~1.2	1.0~1.2	2 ~ 5	0.8~1.0	0.8~1.0
성형 수축률(%)						
흐름에 평행방향	2.0~2.5	1.1~2.3	1.6~3.0	0.4~0.6	0.3~0.8	0.2~0.8
흐름에 직각방향	2.0~2.5	1.1~2.2	1.5~2.5	0.4~0.6	0.3~0.8	0.2~0.8

항 목	ABS수지	Poly carbonate	Nylon-6	Nylon-66	Acrylic 수지
온도(℃)					
Cylinder 후부	200~250	300~330	240~300	310~350	230~260
Cylinder 중앙부	200~250	290~320	230~290	290~350	240~270
Cylinder 전부	200~250	290~310	230~290	270~320	260~280
Cylinder Nozzle	200~250	290~310	220~260	적 당	250~270
금형 온도	40 ~ 90	80~120	20 ~ 90	20~90	70 ~ 90
수지온도	200~250	280~300	240~270	270~300	250~270
압력(kg/cm^2)					
사출 압력	700~1,500	1,000~1,500	800~1,500	1,000~1,500	1,000~1,400
시간(sec)					
성형 Cycle	30~45	20 ~ 40	15 ~ 30	20~30	20 ~ 45
사출 시간		5 ~ 20	5 ~ 20	15~20	6 ~ 15
Gate 치수					
원형 Gate의 지름	1.5~2.5	1.0~2.5	1.0~1.5	0.8~1.5	2 ~ 3
Land 길이	0.8~1.0	0.8~1.0	0.8~1.0	0.8~1.5	1.5~2.0
직사각형 Gate폭	2~3	2.5~3.0	1.5~3.0	0.8~1.5	깊이×1.5~2.0
직사각형 깊이	1.5~2.5	2~3	1.5~3.0	0.5~1.0	살 두께의 70~90%
Land 길이	0.8~1.0	0.8~1.0	0.8~1.0	0.8~1.5	2 ~ 5
성형수축률(%)					
흐름에 평행방향	0.3~0.5	0.5~0.8	0.8~1.5	1.5~2.0	0.4~0.9
흐름에 직각방향	0.3~0.5	0.5~0.8	0.8~1.5	1.5~2.0	0.2~0.5

chapter 9

사출성형기의 가장 경제적인 Cavity수의 결정

동일 규격의 사출성형기라도 제조회사에 따라 가격과 에너지 소비량이 상당히 차이가 난다. 현재까지의 연구에서는 이와 같은 것을 고려하지 않은 것이 사실이다. 계산에 넣은 시간당의 기계비는 성형기의 사양에 의해 산출하고 있고, 성형품 생산에 가장 경제적인 성형기와 cavity수의 결정법은 개개의 성형기의 시간당 비용을 기초로 하고 있다.

사출성형에 있어서 가장 경제적인 cavity수를 결정하는 것은 옛날부터 연구 대상이었고, 많은 연구자가 여러 각도에서 이 문제에 대해서 해결을 시도하였지만, 모두 기계의 형 체결력을 특별히 고려하고 있다. 이 연구결과를 표시한 표 9-1에서는 성형기의 시간당 비용을 기계비와 기계조작 시간에서 결정하고 있다.

다른 예에서는 성형기의 최대 shot중량을 기계의 시간당 비용의 기초로 하고 있다(표 9-2).

표 9-1 시간당 기계비[(1)] (노무비 포함)

성형기의 크기 kN (ton)	250 (25)	500 (51)	1,000 (102)	1,500 (153)	2,250 (229)	3,000 (306)
시간당 기계비(천원/시)	8.75	10.50	12.11	13.65	16.45	19.95

표 9-2 시간당 기계비[(2)] (노무비 미 포함)

shot 중량(g)	10	20	50	80	160	300	550	1,000	1,200
시간당 기계비(천원/시)	2.80	3.15	3.50	5.60	7.00	8.40	14.00	16.80	19.60

시간당의 기계비는 다음과 같은 비용이 포함되어 있다.

- 성형기의 감가상각비(구입가격의 함수이다)

- 유지비 및 보수비
- 에너지비
- 경비(난방, 조명, 재료운반, 관리 등)
- 노무비

동일한 사양의 기계라도 제조회사에 따라 성형기는 가격에 상당한 차가 있는데 이는 감가상각비를 통해서 시간당의 경비에 상당한 차를 줄뿐 아니라 유지비, 보수비, 에너지비 및 노무비에도 차가 있다.

이것들을 경험을 통하여 가장 경제적인 성형기와 cavity수를 신속하고도 정확하게 결정할 수가 있다.

9-1 Cavity 수의 결정 식

$$x = \frac{Q}{q} \tag{9-1}$$

여기서 Q : 성형기의 용량(1 shot중량이나 용량), q : 형체결력, x : cavity수

9-2 총 생산하는데 필요한 Shot수

$$\frac{n}{x} = \frac{nq}{Q} \tag{9-2}$$

여기서 $\frac{n}{x}$: 생산하는데 필요한 shot수

9-3 생산에 소요되는 시간(T)

$$T = \frac{nqt}{Q} \text{ (sec) 또는 } T = \frac{nqt}{3,600\,Q} \text{ (hr)} \tag{9-3}$$

여기서 t : cycle시간이다.

9-4 생산 제조비(K_M)

$$K_M = TU = \frac{n\,q\,t\,U}{3,600\,Q} \text{ (천원)} \tag{9-4}$$

여기서 U : 기계의 노무비를 포함한 운전비(재료비는 미 포함)

9-5 성형품을 만드는 비용(K) (재료비 미 포함)

$$K = K_M + K_W + K_G = \frac{n\,q\,t\,U}{3,600\,Q} + \frac{K_{W_1}\,Q}{q} + K_G \tag{9-5}$$

여기서 K_G : 금형 제작비용(cavity수에 관계없음), $K_W = x\,K_{W_1}$: 인서트 제작비용, K_{W_1} : 1개의 cavity를 만드는 비용이다.

9-6 성형품을 만들 때 최소비용($\frac{U}{Q^2}$)

$$\frac{dK}{dQ} = 0 \text{에서}$$

$$-\frac{n\,q\,t\,U}{3,600\,Q^2} + \frac{K_{W_1}}{q} = 0$$

$$\therefore \frac{U}{Q^2} = \frac{3,600\,K_{W_1}}{n\,q^2\,t} \tag{9-6}$$

다음에 사용하는 각 기계의 $\frac{U}{Q^2}$의 값을 정하고 기록한다. 어떤 성형품을 제조하는데 있어서 가장 경제적인 성형기를 선택할 때는 이미 알고 있는 K_{W1}, n, q 및 t를 사용 (9-6)식의 우측을 결정한다. 이로부터 $\frac{U}{Q^2}$이 가장 가까운 성형기를 찾는다. 그 성형기가 가장 경제적인 성형기이다. 선택한 성형기가 기술상의 이유(예컨대 형판이 너무 작다) 때문에 적당하지 않을 때에는 다음으로 좋은 성형기를 선택한다. cavity수는 식 (9-1)에 의해 정해진다.

이 계산은 그림 9-1에 표시한 노모그래프를 사용하면 쉽다. 사용 가능한 성형기의 번호는 $\frac{U}{Q^2}$ 축 좌측에 기입할 수 있다.

가장 경제적인 성형기를 사출성형기 또는 압출성형기의 형 체결력에 의해 선택할 수도 있다. 경험에 의하면 우선 사출 용량이나 사출성형기 및 압출성형기의 형 체결력을 조사하고, 이어서 선택한 성형기의 다른 특성(형 체결력, 금형을 설치할 수 있는 크기 등)을 조사하면 좋다.

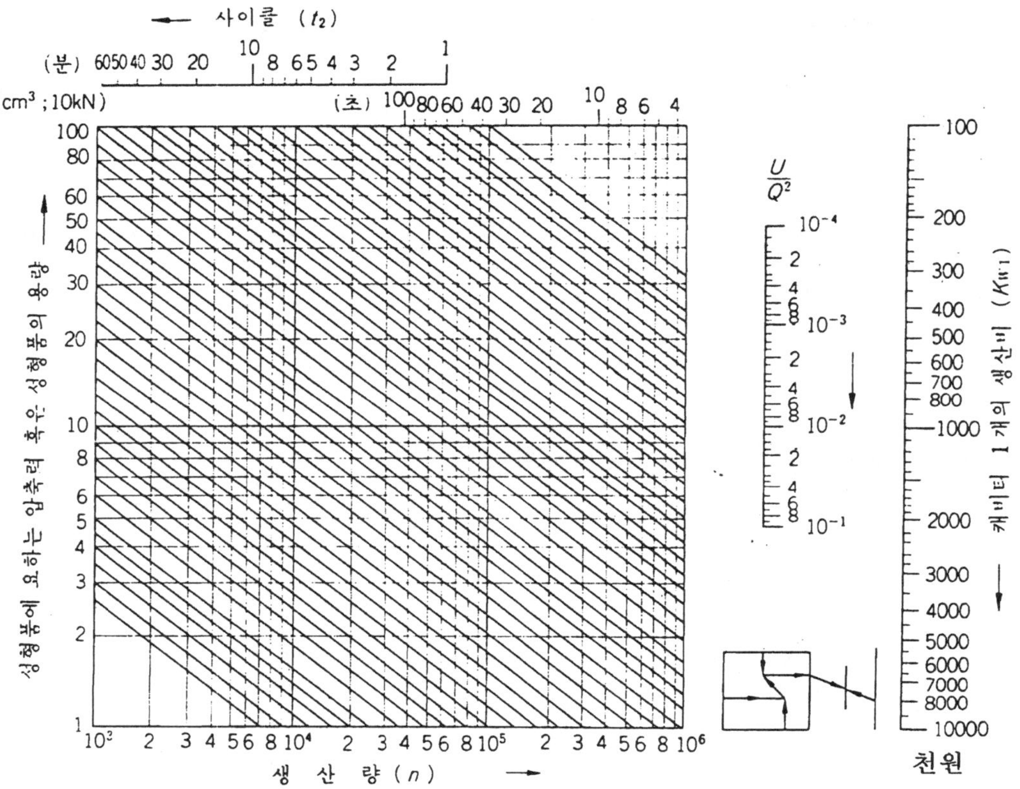

그림 9-1 가장 경제적인 성형기와 cavity수를 선택하기 위한 노모그래프

금형 설계의 처음 단계에서는 K_W나 t의 값은 아직 확실하지 않지만 금형 설계자에 있어서는 충분한 참고치를 정할 수 있을 것이다. 계획이 더 진전된 단계에서 필요할 때에는 다시 계산을 하고 검토할 수도 있다. 비교적 적은 cavity수로 하기보다 cavity수를 많게 하는 편이 금형 제작비의 상승이 작으며, 특히 여러 개 빼내기로 하는 새로운 가공방법(예컨대 호빙, 베릴륨청동 인서트나 정밀구조 인서트의 사용)에 의해 금형 제작비

가 내려가는 것도 알아두어야 한다.

위의 방법을 어느 경우를 예로 든다. 표 9-3에서 cycle은 30초이고 금형 인서트에 대한 K_{W_1}은 1,610 천원이다. cavity수가 증가하면 몰드 베이스의 비용이 10~15% 상승하므로 이것도 계산하여야 한다.

계산결과는 다음과 같다.

$$K_{W_1} = 1,610 + (1,610 \times 0.1) = 1,771 \text{ (천원)}$$

$$\frac{U}{Q^2} = \frac{3,600\, K_{W_1}}{n\, q^2\, t} = \frac{3,600 \times 1,771}{3,000,000 \times (18.4)^2 \times 30} = 2.092 \times 10^{-4}$$

cavity수가 증가하면 몰드 베이스의 비용이 10~15% 상승하므로 이것도 계산하여야 한다.

그림 9-1 가장 경제적인 성형기와 cavity수를 선택하기 위한 노모그래프를 나타낸다.

표 9-3에 의하면 U/Q^2의 값은 3,000 kN(329 ton)의 성형기에 상당하는데 뒤의 기술

표 9-3 샘플 계산 결과

구분	No.	항목	단위						
[1] 표 1에서의 데이터	1	사용 가능한 기계의 크기 : Q	kN (tf)	250 (27)	500 (55)	1,000 (109)	1,500 (163)	2,250 (245)	3,000 (327)
	2	성형기로 정해지는 최대 캐비티 수 : x	개	1	2	4	6	10	13
	3	필요한 전 수량 생산에 필요한 기계의 시간 : T	시간	25,000	12,500	6,250	4,160	2,500	1,920
	4	필요한 전 수량 생산을 위한 기계 비 : K_M	천원	218,750	131,250	75,690	56,780	41,130	38,300
	5	금형 비(베이스) : K_G	천원	28,000	16,800	9,690	7,260	5,260	4,900
	6	금형 비(입자) : K_W	천원	1,610	3,540	7,080	10,620	17,710	23,020
	7	필요한 금형 수	개	5	3	2	1	1	1
	8	1개 당의 전 생산비	천원/개	0.4	0.2	0.098	0.065	0.04	0.03
상기값에서 계산	9	기계 임률 : U (4 : 3)	천원/시	8.75	10.50	12.11	13.65	16.45	19.95
	10	기계변수의 이승 : Q^2	10^2 kN² (10^2 tf²)	625 (7.3)	2,500 (30)	10,000 (119)	22,500 (267)	50,700 (600)	90,000 (1,070)
	11	특성지수 : U / Q^2 (10^{-4})	천원/hkN² (천원/htf²)	1.40 (1.68)	0.42 (0.504)	0.121 (0.145)	0.061 (0.073)	0.0325 (0.039)	0.0222 (0.0266)
	12	1형의 몰드베이스 비 : K_{G1} (5 : 7)	천원/개	5,600	5,600	4,845	7,260	5,260	4,900
	13	입자에 대한 코스트 : K_{W1} [6 : (2×7)]	천원/개	1,610	1,711	1,771	1,771	1,771	1,771
	14	사이클 t = 2×3×3,600/3,000,000	초	30	30	30	30	30	30

데이터를 만족하는 한, 이 성형기를 사용하여야 한다. 다른 방법에 의하면 2,250 kN(247 ton)의 성형기가 가장 경제적임을 알 수 있다. 성형품 1개당 0.04 천원(표 9-3의 8란 참조)은 무시할 수 있을 정도로 작다. 이것은 이 경우 몰드 베이스의 견적이 이 크기의 성형기에 대해서는 너무 높았기 때문일 것이다.

필요한 생산수량(n)은 3,000,000개, cavity당의 성형품에 의존하는 형체부력 $q=180$ kN/개(18.4 ton/개), 사이클은 30 sec이고 금형 인서트에 대한 K_{W_1}은 1,610,00원일 때 계산한 결과는 표 9-3과 같이 결과치가 된다.

1) 사용 가능한 기계의 크기(Q)

그림 9-1에서 찾은 값 $Q_1=2,250$ kN(229 tf)이다.

$$Q=Q_1+Q_1\times 0.07=229+229\times 0.07=245\ \text{(tf)}$$

※ $1\,\text{kN}=\frac{1}{9.8}\,\text{tf}=0.102$ (tf)이다. 고로 2,250/9.8=229 (tf)

※ 기계효율을 93 % 감안하므로 기계의 용량은 7 %를 가산하여야 한다.

2) 성형기로 정해지는 최대 Cavity수(x)

$$x=\frac{Q\times 75\%}{q}=\frac{247\times 0.75}{18.4}\fallingdotseq 10\text{개}$$

※Cavity 수를 결정 할 때는 기계용량의 75 %를 감안한다.

3) 필요한 전 수량 생사에 필요한 기계의 시간(T)

$$T=\frac{n/t}{x}=\frac{3,000,000/120}{10}=2,500\ \text{(hr)}$$

※ $t=\frac{3,600\,\text{sec}}{30\,\text{sec}}=120\ \text{(cycle)}$: 시간당 생산할 수 있는 스트로크 수

4) 필요한 전 수량 생산을 위한 기계 비(K_M)

$$K_M=T\cdot U=2,500\times 16.45=41,125\fallingdotseq 41,130\ \text{(천원)}$$

5) 금형비(베이스비) (K_G)

$$K_G=K_M\times 12.8\%=41,125\times 0.128=5,264\fallingdotseq 5,260\ \text{(천원)}$$

※ 베이스 비용을 10 %～20 %를 감안하므로 여기서는 12.8 % 감안함.

6) 금형비(입자) (K_W)

$$K_W = K_{W1} \cdot x \cdot Z = 1,771 \times 10 \times 1 = 17,710 \text{ (천원)}$$

7) 필요한 금형 수(Z)

$Z = \dfrac{n}{Tx} = \dfrac{3,000,000}{2,500 \times 10} = 120\,(\text{cycle})$이므로 (3)항에서 구한 시간당 생산할 수 있는 T와 일치함, 고로 금형은 1개면 해결됨.

8) 1개 당의 전 생산비(W)

$$W = \frac{T}{K_M + K_G + K_W} = \frac{2,500}{41,125 + 5,264 + 17,710} = 0.04 \text{ (천원)}$$

9) 기계 임률(U) (4 : 3)

표 9-1을 참조할 것(2,250 kN일 때 기계임률은 16.45이다).

10) 기계변수의 이승(Q^2)

$$Q^2 = Q \times Q\ (10\% \sim 15\%)^2 = 2,250 \times 2,250 \times (0.1)^2 = 50,625 \fallingdotseq 50,700$$

11) 특정지수($\dfrac{U}{Q^2}(10^{-4})$)

$$\frac{U}{Q^2} = \frac{16.45}{50,700} = 3.245 \times 10^{-4}$$

12) 1형의 몰드 베이스 비(K_{G1}) (5 : 7)

$$K_{G1} = \frac{K_G}{Z} = \frac{5,260}{1} = 5,260 \text{ (천원)}$$

13) 입자에 대한 코스트(K_{W1}) [6 : (2×7)]

$$K_{W1} = \frac{K_W}{x} = \frac{1,7710}{10} = 1,771 \text{ (천원)}$$

14) 사이클(t)

$$t = \frac{3,600\,T \cdot x}{n} = \frac{3,600 \times 2,500 \times 10}{3,000,000} = 30\ (\text{sec})$$

cavity수를 많게 하는 편이 전량을 생산하는데 시간이 적어도 되므로 이와 같이 약간의 차가 날 때에는 일반적으로 cavity의 수를 많게 하는 것이 경제적이다.

현재는 고도의 기술을 요하는 소형 성형품을 여러 개 빼내기 금형으로 생산하는 경향이 있다. 이러한 사실에 입각해서 금형 설계 완료 이전에 성형품을 여러 개 빼내기 금형으로 생산할 수 있는가의 여부를 명확하게 판단하여야 한다. cavity수는 최종적으로는 다음과 같은 점에 착안하여 결정된다.

(1) 기술적으로 가능한가, 영업적으로 가능한가, 대가를 청구할 수 있는가.
(2) 요구되는 품질
(3) 납입 기일
(4) 경제적인 고려

결정을 하기 위해서는 우선 가장 경제적인 cavity수를 결정하여야 한다. 다음에 이것으로 결정한 가장 경제적인 cavity수를 상술한 가능성 및 요구와 결부시켜 평가하여야 한다.

가장 경제적인 cavity수를 결정하기 위한 방법을 개발하였다.

(1) 각 공장의 능력과 성형품에 관련된 인자를 고려하여야 한다.
(2) 시간에 관련이 있는 상황에 관계없을 것.
(3) 큰 계산을 요구하지 않는 것.
(4) 정보와 수치를 계산에 채택하여 경제 원칙에 따르는 것.
(5) 경제적이 아닌 금형을 설계했거나 생각한 금형 설계자나 금형 계획자 측의 염려를 제거하는 것.

그러나 가장 경제적인 cavity수를 정하는 데에 있어서는 계획한 성형품의 시장성에 관한 정확한 지식을 토대로 필요한 생산량의 기간 및 생산단가를 낮출 수 있는 방안을 생각하여야 한다.

이론상으로나 실제상으로 다음과 같은 것이 상식화되어 있다

(1) cavity수가 증가하면 기계비, 노무비가 감소한다.
(2) cavity수를 증가시키면 금형비가 증가한다.
(3) 생산을 위한 재료비는 예외는 있지만, 생산용 금형의 cavity수에는 영향을 받지 않는다.

cavity수는 경제적인 이유만으로 결정되지 않는다. 가장 경제적인 cavity수를 계산한

후에 다음 사항을 고려하여야 한다.

(1) 품질에 대한 요구 : 첫째로 형상과 치수공차가 여러 개 빼내기 금형에 의해 가능한가 에서는 틀림없이 cavity수를 증가시키면 성형품의 품질이 떨어진다.
(2) 계산한 가장 경제적인 cavity수를 가진 기능적인 금형을 만드는 일이 기술적으로 가능한가 : cavity는 성형품 보다 훨씬 치수가 정확한 것이 요구된다.
(3) 가장 경제적인 cavity수를 갖는 금형에 적합한 성형기가 생산에 사용되는가.
(4) 가장 경제적인 cavity수를 금형 사용 면에서 대칭적으로 배열할 수 있는가.
(5) 여러 개의 cavity를 갖는 금형 제작이 납기에 가능한가.
(6) 가장 경제적인 금형에 의해 생산할 수 있는 양으로 적절한 시기에 주문을 처리할 수 있는가.

가장 경제적인 cavity수를 갖는 금형 제작은 이들 6개 항목이 전부 긍정적인 답이 되였을 때 시행하는 것이 좋다. 만일 이들 질문 중에서 1개만이 긍정적일 때에 이에 관련된 요소를 cavity수를 결정할 때에 기초로 하여야 한다.

chapter 10

사출성형기 및 기기

10-1 사출성형기의 개요

사출성형기는 금형의 개폐방향, plunger 또는 screw의 운동방향 등 사용목적에 따라 여러 가지 형식이 있는데, 사출 기구의 배열 방법에 따라 수직식, 수평식이라 한다. 형 체결장치는 유압 cylinder로 금형을 직접 체결하는 것을 직압식이라 하고, 금형 체결장치를 toggle 기구로 확대된 힘으로 형을 체결하는 것을 toggle식 및 직압식과 toggle식을 조합시킨 toggle 직압식 등의 3종류로 분류하고 있다.

10-2 사출성형기 형식의 특징

10-2-1 작동방향에 의한 분류

[1] 수직식

형 체결장치는 금형의 개폐방향, 사출 장치는 plunger 또는 screw의 운동방향이 모두 수평으로 조합된 것으로 가장 많이 사용되는 방식이며 특징은 다음과 같다.

(1) 금형의 부착 및 조정이 쉽다.
(2) 가열 cylinder, nozzle 등 성형기의 각부의 점검이 쉽다.
(3) 성형품의 빼내기가 쉽고 자동화에 적합하다.
(4) 고속화가 쉽고 생산성이 높다.
(5) 성형기의 높이가 낮아 원료공급이나 보수가 편리하다.

[2] 수평식

형 체결장치와 사출 장치가 모두 수직으로 조합되어 있고 양자의 중심선이 일직선상에 있으며, 특징은 다음과 같다.

(1) 성형기의 설치면적이 적고, 2색 성형에 편리하다.
(2) 금형의 부착공간이 크기 때문에 비교적 큰 금형을 부착할 수 있다.
(3) 중력작용 방향으로 운동하므로 무거운 금형을 부착해도 안전성이 좋다.
(4) insert를 사용할 때 조립한 insert의 안정도가 좋아 움직이는 일이 적다.
(5) 가열cylinder의 온도의 균일하지 않거나 수지유동의 불균일이 적다.

10-2-2 수지의 가소화와 사출방식에 의한 분류

[1] In line screw식

1개의 screw를 수지의 가소화와 사출에 사용한다. 즉, 수지의 가소화를 screw에 의해서 하고 용융 수지를 가열cylinder 앞부분에 모은 다음 사출할 때에는 screw가 전진하면서 사출한다. hopper에서 자체 무게에 의해 낙하되어 가열cylinder내로 들어간 수지는 screw의 회전에 의해 혼합이 이루어지면서 screw의 home을 따라 cylinder의 앞부분으로 이송된다. 이때 수지는 가열cylinder의 heater와 screw의 혼련 작용에 의해 발생하는 마찰열로 인하여 비교적 균일한 가소화가 이루어진다. 그 특징은 다음과 같다.

(1) 가소화 능력이 크다.
(2) 수지의 혼합작용이 양호하고 사출 압력이 작아도 된다.
(3) 수지의 유동성이 불량한 경질 PVC, polysthyrene 등의 성형이 쉽다.
(4) 수지의 정체장소가 좁기 때문에 열분해하기 쉬운 수지에 적합하다.
(5) 수지의 색상 교환이 쉽다.

[2] Plunger식

torpedo가 내장된 가열cylinder와 사출 plunger로 구성되어 있으며, 성형기의 가격이 싸고 소형의 고속 사출성형이 가능하다. hopper 내에 저장된 성형수지는 자체 무게 때문에 계량 부에 낙하한다. 계량 부의 공급 plunger는 사출 plunger와 연동하여 일정량의 수지를 feeder에 의해 가열cylinder 내에 공급된다. 계량이 끝나고 사출 plunger가 다시 전진하면 수지는 가열cylinder의 외부에 설치된 가열bend에 의해 가열되면서 앞쪽으로 이송된다. 그 후 torpedo와 가열cylinder 내벽의 좁은 통로를 통과하면서 가소화된 용융 수지는 nozzle에서 cavity로 고압 사출된다.

plunger식 사출 성형기는 초창기에는 일반적으로 널리 이용되었으나 screw식에 비해 수지의 가소화와 균일성 측면에서 떨어지고 사출 압력 손실도 크기 때문에 최근에는 특수한 용도를 제외하고는 거의 사용하지 않는다. 그 특징은 다음과 같다.

(1) 성형기의 가격이 싸다.
(2) 소형으로 고속 사출성형이 가능하다.

10-2-3 형체방식에 의한 분류

[1] 직압식

직압식은 금형의 개폐를 유압 cylinder에 의해 작동하는 형식으로 특징은 다음과 같다.

(1) 금형의 설치 및 조정이 쉽다.
(2) 금형의 개폐속도 제어가 쉽다.
(3) 형 체결력의 크기에 따라 성형기의 중량이 커진다.
(4) stroke를 크게 할 수 있으며 조정이 쉽다.
(5) 유량에 의해 형을 체결하기 때문에, 사출한 후 금형의 열림에 대한 저항이 toggle보다 약하다.

[2] Toggle식

toggle식은 금형의 개폐를 toggle 기구에 의해 작동하는 형식으로 특징은 다음과 같다.

(1) 형 체결력 및 금형 열림의 시간을 단축하기가 비교적 쉽다.
(2) 형 체결력 압력의 실효값이 크기 때문에 flash의 발생이 적고, 금형의 개폐속도가 빠르다.
(3) toggle은 metal부분이 많기 때문에 마모에 의해 성형기의 정밀도의 문제가 있다.
(4) 기구적으로 제약을 받기 때문에 형 체결 stroke를 길게 할 수 없다.

10-3 사출성형기의 규격

사출성형기의 능력을 표시하는 항목에는 사출용량, 가소화 능력, 사출 압력, 사출률 및 nozzle 밀착력 등이다. 이들 항목은 서로 밀접한 관계가 있기 때문에 사출성형기의 성능을 비교할 때에는 어느 한 항목만을 보는 것보다는 복합적인 수치로 평가하는 것이 바람직하다.

10-3-1 사출용량

nozzle에서 1 shot에 사출되는 수지의 최대 중량을 나타내는 값으로 형 체결력과 함께 성형기의 능력을 표시하는데, 그 값을 사출 용적(cm^3)과 사출량(g, oz)이 있으며 사출 용적 V는 다음 식으로 된다.

$$V = \frac{\pi}{4} D^2 \cdot S \qquad (10\text{-}1)$$

여기서, D : plunger 또는 screw의 지름(cm), S : plunger 또는 screw의 stroke(cm)이다.

그러나 plunger식에서는 plunger의 stroke 전 길이가 사출에 유효한 것은 아니므로 이 식은 적용되지 않는다. 사출 중량에는 nozzle에서 사출되는 수지의 최대중량과 성형가능한 최대중량의 두 가지가 있는데, 후자가 실용적인 수치라고 생각되지만 수지의 종류, 금형, 성형조건, 측정방법 등의 기준이 없다.

사출 용량은 사용하는 수지에 따라서 차이가 있으므로 어떤 수지를 표시 기준으로 할 것인가를 정할 필요가 있다. 과거에는 celluloid acetate 수지를 기준으로 하였으나, 지금은 일반용 polysthyrene 수지로 한다.

이외도 기계의 가열, 사출 특성 등이 영향을 미치므로, 정확한 값은 측정으로 구해야 한다. 사출 용량의 단위로는 미터법의 g, 인치계의 oz가 사용된다.

한편 사출 용적 V(cm^3)과 사출 용량 W(g)는 다음의 관계가 성립한다.

$$W = V \cdot \rho \cdot \eta \qquad (10\text{-}2)$$

여기서, ρ(g/cm^3)는 충전할 때의 온도와 압력의 용융 수지밀도이다. 예를 들면 상온에서 밀도 1.055인 GP polysthyreme은 200℃, 140 kg/cm^{2}에서는 0.99이고, 같은 상태에서 0.93인 polyethylene의 밀도는 180℃, 5 kg/cm^{2}에서는 0.76으로 감소한다.

그러나 각 수지에 대한 어려 가지 온도와 압력에 있어서 정확한 밀도의 자료가 없으므로 그 때마다 측정해야 한다. η는 사출 효율로서 screw 또는 plunger의 stroke가 사출에 유효하게 작용하는 비율을 말하며, 가열cylinder와의 틈새에서 사출할 때 수지가 누수 되어 역류하면 효율은 떨어진다. 또 역류 방지 valve가 있는 screw에서 valve가

닫힐 때까지는 누수가 있기 때문에 100%라고 할 수는 없다.

10-3-2 가소화 능력

가소화 능력은 매시 가열cylinder 또는 screw cylinder에서 성형수지를 가소화할 수 있는 능력을 말하며, 일반적으로 성형cycle과 관계없이 능력을 최대한 발휘하였을 때의 수치로 표시한다. 가소화 능력은 screw식에서는 screw의 지름과 길이, plunger식에서는 plunger의 지름과 사출 ram의 stroke에 의해 결정되기 때문에 사출 용량과 성형cycle에 적합한 가소화 장치를 선정할 수 있다. stroke의 길이 L과 stroke의 지름 d의 비가 크고 stroke가 작으면 문제가 없으나, L/d의 비가 작거나 사출 용량이 클 때에는 stroke의 후퇴에 따른 가소화 능력이 떨어지면 수지의 용융온도 또는 혼련 상태에 차질이 발생 할 때가 있다.

사출 용량도 마찬가지로 이 값은 수지의 종류에 따라 변화하므로 열가소성 수지에서는 GP polysthyrene, 열 경화성수지는 phenol수지일 때에를 나타내지만, 사용하는 수지, 성형품 형상, 금형 구조, 성형 조건 등에 따라 다르다.

10-3-3 회복률

가소화 능력을 적정 조건에서 최대 값으로 표시하지 않고 in line screw를 대상으로 하여 여러 가지 조건에서 구한 값을 graph로 표시한 것이다. 이것은 규정된 수지를 일정한 온도로 유지하면서 같은 시간, 같은 간격으로 가소화와 공사출을 반복하여 사출 용량이나 배압, screw 회전수 등으로 표현한 것이다.

이와 같은 graph가 있으면 여러 가지 조건에서 가소화 능력을 구할 수 있으며 실제로 견적, 생산계획, 작업개선 등을 할 때 도움이 된다.

10-3-4 사출능력

사출 plunger 또는 screw의 말단에서 수지에 작용하는 단위면적 당 받는 힘과 전체 힘의 최대 값을 말한다. 이것은 유압cylinder의 용량으로 정해지는데 cylinder의 지름을 D_0(cm), 유압을 P_0(kg/cm^2), plunger 또는 screw의 지름을 D(cm)라 하면 사출 압력 P_t(kg/cm^2)와 사출력 P_i(ton)는 다음 식으로 구한다.

$$P_t = \frac{\pi}{4} \cdot D_0^2 \cdot P_0 \qquad (10\text{-}3)$$

$$P_i = P_t \cdot 10^3 \Big/ \frac{\pi}{4} D^2 = P_0 \left(\frac{D_0}{D} \right)^2 \qquad (10\text{-}4)$$

일반적으로 사출 압력은 1,400 kg/cm^2 정도인데 압력으로 수지 pellet을 눌러도 cylinder 내의 손실이 많으므로 실제 용융 수지에 유효하게 작용하는 것은 30∼50% 정도로 감소한다.

In line screw식 성형기는 plunger식과 같이 가열cylinder 내의 압력손실이 거의 없으므로 사출 압력이 적어도 된다. 일반적으로 1,000 kg/cm^2 정도의 사출 압력으로 성형이 가능하며 성형기가 높은 압력을 낼 수 있으면 성형이 나쁜 수지도 성형이 되며 낮은 성형온도, 높은 사출속도, runnerless 성형 등에 의해 cycle을 신속하게 할 수가 있으므로 plunger식과 같은 정도의 사출 압력이 요구될 때도 있다.

10-3-5 사출률

nozzle에서 사출되는 수지속도를 나타내며 단위시간에 사출하는 최대 용적으로 표시하고 사출 plunger 또는 screw의 단면적에 속도를 곱하거나 사출 용적을 사출 시간으로 나누어 나타낸다. 즉, plunger 또는 screw의 지름을 D(cm), 사출 속도를 v(cm/sec), 사출 시간을 t(sec), 유압 cylinder의 지름을 D_0(cm), 작동유의 유량을 Q_0(cm^3/sec)라 하면 사출률 Q(cm^3/sec)는 다음 식으로 구한다.

$$Q = \frac{\pi}{4} D^2 \cdot v \text{ 또는 } Q = \frac{V}{t} \qquad (10\text{-}5)$$

또 식 (10-1)에서 사출 용적은

$$V = \frac{\pi}{4} D^2 \cdot S$$

그리고 사출 시간은 $t = \frac{S}{v}$ 이므로

$$v = Q_0 \Big/ \frac{\pi}{4} D_0^2$$

위 식에서 사출률 Q는 다음 식과 같다.

$$Q = Q_0 \cdot \left(\frac{D}{D_0} \right)^2 \qquad (10\text{-}6)$$

이것은 plunger 또는 screw 앞부분의 수지속도이고 nozzle에서 사출될 때의 속도는 아니다. plunger식 성형기에서는 수지 pellet에 가해진 압력이 반용융 또는 완전 용융 수지에 작용하여 사출되므로 이들의 상태가 서로 다른 수지일 때는 압축성의 영향으로 plunger 앞부분과 nozzle에서 수지의 속도는 상당히 다르다. 그러나 프리플러식은 용융이 끝난 수지를 밀어내므로 그 차이는 매우 작다.

또 사출성형에서는 금형 내의 충전을 가능한 짧은 시간에 끝내는 것이 좋으므로 사출율은 가능한 클수록 좋다. 특히, nylon, polysthyrene과 같은 고화하기 쉬운 수지나 얇고 깊은 성형품의 성형일 때에는 사출된 수지가 금형 내에서 급속히 냉각되어 유동성을 잃게 되므로 충전부족이 될 때가 있다.

이러한 때에 사출률이 크면 수지의 냉각이 진행되기 이전에 충전을 완료할 수 있으며 성형률이 균일하고 변형이 적은 성형품을 얻을 수가 있다. 그러나 경질 PVC와 같이 열 안정성이 적은 수지를 높은 사출률로 사출하면 수지의 유동저항에 의해 과열을 일으키고 흑줄 등의 불량현상을 일으킬 때도 있으므로 어느 정도 속도를 낮추어야 한다.

10-3-6 Plunger 및 Screw의 지름과 Stroke

plunger 또는 screw의 지름과 왕복운동의 최대길이는 여러 성능과 상관 관계가 있다. 즉, 지름이 클수록 사출 용량, 사출률이 크고, 사출 압력은 작으며, 또 일반적으로 가소화 능력도 증가하는 경향이 있다. stroke가 길면 사출 용량이 증가하지만 plunger식에서는 수지의 공급량만큼 감쇄되어 비례하여 증가하지 않는다.

10-3-7 Screw의 회전수 및 구동출력

이들은 가소화 특성에 큰 영향을 미치는 중요한 요소이며, 회전수(rpm)는 변속 가능한 범위로, 출력(kW, HP)은 최대출력으로 표시한다. 회전수는 변속 범위가 넓고 변속단계가 많은 편이 좋으나 변속방법이 쉬운 것도 필요하다. 또 이들의 회전수로 screw를 구동하는데는 충분한 구동출력이 요구되며 만일 구동 torque가 부족하면 그 회전수로는 가소화 능력은 떨어진다.

screw의 구동은 크게 전동기와 유압 motor의 2가지 방법이 사용되는데 전동기는 출력이 일정하고, 유압 motor는 torque가 일정하여 각각의 특성이 다르기 때문에 전동기는 kW 또는 HP로, 유압 motor는 kg · m의 단위로 표시한다. 여기서 출력과 torque 사이에는 다음 식이 성립된다.

$$출력(kW) = torque\,(kg \cdot m) \times 회전수\,(rpm) \times \frac{1}{974} \tag{10-7}$$

10-3-8 Heater의 용량

가열cylinder와 nozzle에 감기는 heater의 전 용량을 표시한다. cylinder 부분의 가열은 가동할 때, 필요한 온도까지 올리는 것과 성형 중에 수지를 용융, 보온하는 2가지 목적이 있으며 이들의 목적을 만족하도록 heater의 용량을 결정한다.

plunger식에서는 주로 cylinder로부터 전열에 의해 수지를 용융하므로 heater의 용량은 가소화 능력에 큰 영향을 미친다. screw식에서는 screw의 회전에 의한 기계적 전단이 가소화에 큰 역할을 하므로 대부분 heater는 2차적이며 가동할 때 온도를 올리기 위한 용량이면 충분하다. 일반적으로 성형 온도는 소형 성형기는 30분, 대형 성형기는 1시간 이내에 도달하는 것이 바람직하다. 또 heater의 용량 P(kW)는 다음 식으로 구한다.

$$P = \frac{G \cdot C(t_1 - t_2)}{860 \cdot \eta \cdot \tau} \tag{10-8}$$

여기서, G : runner block 중량(kg), C : runner block의 비열(kcal/kg℃), t_1 : runner block의 온도(℃), t_2 : 대기온도(℃), η : 효율(0.5～0.7), τ : 희망 승온 시간(hr)이다. 표 10-1은 고탄소강 재질로 비열 0.115 kcal/kg℃, 대기온도 0℃, 효율 50%일

표 10-1 Heater 용량 계산표

(단위 : kW)

금형 runner block 중량 kg \ 온도℃	80	100	120	140	160	180	200	220	240
30	0.64	0.80	0.96	1.12	1.28	1.44	1.60	1.75	1.92
50	1.06	1.33	1.60	1.87	2.13	2.40	2.67	2.94	3.20
100	2.13	2.67	3.20	3.74	4.27	4.81	5.34	5.88	6.41
150	3.20	4.01	4.81	5.61	6.41	7.22	8.02	8.82	9.62
200	4.27	5.34	6.41	7.48	8.55	9.62	10.69	11.76	12.83
300	6.41	8.02	9.62	11.23	12.83	14.44	16.04	17.65	19.25
400	8.55	10.69	12.83	14.97	17.11	19.25	21.39	23.53	25.67
500	10.69	13.37	16.04	18.72	21.39	24.06	26.74	29.41	32.09
600	12.83	16.04	19.25	22.46	25.67	28.88	32.09	35.30	38.51
700	14.97	18.72	22.46	26.20	29.95	33.69	37.44	41.18	44.93
800	17.11	21.39	25.67	29.95	34.23	38.51	42.79	47.06	51.34
900	19.25	24.06	28.88	33.69	38.51	43.32	48.13	52.95	57.76
1,000	21.39	26.74	32.09	37.44	42.79	48.13	53.48	58.83	64.18

때 계산한 표이다.

10-3-9 Hopper의 용량

plastic 수지가 hopper에 저장될 때의 최대저장량을 나타내며, 용적(ℓ)과 중량(kg)의 2가지 단위가 사용된다. hopper용량은 성형기의 가소화 능력을 고려하여야 하며, hopper 용량이 너무 작으면 수지의 공급회수가 많아지고, 너무 크면 수지가 수분을 흡수하거나 저장량의 변동으로 공급상태에 변화가 일어날 염려가 있다. 부피비중은 수지의 입도에 따라 다르지만 보통 수지는 0.5～0.6으로 한다.

$$\text{중량 (kg)} = \text{용적 (ℓ)} \times \text{부피비중} \qquad (10\text{-}9)$$

10-3-10 형 체결력 및 성형면적

형을 체결하는 힘의 최대 값과 성형 가능한 최대의 투영면적을 말하며, 사출되어 금형이 충전되면 cavity 내의 수지압력은 금형을 열려고 작용하는데 형 체결력이 그보다 크면 금형이 열리지 않는다. 그림 10-1에서 금형 cavity 내의 단위면적 당 평균 압력을 P_{mean} (kg/cm^2)로 하고, cavity의 투영면적을 A (cm^2), 형 체결력을 F (ton)라 할 때 다음 식이 성립하면 금형은 열리지 않는다.

$$F \geq P_{mean} \cdot A \cdot 10^{-3} \qquad (10\text{-}10)$$

따라서 형 체결력이 크면 클수록 투영면적이 큰 성형품의 성형이 가능하다. 또 최대 투영면적 A_{max}는 식 (10-10)에서 F가 정해져 있으므로 금형 내의 P_{mean}만 알면 구할 수 있다. 여기에서 수지에 가해진 사출 압력이 금형을 충전할 때까지 가열cylinder, nozzle, sprue, runner, gate 등에서 어느 정도 감쇄되는 지와 cavity 내의 압력분포가 어떻게 되는지를 알면 P_{mean}의 값을 구할 수 있으나 실제로는 압력손실의 정도와 cavity 내의 압력분포는 수지의 종류, cylinder의 구조 및 치수, cavity의 형상, 성형조건 등에 따라 변화하므로 그 계산과 측정은 쉽지 않다.

일반적인 기준으로 plunger식 성형기에서 polysthyrene을 사용하여 비교적 간단한 형상을 성형할 때에는 사출 압력이 plunger, cavity간의 압력손실에 의하여 30～50% 정도 낮아지기 때문에 P_{mean}은 350～475 kg/cm^2 정도로 한다.

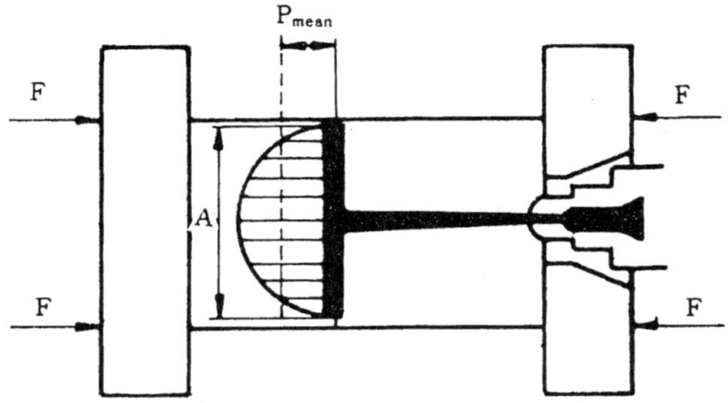

그림 10-1 형 체결력과 성형면적

In line screw식일 때에는 가열cylinder 내의 압력손실이 적고, 수지의 용융 온도도 균일하므로 유동성이 좋고 낮은 사출 압력으로 성형이 가능하다. 따라서 P_{mean}은 250~300 kg/cm² 정도로 낮아도 된다.

10-3-11 형 개방력

성형이 끝나고 성형품을 ejector할 때 금형을 개방하기 위하여 가할 수 있는 최대의 힘을 말한다. 실제로 금형을 여는데 필요한 힘은 수지의 성질, 금형 표면의 다듬질 정도, 성형품의 고화상태, 성형품의 형상 등에 따라 변화하는데 성형기의 개방력이 이보다 커야 금형을 열 수가 있다.

형을 개방하는 순간 cavity 내에 생기는 틈새는 일시적으로 부압(-)이 걸려 금형 열림을 방해한다. 또 성형품은 금형의 표면에 밀착되어 있으므로 이것을 분리시키는 힘도 필요하다. 직압식 형 체결장치에서 개방력은 형 체결력과 마찬가지로 유압의 크기에 ram의 유효면적을 곱한 값으로서 stoke에 관계없이 일정하며, 형 체결력의 1/10~1/15 정도가 보통이다. toggle식에서의 개방력은 형 체결력과 마찬가지로 stroke에 따라 변화하며, 금형이 열리기 시작할 때는 금형 열림이 진행됨에 따라 속도는 증가하는 반면 개방력은 감소한다.

10-3-12 Die plate 치수 및 Tie bar의 치수

그림 10-2와 같이 die plate의 바깥치수와 tie bar의 안쪽치수를 각각 수평 및 수직의 치수로 나타낸다. die plate의 치수(mm×mm)는 $H_1 \times V_1$, tie bar의 치수(mm×mm)는 $H_2 \times V_2$로 나타내며, 이것은 금형을 부착할 수 있는 크기를 나타낸다. 금형의 설치공간

은 금형 치수, 형 체결력, 투영면적 등과 관련하여 모두 성형품 넓이의 한계를 규제한다.

실제로 형 체결력이 충분하더라도 금형을 부착할 수 없거나 그 반대일 때도 있다. 성형기는 큰 치수가 좋지만 가격이 비싸지는 문제가 있다. 또 매우 작은 금형일 때는 plate나 tie bar의 강도의 제한을 받는다.

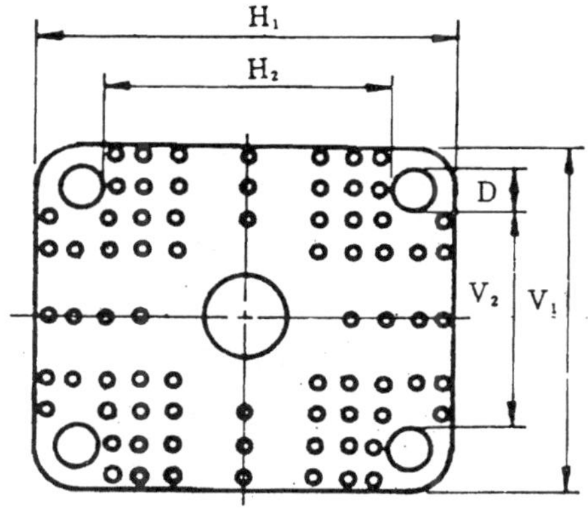

그림 10-2 금형 부착 Space

10-3-13 형 체결 Stroke

금형을 개폐하기 위한 최대 이동거리이며, 성형품의 최대깊이를 결정한다. 따라서 형 체결 stroke가 클수록 깊이가 깊은 성형품을 성형할 수 있다. 일반적으로 성형품의 최대 깊이는 stroke 길이의 1/2 이하로 하는데, 이것은 stroke가 성형품 깊이의 2배 이상이면 성형품을 쉽게 ejector할 수 있기 때문이다.

이 관계는 sprue, runner의 형상 및 치수, 금형의 구조, 제품의 ejector 방법에 따라 다르며 slide core 등을 사용한 특수 금형에서는 성형기의 stroke와 같은 정도의 깊이까지 성형할 수 있다.

10-3-14 초대 Die plate 틈새 및 금형 두께

성형기에 부착 가능한 금형의 두께를 직접 또는 간접적으로 표시하는 수치이며, 금형 체결방법에 따라 표현이 다르다.

[1] 최대 Die plate 틈새와 최소 금형 두께

직압식일 때에 사용되며, 최소 금형 두께는 최소 die plate 틈새(mm)이고, 부착 가능한 가장 얇은 금형을 말한다. 그림 10-3에서 최대, 최소 die plate 틈새는 금형 체결 ram의 전진과 후퇴의 이동과 고정의 양 틈새로서 두 치수의 차는 금형 체결 stroke와 같다. 이 차를 확대하여 광범위하게 사용하기 위해서는 금형 체결 ram과 이동 die plate 사이에 spacer를 끼우는 것이 일반적이다. 이 때의 최대 die plate 틈새는 spacer를 빼냈을 때, 최소 die plate 틈새는 부착하였을 때의 치수를 각각 나타내며 두 치수의 차는 금형 체결 stroke에서 spacer의 두께를 감안한 것이 된다.

금형 두께와 stroke의 관계는 그림 10-4와 같이 graph로도 표시되며 그림에서 spacer를 붙이지 않을 때에는 ac, spacer를 붙일 때에는 de와 같이 된다.

최소 금형 두께보다 두꺼운 T_1을 부착하면 금형 체결 ram은 금형의 증가만큼 앞에서 정지하고, 금형 체결 stroke S_1은 1/2만큼 감소한다. 이들을 식으로 표시하기 위해 그림 10-3에서 금형 체결 stroke를 S_0, 최대 및 최소 die plate 틈새를 각각 L_2, L_1, spacer 두께를 $\varDelta L$로 하고, 두께 T인 금형을 사용하였을 때의 stroke를 S라고 하면 다음 식이 성립한다.

$$S_0 = L_2 - L_1 - \varDelta L$$

$$S = S_0 - (T - L_1) = L_2 - L_1 - \varDelta L - (T - L_1) = L_2 - T - \varDelta L \quad (10\text{-}11)$$

또 그림 10-4에서 금형 두께가 최소 die plate 틈새와 spacer 두께의 합보다 클($T > L_1 + \varDelta L$) 때에는 spacer를 떼어내면 그만큼 stroke가 길게 되어 S'로 된다.

$$S' = L_2 - T = S + \varDelta L \quad (10\text{-}12)$$

이와 같이 직압식일 때에는 최대, 최소 die plate 틈새 사이로 들어가면 어떠한 두께의 금형이라도 금형 체결이 되는데 금형 두께가 두꺼우면 금형 체결 stroke가 감소한다.

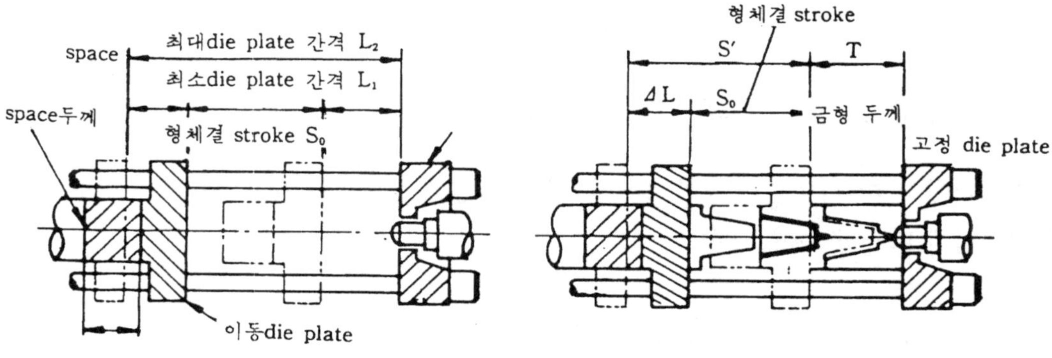

그림 10-3 Die plate 간격과 형체결 Stroke

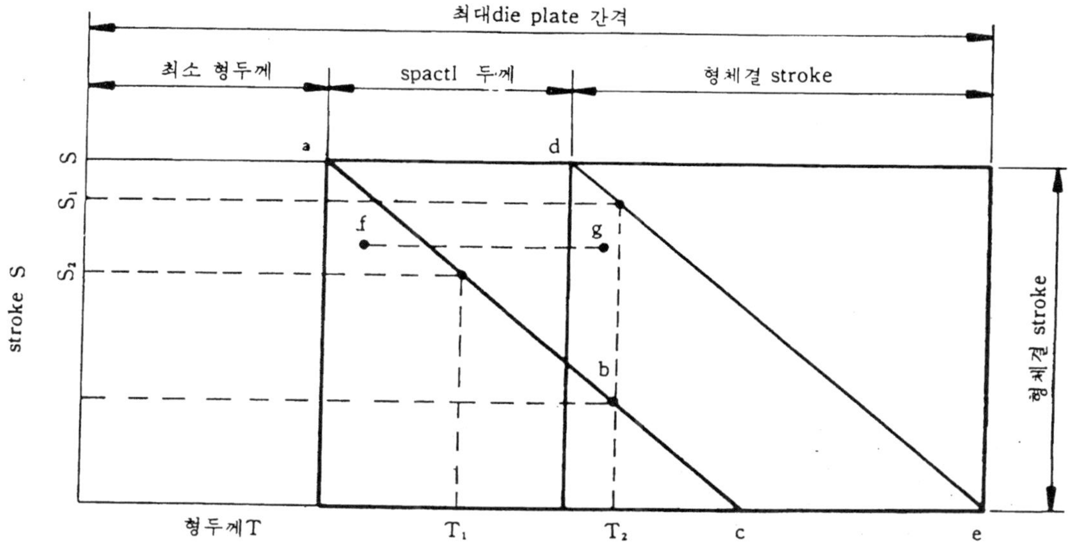

그림 10-4 금형 두께와 형체결 Stroke

일반적으로 금형 두께가 두꺼울 때는 성형품도 깊어지므로 이것을 빼내는데는 큰 금형 개방 stroke가 필요하며 금형 두께와 stroke는 반드시 임의의 위치에서 조화되어야 하는 한계가 있다.

[2] 최대 · 최소 금형 두께

toggle식의 금형 체결력은 toggle link가 뻗는 위치, 즉, 금형 체결 stroke에서 전진할 때만 발생하므로 직압식과 같이 stroke의 임의의 점에서 체결하여도 된다는 것은 아니고 금형 두께가 바뀌면 금형 체결이 전진할 때 금형이 닫히도록 금형 두께 장치로 조정한다.

또 금형 체결이 완료될 때, die plate 틈새가 최소로 되도록 조정할 때 최소 금형 두께, 최대가 되도록 조정할 때 최대 금형 두께의 수치가 된다. 즉, 그림 10-4의 fg로서 금형 두께 조정장치의 범위가 사용 금형 두께의 허용 범위가 되고, 이 범위 안에 들어가는 금형의 두께이면 어느 것이나 부착이 가능하다.

10-3-15 Nozzle 밀착력

사출되는 수지가 누수되지 않도록 nozzle을 금형의 sprue bushing에 밀착시키는 힘의 최대 값(ton)을 말한다. nozzle의 선단과 sprue bushing의 접촉이 불량하면 그 사이로 누수된 수지는 nozzle을 후퇴시키는 작용을 하는데, 금형의 cavity에 충전된 수지가 sprue bushing 단면에 미치는 힘도 같은 작용을 한다. 따라서 nozzle 밀착력은 이들에게 견딜 만큼 충분한 크기가 요구된다. 특히 well type nozzle을 사용할 때는 수지압력이 작용하는 면적보다 커지므로 보통 sprue bushing일 때 보다 큰 nozzle 밀착력이 필요하다.

10-3-16 돌출력과 돌출 Stroke

성형품 밀어내기에 이용되는 힘(ton)과 밀어낼 수 있는 길이의 최대 값(mm)을 말한다. stroke는 형체결 stroke에 따라 정해진다. 힘은 직압식일 때 금형 개방력과 같고, stroke 도중의 속도도 일정하지만 toggle식은 힘의 속도와 동작 위치에 따라서 변화한다.

10-3-17 금형 개폐 속도

금형 개폐 속도는 금형 체결 ram의 전진, 후퇴 속도의 최대 값(m/min)을 말하며 직압식 또는 유사한 금형 체결일 때에 사용한다. 금형 개폐 공정의 처음과 끝은 금형이나 성형품의 보호를 위해 저속으로 하고 중간은 가급적 신속하게 운동하도록 조절한다. 일반적으로 중소형은 50 m/min, 대형은 30 m/min 이상을 고속 성형기라 한다. toggle식에서는 금형의 개폐 stroke 중에 항상 속도가 변화하므로 이러한 표시는 어렵다.

10-3-18 Dry cycle time

1 cycle의 운전 · 동작 시간의 최소 값(sec)을 말한다. 일반적으로 사출성형의 생산성은 (1) 수지의 용융, (2) 성형품의 냉각, 고화, (3) 성형기의 동작 등 3요소의 속도에 의하여 결정되는데, (1)은 성형기의 가소화 능력, (2)는 수지의 종류, 성형조건, 성형품의 형상, 금형의 구조 등에 의해 정해지고, (3)은 금형의 개폐, 사출 plunger의 전진, 후퇴 또는 screw의 전진 등 성형기 동작에 관한 것으로 이 속도 성능을 나타내는 것이 일반적이다.

[1] 이론 Dry cycle time

계산으로 구한 1 cycle의 공운전 시간이며 유압구동일 때에는 pump의 최대 이론 토출량, 동작 cylinder의 단면적과 stroke에 의해 구하는데 stroke는 물론 총 stroke, 토출량도 작동할 때의 압력이어야 한다. 또 in line screw식일 때에는 성형조건에 의존하는 가소화 시간을 단축시키기 위해 금형 체결, 사출, 금형 개방 시간을 합계하는 것이 일반적이므로 엄밀히 말하면 완전한 cycle이라고는 할 수 없다.

[2] 실제 Dry cycle time

성형기를 실제로 무부하 상태에서 최고속도로 공운전할 때의 1 cycle에 요구되는 시간이며, 이론 값과 다른 것은 각각의 동작을 연결할 때 발생하는 relay이나 valve의 절환시간의 지연, 공정 말단에서의 충격을 완화시키기 위한 최소한의 감속 등 실제 운전에서 부득이한 추가 시간이 포함되어 있다.

10-4 사출성형기의 종류 및 특성

현재 사용되고 있는 형식은 plunger식, plunger preplasticzing, in line screw식, 전단가소화식, 고압 가소화식 등으로 분류되며, 성형기는 전용기로 사용하기보다는 대부분 범용기로 사용하기 때문에 조작 및 성형조건이 쉬운 성형기가 요구된다.

10-4-1 Plunger식

그림 10-5의 (a)는 plunger식 성형기의 구조를 나타내고, (b)는 기본 형식을 나타낸다. 이 장치는 성형에 필요한 수지를 계량하여 가열cylinder 내에 공급하는 feeder, 수지를 가열 용융하는 가열cylinder, 이 수지를 압축하고 사출하는 plunger 등으로 되어 있다. 수지의 가소화와 사출은 같은 공정으로 이루어지는 데 feeder로 계량된 수지는 hopper F로 들어가고 사출 plunger H부에 용융되어 가열cylinder nozzle부로 이동한다.

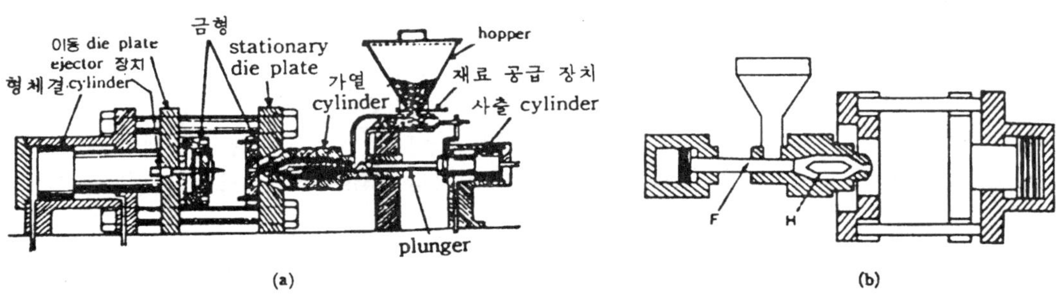

그림 10-5 Plunger식 성형기의 구조

nozzle에서 수지가 완전히 용융된 다음 cavity 내로 사출된다.

plunger식 사출 성형기는 초창기에는 일반적으로 널리 이용되었으나 screw식에 비해 수지의 가소화와 균일성 측면에서 떨어지며 사출 압력 손실도 크기 때문에 최근에는 특수한 용도를 제외하고는 거의 사용하지 않는다.

10-4-2 In line screw식

수지의 가소화를 screw에서 하고 용융 수지를 가열cylinder 앞부분에 모은 다음 사출할 때는 이 screw가 전진해서 사출 plunger의 역할을 하여 수지를 nozzle에서 사출한다. 수지의 가소화와 사출이 동일 축 위에서 이루어지기 때문에 이 형식을 in line screw식이라 한다.

그림 10-6은 이 형식의 구조와 장치를 나타내고, 특징은 구조가 간단하고 가소화와 사출을 한 개의 가열cylinder 내에서 하기 때문에 용융 수지가 정체되거나 누수 요소가 적으며 사출 cylinder에 의해서 screw의 배압의 조정이 가능하다. 따라서 충분한 혼합과 공기의 혼입을 방지하여 hopper측의 공기 제거 작용을 강화할 수 있다.

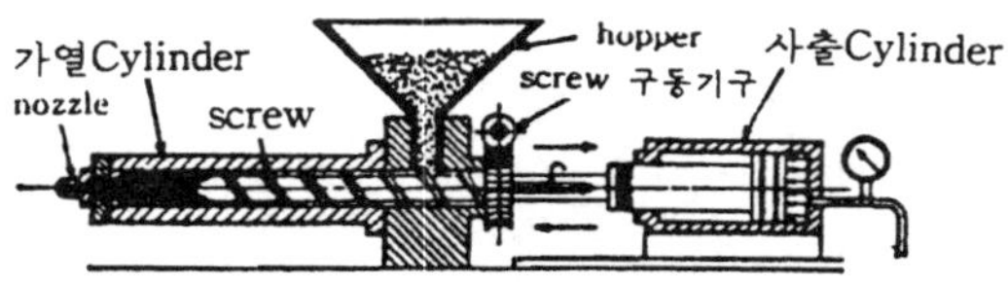

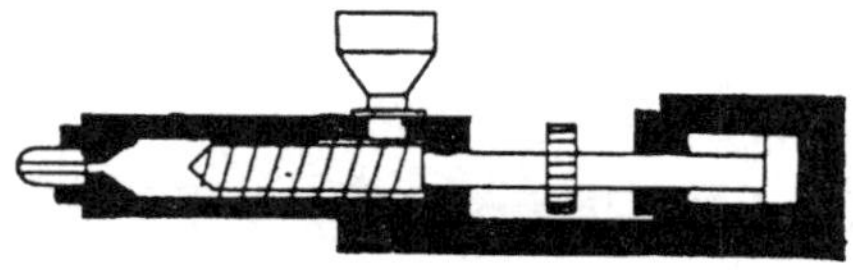

그림 10-6 In line screw식의 구조 및 장치

10-5 In line screw 사출성형기

10-5-1 사출성형기의 구조 및 작동

그림 10-7은 in lin screw식 사출성형기의 기본 동작 순서를 나타낸다. (a)는 사출 단계로 screw는 회전을 정지한 상태로 전진한다. (b)는 가소화 단계이며 cooling 중에 nozzle을 금형에 밀착시킴과 동시에 screw를 회전시켜 용융된 수지가 가열cylinder의 앞부분으로 공급되고, 그 수지압력으로 screw는 후퇴한다. screw의 후퇴 stroke에 의해 필요한 사출량을 계량하고 screw의 회전은 정지한다. (c)는 금형을 열고 성형품을 빼내는 단계로 일반적인 동작은 계량이 완료되어 screw는 정지하고, nozzle은 금형에서 이

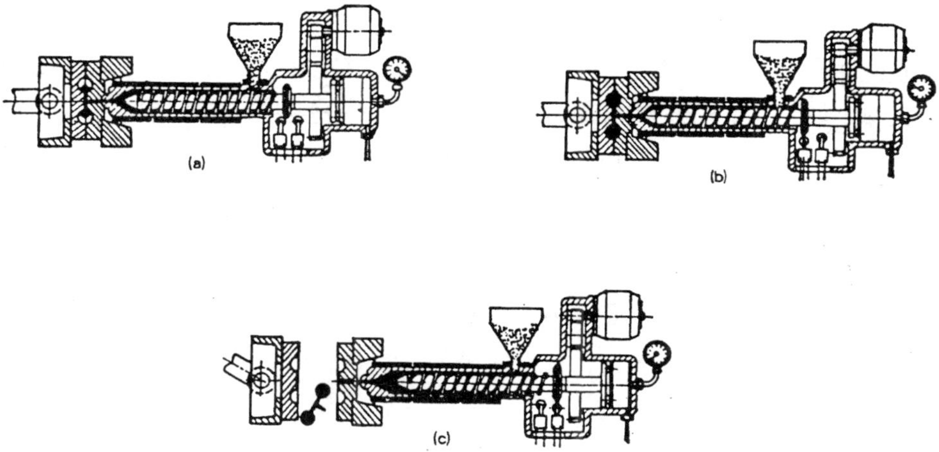

그림 10-7 In line screw 사출성형기의 동작

탈되어 있다.

이상 설명한 동작은 기본동작으로 금형의 구조, 성형품 형상, 수지의 종류 등에 따라 특수동작을 할 필요가 있다. 많이 사용되는 특수동작은 일반적인 표준 사양에 포함되어 있고 selector switch에 의해 선택할 수 있도록 되어 있다.

또 이와 같은 동작을 하기 위한 구동부에는 screw에 회전운동과 왕복운동을 할 수 있는 장치가 필요하다. screw 구동부의 구조, 사출 cylinder의 구조 등은 각 성형기 제작사에 따라 여러 가지 형식이 있는데 현재 가장 많이 사용되고 있는 형식은 direct drive식 사출 장치이다.

10-5-2 Screw식과 Plunger식의 비교

[1] 가소화 능력과 균일성

가소화 능력은 screw식이 크며 screw의 혼합 작용에 의해 가열cylinder의 열이 정확하게 전달된다. 동시에 수지는 혼합할 때의 전단에 의하여 내부발열로 신속하고 균일하게 가소화 된다.

plunger식에서는 수지의 유동이 층상으로 되어 혼합이 잘 되지 않기 때문에 유동중심부의 가소화가 늦고, 반대로 가열cylinder 벽면은 과열되는 경향이 있다. screw식에서는 항상 수지가 혼합되어 있으므로 균일하게 가소화 된다. 또 부분적인 과열의 염려가 적기 때문에 가소화가 어려운 수지의 성형이 쉽다.

[2] 사출압력과 수지의 정체

plunger식일 때에는 사출과 가소화가 동일 공정으로 이루어지므로 가열cylinder의 용융되지 않은 입상부분에서 큰 저항이 발생하여 사출 압력의 손실이 크다. screw 식에서는 충분히 가소화된 수지를 가압하므로 압력손실이 대단히 적고, 또 균일하기 때문에 금형 내에서 용융 수지의 유동저항도 작다.

한편, screw의 혼합 작용에 의하여 수지가 교반 되므로 plunger식과 같은 가열 cylinder 벽면이나 torpedo 표면에서의 정체현상이 없다. 따라서 열 안전성이 좋지 않은 수지의 성형도 쉽게 된다.

10-5-3 Screw preplasticizing과 In line screw식의 비교

[1] 구조와 강도

screw preplasticizing식은 가압cylinder와 사출 cylinder의 2개의 cylinder가 필요하지만 in line screw 식은 1개의 cylinder로 충분하다. 그러나 in line crew식은 screw의 자체로 사출 하기 때문에 screw, 가열 cylinder, screw의 thrust 등이 1,000 ~2,000kg/cm^2 정도의 높은 압력을 받을 수 있어야 한다.

한편, screw preplasticizing식은 screw의 주위의 부품이 100~400 kg/cm^2 정도의 토출 압력에 견딜 수 있으면 충분하다. 또 in line screw식은 screw가 회전하면서 후퇴하는 동력전달 형식이므로 screw를 구동 부와 함께 왕복운동을 시키는 형식, 회전 구동부와 spindle축을 통하여 sliding을 할 수 있는 형식을 선택한다. screw preplasticizing 구조가 다소 복잡하지만 회전 구동 부를 고정하여도 충분하다.

[2] 가소화

in line screw식은 screw가 회전하면서 후퇴되기 때문에 유효 길이는 수지의 가소화 진행에 따라 짧아진다. 또 가열cylinder 온도제어 구역에 대한 screw stroke가 작으면 문제는 없으나 L/d가 작거나 사출량이 많을 때에는 screw의 후퇴에 따라 screw의 가소화 능력이 떨어지며, 수지의 용융 온도 또는 혼합 상태에 차질이 발생할 때가 있다. 그러나 screw preplasticizing식은 screw의 전 길이가 유효하게 항상 동일 상태로 사용되기 때문에 균일한 가소화가 이루어진다.

[3] 사출용적과 가소화 능력

screw의 가소화 능력은 screw의 지름으로 결정된다. screw식의 사출 용적은 사출 plunger 지름과 사출 ram stroke에 의해 정해지고 screw와는 관계가 없다. 따라서 사출 용량과 성형cycle에 적합한 가소화 장치를 선택할 수 있다. in line screw식의 사출 용적은 screw 지름과 screw stroke에 의하여 결정된다. 설계할 때에는 screw stroke를 아주 크게 할 수 없으므로 대체적으로 사출 용적을 고려하여 screw의 지름을 결정한다. 같은 지름의 screw로 동일 출력의 구동일 때에는 screw preplasticizing식이 in line screw보다 사출 용량을 크게 할 수 있다.

[4] 수지의 혼합 작용

screw preplasticizing식은 배압을 자유롭게 조정할 수 없기 때문에 수지의 혼합 작용은 토출량과 함께 가열cylinder의 온도와 screw에 의해 결정된다.

in line screw식에서는 screw에 연결되어 있는 사출 cylinder 내의 유압을 제어하고 screw 배압을 변화시켜 성형품에 따른 혼합 작용을 할 수 있다. 일반적으로 배압을 올리면 가소화 능력은 떨어지지만 혼합 작용은 올라가하므로 균일한 온도 및 낮은 용융 상태가 된다.

[5] 수지의 정체와 누수

screw preplasticizing식은 screw에 의해 가소화된 수지가 가열cylinder에서 사출 cylinder로 흘러 들어가는 유로가 굴곡이 있으며 또 길이 때문에 수지의 정체현상이 일어난다. 또 사출 plunger의 앞부분은 수지가 유동되지 않고 정체되는 위치가 발생하기 쉽다. 그러나 in line screw식은 screw내에서 가소화된 수지가 그대로 screw 앞부분에 저장되므로 수지의 유로는 짧고 굴곡이 적다. 또 screw 앞부분에 남은 수지는 다음의 screw의 회전에서 전단을 받고 교반되므로 정체 현상이 적다.

또한 screw preplasticizing식은 screw 이후 수지의 유동이 직선적인데 비하여 in line screw식은 항상 회전운동을 동반한다. 구조적으로 in line screw식이 screw preplasticizing식보다 열 안전성이 낮은 수지의 성형에 좋으며 수지의 교환, 색 교환이 신속하게 된다.

한편 screw preplasticizing식은 사출 plunger가 용융 수지를 밀면서 사출되므로 plunger와 cylinder 사이의 틈새에서 뒤로 약간 수지가 누수 된다. 그러나 in line screw 식은 용융 수지가 hopper의 수지입자로 밀봉되어 있기 때문에 외부로 누수현상이 없다.

10-5-4 사출부의 능력

사출부의 능력을 나타내는 주요 항목은 사출량, 이론 사출용적, 가소화 능력, screw torque, 사출압력, 사출률 및 nozzle 밀착력 등이 있다. 이들 항목은 밀접한 관계가 있기 때문에 사출부의 능력을 비교할 때에는 어느 한 항목만을 기준하기 보다는 이론 사출용적×사출압력, 사출률×사출압력과 같이 복합적인 수치로 평가하여야 한다.

[1] 사출량

사출량은 이론 사출용적으로 결정되는데 사출용적은 screw의 지름과 screw stroke로 결정한다. 따라서 다음 식이 성립한다.

$$W = V \cdot \rho \cdot \eta \qquad (10\text{-}13)$$

여기서, W : 사출량(cm^3), V : 이론 사출용적(cm^3)이며 $V = \frac{\pi}{4} d^2 \times S$이다. ρ : 용융 수지의 비중, η : 사출 효율, d : screw의 지름, S : screw의 stroke(cm)

screw의 지름과 stroke의 관계는 다음과 같다.

(1) 정해진 배압하에서 screw가 회전하면 배압과 동일한 수지 압력으로 수지는 가소화되고 그 힘으로 screw는 서서히 후퇴한다. 따라서 그림 10-8과 같이 hopper 중심에서 screw의 앞부분까지의 screw의 유효길이는 서서히 떨어진다.

(2) 최대 사출 용적보다 매우 작은 사출량을 가소화할 때에는 screw stroke도 적고 screw의 유효길이의 변화에 대한 영향도 적다.

(3) 최대 사출 용적 부근에서 성형할 때에는 screw torque가 크고 screw가 후퇴할 때의 유효길이는 짧아지는데 그 영향은 이송구역이 작아짐에 따라서 가소화 능력이 떨어지고 screw 후퇴속도가 안정하지 않을 때도 있다. 그러나 혼합에 대한 영향은 비교적 적다.

(4) 그림 10-9는 screw 지름에 대한 사출 용적의 비 $V/d = 20$에서 GP poly ethylene의 screw stroke와 가소화 능력의 관계를 나타낸다.

(5) screw의 후퇴와 함께 가열 cylinder의 각 가열구역에 대한 screw의 이송 구역, 압축구역, 계량구역의 위치가 변화하게 되므로 가열구역의 배열이나 온도 조건을 결정할 때는 screw stroke에 의한 변화를 충분히 검토하여야 한다.

(6) 보통 최대 screw stroke는 screw L/d가 18 정도이며, 때에 따라서는 2~40 정도로 한다.

[2] 가소화 능력

사출성형기의 가소화 능력은 screw 회전이 압출기와 같이 연속적이 아니므로 그 비율, screw stroke 거리, 가소화할 때의 수지온도에 따라 상당한 변화를 일으킨다. 가소화 능력의 측정은 GP polysthyrene으로 nozzle부의 수지온도 216±6℃, screw stroke 50%, screw 배압의 열린 상태, 최고 screw 회전수로 하고 cycle 시간은 screw 회전 : 정지=1 : 1의 비율 등의 조건에서 실시한다. 일반적으로 가소화 능력은 다음 식으로 구하는데 이 때 배압 유동과 누수유동은 고려하지 않는다.

$$Q_m = \frac{60\,\delta N \rho}{1,000}\ (\text{kg/hr}) \tag{10-14}$$

여기서, $\delta = \pi p h (t-e) \cos^2 \alpha / 2$, $t = d/p$이며, N : screw 회전수(rpm), ρ : 용융수지의 비중, p : screw의 pitch(cm), d : screw의 지름, h : screw 앞 부분의 홈 깊이(cm), e : screw plate 폭(cm)이다.

가소화 능력은 일반적으로 screw 회전수를 높이면 어느 한계까지는 올라가지만 더욱 회전수를 높이면 올라가는 비율이 적어지고, 때로는 떨어질 때도 있다.

polypropylene, nylon-66 등 융해열이 큰 수지를 고속 회전하면 이송구역의 예열이 충분히 되지 않아 가소화 능력이 올라가지 않을 때가 있는데 이것은 가열cylinder hopper측의 온도를 올리면 어느 정도 보상된다.

사출성형기의 screw는 수지와 성형조건에 대한 폭 넓은 적응성이 요구되므로 screw 회전수의 합리적인 선택 가능 범위를 정하기는 어렵다.

높은 점도 수지일 때에는 높은 torque, 낮은 회전, 낮은 점도 수지일 때에는 낮은 torque, 높은 회전으로 한다. screw 최고 회전수는 screw 치수, 가열cylinder 온도제어 등으로 유연한 면과 가열cylinder, screw의 재질, 구동 부의 강도 및 경도면 등을 종합적으로 검토하여 정한다. 일반적으로 최고 screw 풍속은 30~40 m/min의 범위에서 정한다.

[3] Screw 구동 Motor의 출력

이 출력은 screw 회전에 필요한 torque와 screw 회전수에 따라 정해진다. screw 가소화 과정에서 이송구역은 주로 입상수지이고, 압축구역과 계량구역 사이에서는 용융 정도의 진행에 따라 반용융에서 점차 점도가 변화하여 용융 수지로 된다. 그러나 이것은 비 점성 유체이므로 대단히 복잡하다. 그리고 screw 회전수, 수지에 따라 특성이 크게 변화하므로 이들의 관계는 더욱 복잡하다. 사출 성형기는 광범위한 사용 조건에 적합한

screw를 설계할 필요가 있으므로, screw 회전수, motor 출력, 동력 전달기구의 강도 및 수명의 설계기준이 문제되지만 일반적으로 다음 식으로 구한다.

$$T = \lambda \cdot d^n \tag{10-15}$$

여기서, T : screw torque(kg · cm), d : screw 지름(cm), λ : 비례상수, n : 지수로서 수지에 따라 다르다. 대체적으로 $n = (3N+2)/(N+1)$로 표시되고, N은 현재의 성형 수지에서는 1~5의 범위에 있다고 생각된다. 또 $\lambda = 1 \sim 3$, $n = 2.5 \sim 3$ 사이로 한다.

screw의 회전수를 2배로 할 때에는 필요한 동력 역시 2배로 되는 것은 아니고 경험적으로 30~50% 정도의 동력 추가가 필요하게 된다.

[4] 사출 압력과 사출률

사출 성형에 필요한 사출 압력은 수지의 종류, 성형조건, 금형 구조, 성형품 형상에 따라 다르며 일반적으로 경질 PVC, polycarbonate 등 높은 점도 수지일 때에는 1,400 kg/cm^2 이상, polysthyrene, polyethylene 등 낮은 점도 수지일 때에는 1,000 kg/cm^2 이상으로 한다. 그리고 성형기의 능력을 적절하게 이용하기 위해서는 높은 압력 작은 용량과 낮은 압력 큰 용량의 screw, 가열cylinder의 set를 각 목적에 따라 구분하여 사용하는 것이 좋다.

사출률은 screw의 전진속도를 일정하게 하면 screw 지름이 클수록 올라간다. 이 때 동일 사출량에 대한 screw stroke는 짧아지므로 이들의 영향 역시 검토할 필요가 있다.

10-5-5 In line screw의 구조

[1] Screw의 설계

사출성형에서는 1개의 screw로 모든 수지를 성형하는 것이 가장 이상적이며, screw 설계 역시 특수한 수지에 대하여 우수한 설계를 하는 것보다는 폭 넓은 적응성을 갖도록 하는 것이 중요하다.

일반적으로 screw는 그림 10-8과 같이 수지의 이송구역, 압축구역, 계량구역으로 구분된다.

이송구역은 hopper에서 투입된 수지를 앞쪽으로 이동시키면서 예열하여 다음의 압축구역으로 이송된다. 이 구역에서는 전단작용과 외부 가열에 의하여 수지를 용융하고, 수지의 압력을 발생시켜 계량구역으로 이송된다. 이 구역에서는 용융 수지가 완전히 혼합되어 균일하도록 한다.

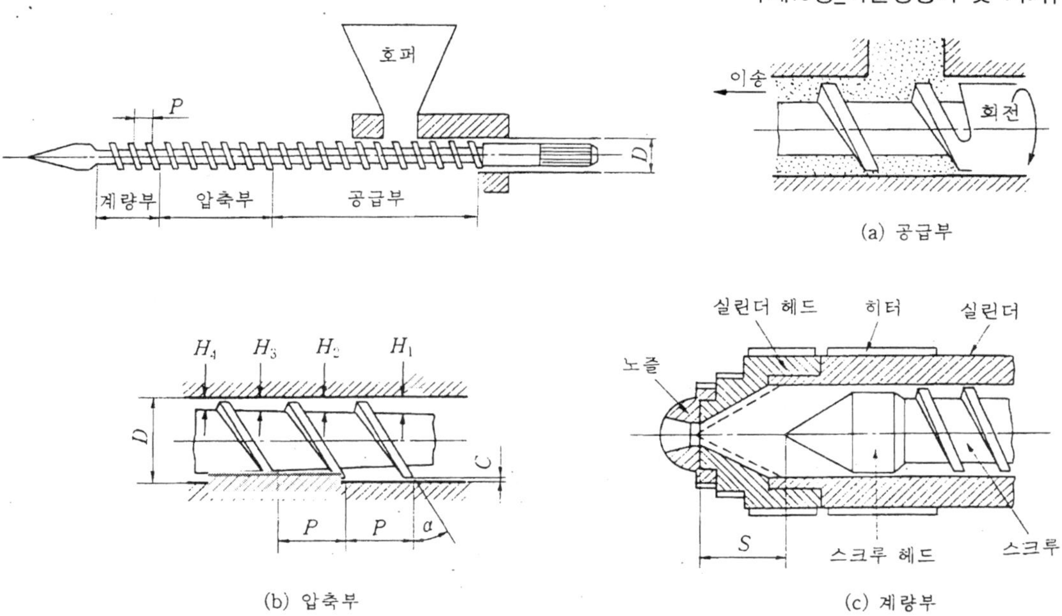

그림 10-8 Screw의 형상

screw의 설계에 따라 수지의 혼합상태, 가소화 능력이 크게 변화한다. screw의 재질은 회전할 때 비틀림 응력과 사출할 때 압축 응력에 충분히 견딜 수 있는 피로강도를 유지하여야 하고, 동시에 내마모성, 내식성이 우수한 재료를 선택해야 한다.

수지가 screw 표면에 부착하지 않도록 표면 정밀도가 양호해야 한다. 재질은 Cr-Mo강, 고 탄소강에 경질 Cr 도금이나 무 전해 Ni 도금한 것, 질화강에 질화 처리한 것을 사용한다.

[2] Screw head

in line screw식은 screw를 사출 plunger로 사용하기 때문에 사출할 때 screw의 나사 홈을 통해 용융 수지가 역류한다.

screw 뒷부분은 pellet 모양의 부품이 plug 모양으로 되어 막혀 있기 때문에 수지가 외부로 누수되는 일이 없으나, 이 역류에 의해 사출량은 떨어지고, 금형 cavity의 충전 압력이 감쇠 된다.

이런 현상은 경질 PVC와 같은 용융 정도가 높은 수지일수록 적으나 nylon과 같이 용융 정도가 낮은 수지 또는 사출 후 유지압력을 장시간 유지해야 하는 수지일 때에는 문제가 된다.

역류방지 valve가 있는 screw head를 사용하여야 한다, 일반적으로 screw head는 역류방지 screw head와 straight screw head로 구별된다.

1) 역류방지 Screw head

경질 PVC 등 열 안전성이 나쁜 수지를 제외하고는 이 형식의 screw head가 보통 사용되고 있으며, 그림 10-9와 같이 역류 ring식과 ball check식이 있다.

(a) 역류 방지 ring　　(b) ball chgeck

그림 10-9 Screw 역류방지 Valve

그림 10-10의 (a)는 가소화 할 때의 상태를 나타내는데 수지 압력에 의해 valve가 열리며 용융 수지는 앞쪽으로 유동되는 것이 허용된다.

(b)는 사출 및 보압 할 때의 상태를 나타내는데 사출 압력에 의해 valve가 닫히고 screw 앞쪽 부분의 용융 수지의 역류가 방지된다.

(a) 가소화 위치　　(b) 사출 위치

그림 10-10 원뿔형 Screw head

screw 회전에서 역류 ring일 때, 역류 ring과 screw head의 접촉면에 들어간 수지가 마찰열의 과열로 검은 흠집 또는 flash의 원인이 되는 경우가 있다. 이 때는 그림 10-11과 같이 돌기가 붙은 ring을 사용하고, 역류 ring과 함께 회전하는 동시 회전식 screw head의 구조로 한다.

그림 10-12는 dull point식으로 polycarbonate, acrylic 수지 등 특별히 투명도가 요구

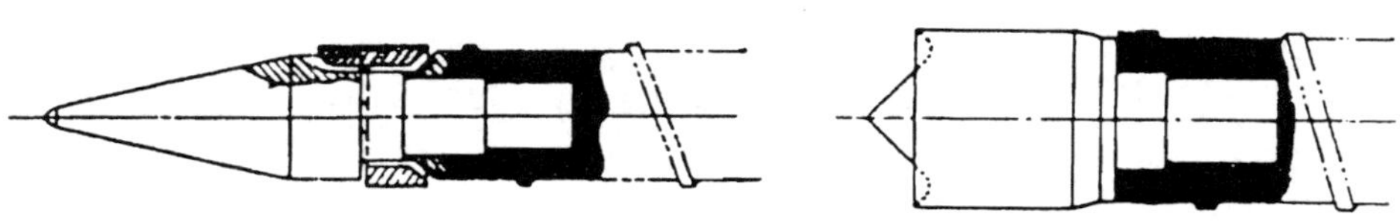

그림 10-11 돌기 붙은 역류 Ring　　그림 10-12 Dull point screw head

되는 성형에 사용되는 screw head이다. screw와 screw head는 나사에 의해 결합되어 있으므로 성형하는 수지의 종류에 따라 가장 적합한 screw head를 선정 교환할 수 있다.

2) Straight screw head

역류방지 screw head는 구조적으로 수지의 정체위치가 있고, 경질 PVC 등과 같이 열 안전성이 나쁜 수지의 성형, flash, 은색 줄을 극도로 피해야 하는 광학 lens의 성형 등에는 적합하지 않다. 이 때는 straight식 head가 사용된다.

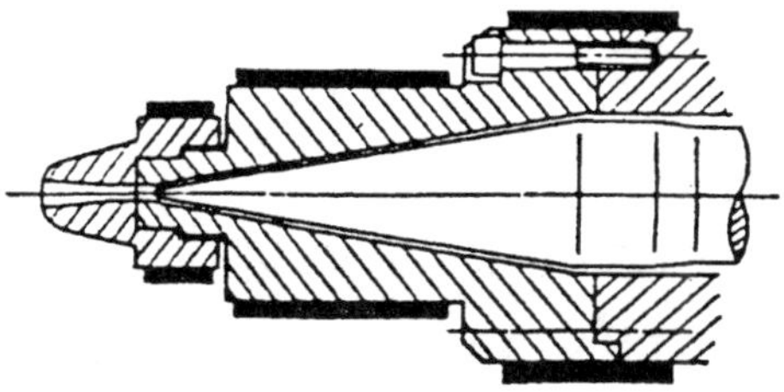

그림 10-13 원뿔형 Screw head

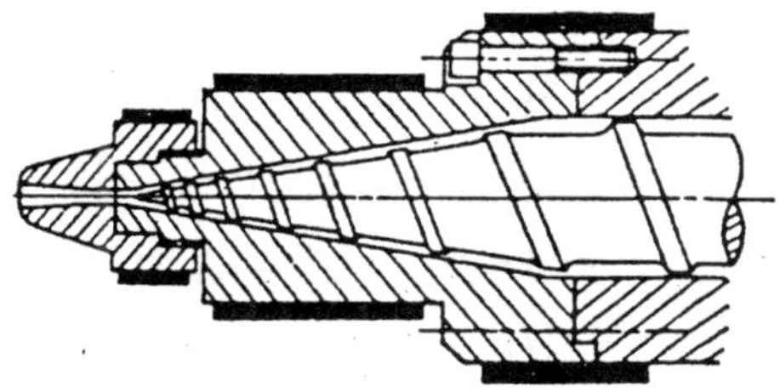

그림 10-14 나사형 Screw head

그림 10-13은 경질PVC와 같이 극도로 정체를 피해야하는 수지의 성형에 사용되며, 보통 PVC용 screw head라고 한다. 사출이 완료될 때 잔유 수지량이 최소가 되도록 cylinder head와의 틈새는 아주 작게 설계되어 있다.

[3] Screw의 구동 부

screw를 회전시키는 구동 장치에 필요한 조건은 다음과 같다.

(1) screw 회전에 필요한 출력은 충분히 가지고 있을 것

(2) screw 회전수를 쉽고, 폭 넓게 선택할 수 있을 것

(3) 동력전달기구의 각 부분은 충분한 강도를 갖고, 장시간 사용할 수 있도록 설계 제작되어 있을 것

screw를 회전시키는 동력원은 일반적으로 3상 유도 전동기나 유압 motor가 사용되고 있다. 최근에는 저속 높은 torque의 유압 motor가 개발되어 있어 유압 valve를 사용하면 쉽게 2단 또는 3단으로 torque를 교환할 수 있다.

[4] 가열 cylinder

가열cylinder의 재질은 내마모성, 내식성이 좋고, 내압 1,400~2,000 kg/cm^{2}에 견딜 수

있는 재료를 선택해야 한다. 현재 일반적으로 사용되고있는 재질은 질화강을 질화처리한 것이다.

도금결합의 ABS 수지나 잡연화 수지 등의 성형에서 부식이 발생하거나 유리 섬유가 혼입된 수지일 때에는 부식과 마모, 탄산칼슘, ceramic 등의 충전재의 수지에서는 마모가 문제가 되어 단시간에 사용 불가능하게 될 때가 많다.

[5] 사출 cylinder

가열cylinder 앞부분에 정체되어 있는 가소화된 수지를 금형 내에 충전하기 위해 screw를 전진시켜 필요한 힘을 가하는 cylinder이다. 또 이 힘에 의하여 가열cylinder 내에 발생하는 용융 수지압력을 사출 압력이라고 한다.

사출 cylinder는 수지를 계량할 때 수지의 혼합 효과를 높이는 방법이며 screw의 후퇴에 대한 저항 작용도 한다. 이 저항을 배압이라고 하며, 유압 relief valve로 설정된다.

배압은 수지에 들어간 공기가 gas를 hopper쪽으로 밀어내기 위해서도 필요하다. 일반적으로 배압을 증가시키면 수지의 혼합 작용은 올라가지만, 가소화 능력은 떨어지기 때문에 적정 압력으로 떨어트려야 한다.

배압의 적정 값은 수지, 가열cylinder 온도, screw의 회전수 등에 따라 보통 수지압력으로 0～300 kg/cm^{2}의 범위에서 조정하는 것이 바람직하다.

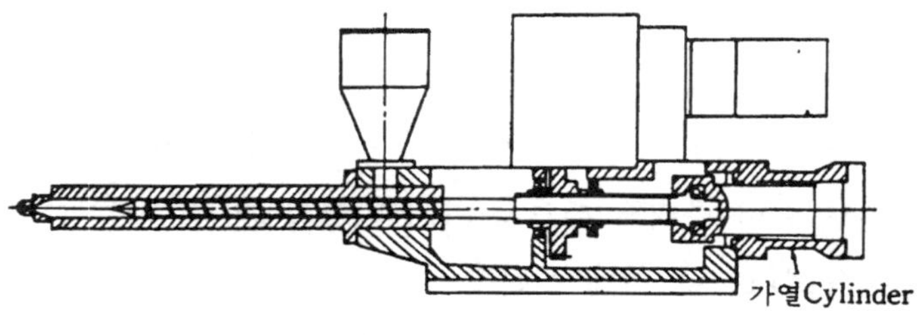

그림 10-15 1 Cylinder 형식

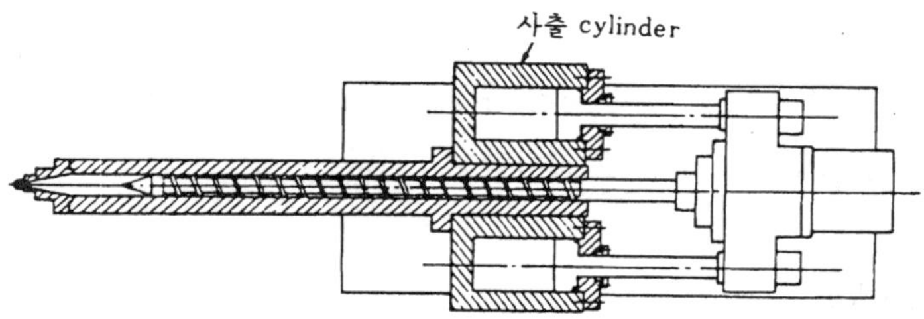

그림 10-16 2 Cylinder 형식

사출성형기의 구조는 그림 10-15와 같이 1 cylinder 형식과 그림 10-16과 같이 2 cylinder 형식이 있다.

[6] Hopper

hopper는 가열cylinder에 공급하는 수지를 저장해 두기 위한 것으로 수지 중에 포함되어 있는 휘발분이나 가열cylinder에서 발생하는 gas에 의한 부식 방지를 위하여 stainless강판, aluminium판, 도장 또는 도금한 강판으로 만든다.

hopper의 용량은 일반적으로 성형기의 가소화 능력과 균형을 생각하여 결정한다. 가소화 능력에 비하여 hopper 용량이 너무 크면 수지가 수분을 흡수하고, hopper의 용량이 너무 작으면 수지의 공급 회수가 많아진다.

hopper의 구조는 수지의 교환, 성형기의 운전과 정지 등을 위해 hopper 내의 수지를 빼내기 할 필요가 있으므로 수지 빼내기 장치를 만든다.

chapter 11

금형 재료 및 표면처리

11-1 금형 재료의 개요

금형 재료의 적당한 선택은 금형의 수명, 가공성, 정밀도, 가격 등에 큰 영향을 미치고, 또 요구되는 사용 조건 즉, 생산량, 수지의 종류, 금형의 구조와 부품의 기능, 성형품의 외관, 물성, 치수정밀도 및 그 회사의 가공설비의 기종과 정밀도를 충분히 검토한 후 결정하는 것이 바람직하다.

재료에는 각각 특징이 있으며, 금형의 기능과 요구되는 내용이 다르지만, 일반적으로 다음과 같은 조건을 만족시키는 것이 필요하다.

(1) 기계가공성이 좋을 것
(2) pin hole, 비금속 첨가물 등의 결함이 없고, 마무리작업 표면이 깨끗할 것
(3) 충분한 강도, 인성이 있고 내마모성이 좋을 것
(4) 연마성 및 내식성이 좋을 것
(5) 내열성 및 내 팽창성이 적을 것
(6) 표면 가공성이 좋을 것
(7) 열처리가 쉽고, 그 효과가 크며, 열처리할 때 변형이 적을 것

11-2 금형 재료의 조건

11-2-1 강도, 인성 및 내마모성

금형은 성형할 때, 압축 응력과 cavity내의 인장 응력이 항상 반복하여 작용하고 있

고, 최근에는 정밀도를 높이기 위하여 더욱 높은 압력으로 사출 성형하는 경향으로 진행되고 있다. 또 유리섬유나 금속분말 또는 무기질을 다량 충전한 성형수지가 많기 때문에 이들의 성능은 대단히 중요하다.

11-2-2 표면 가공성

도금, 줄무늬의 가공의 표면가공, 연질화 등의 표면경화 처리는 마모가 심할 때, 긁힘을 일으킬 때에 자주 실시된다. 줄무늬 가공은 화학 약품에 의한 부식의 일종으로 SM40C, SM50C와 같은 경질은 가공하기가 쉽지만 부식온도, 부식시간 등의 조건을 제어하기 어렵기 때문에 부품마다 줄무늬 상태를 유지하는 것은 곤란하며 줄무늬 얼룩 등의 발생을 일으키기 쉽다. 그 때문에 담금질성이 우수한 고 합금계의 금형 재료가 적합하다.

11-2-3 내식성

PVC, POM, FEP는 성형할 때 부식성 gas를 발생하고, 발포성 성형수지도 유기발포제를 사용하면 ammonia성 gas를 발생한다. 이밖에 최근에는 halogen, 인산 ester계의 첨가형 난연제나 염소, 브롬, 인 등의 잡연화 원소를 가진 화합물을 배합한 반응형 난연제를 사용할 때가 많기 때문에, 금형의 내식성 문제는 보다 중요하다.

11-2-4 연마성

광학 lens와 같이 대단히 고도의 표면 다듬질을 필요로 하는 것은 아니지만, 일반적으로 cavity 표면은 가능한 깨끗이 연마하는 것이 바람직하다. 좋은 표면을 얻기 위해서는 먼저 pin hole, 불순물 등이 없는 조건 외에 충분한 경도를 갖는 것이 필요하다. 또 가공이 쉽고 가공 후 완전 경화에 의하여 높은 온도를 올릴 수 있는 per hardening이나 광학 유리용으로 고도의 광택은 물론 내 방청성을 필요로 할 때에는 Cr Mo계 stainless 강등도 사용된다.

11-2-5 내열성 및 열팽창

PC, PETP, PPO 등 비교적 성형온도가 높은 수지가 많아지기 때문에 금형온도를 높여서 성형하여도 slide부의 긁힘 등이 발생하지 않도록 팽창이 적은 금형 재료가 바람직하다.

한편 금형을 제작한 후 수정하는 일이 없도록 하는 것이 바람직하지만 약간의 미진한 위치를 수정할 때가 가끔 있다. 따라서 이러한 부분적인 수정을 하기 위해서는 지정된 살붙이기용 용접봉이 이용되는데, 그 작업 전, 후 온도처리는 가능한 간결한 것이 좋다.

11-3 금형 재료의 특성

금형 재료의 대상으로는 생산용으로 철강재가 주류를 이루고 있으나 시험 제품, 소량 생산용 등도 포함시키면 비철금속재료 및 plastic재료도 그 대상이 된다. 그중 대표적인 금형 재료를 열거하면 다음과 같다.

11-3-1 기계구조용 탄소강(SM계)

오래 전부터 사용되고 있는 재료이며, plastic 금형 재료로서는 SM50C, SM55C가 많이 사용된다. 가격이 싸고 기계가공성이 좋아 현재도 많이 이용되고 있는 반면, 기계적 강도 및 경도 부족으로 최근에는 치수정밀도, 표면 광택, 내식성 등이 특별히 요구되지 않는 범용 plastic 금형 재료로 대량생산을 하지 않을 때에 가장 적합하다.

11-3-2 합금강

이 금형 재료는 담금질열처리 후 normalizing에 의하여 HRC50 이상의 경도가 얻어지며 내마모성이 풍부한 강으로 일반적으로는, 절삭공구, 냉간 또는 열간의 금형, dies 등의 공구에 사용되고 있다. 특히 내마모성을 필요로 하는 열경화성, 무기질 충전 plastic 성형용 금형에 많이 사용되고 있다.

[1] ST계

plastic 금형용 강으로서는 STC5~STC7이 많다. 가격이 싸고, 시장성이 있으며, 가공이 쉬운 반면 담금질성이 나쁘고, 대형일 때는 담금질 경도의 부족 및 균일하지 않을 때가 있다. 또 담금질은 물로 급속 냉각시킬 필요가 있으므로 복잡한 형상일 때에는 변형, 담금질 균열이 발생할 뿐만 아니라 STS, STD, SKH계와 비교하여 내마모성, 내열성 등이 떨어진다.

[2] STS계

이 금형 재료는 비교적 가공이 쉽고, STD계와 비교하여 담금질 온도가 그렇게 높지 않으며, 대부분 기름냉각으로 목적한 경도를 얻을 수 있다. 담금질 변형도 약 0.2% 이내이므로 금형 제작에 큰 문제는 없다.

STC의 성능을 개선하기 위하여 Cr, W, V 등을 첨가함으로써 담금질성, 내마모성 등의 특성을 향상시킬 수 있으며, 이 재질의 특성은 STC와 STD계의 중간으로 널리 사용되고 있다.

일반적으로 공기냉각 담금질이 가능한 강에서 주의할 것은 방전 가공할 때 가공의 조건을 조정하지 않으면 가공표면에 발생하는 다른 층 즉, 재 경화층에 미세한 균열이 발생하게 되는데 이 다른 층이 있는 상태로 금형을 제작하면 파손을 일으킬 때가 있다.

[3] STD계

이 강은 SKH계 다음으로 내마모성이 있고 공기냉각 담금질로 충분히 경화되며 내열성, 내산성, 내부식성이 있기 때문에 열 경화성수지, 충전강화 plastic 수지 등 대량생산용으로 사용되고 있다. 그러나 담금질 온도가 약간 높고, 피삭성, 피 연마성이 나쁘며 인성이 다소 부족한 성질이 있으므로 신중하게 검토한 다음 강의 종류를 선택할 필요가 있다.

[4] SKH계

고속도 공구강으로 절삭공구용으로 사용되고 있는데 강도, 내마모성이 STD보다 우수하다. 또 Mo계의 공구강은 W계보다 우수한 인성이 있기 때문에 최근에는 plastic 금형 전용의 고속도강이 생산되고 있다. 열 경화성수지, 충전강화 plastic용으로 적당하다.

11-3-3 Stainless강

stainless강에는 ferrite계, austenite계, martensite계가 있으며, 일반적인 강으로 견딜 수 없는 장시간의 부식이나 높은 온도 환경에서 그 특성을 발휘한다. 이 특성을 이용하여 plastic 금형에서 특히 불소수지, PVC, 유기계 발포제 및 반응성 잡연제나 유기계 잡연제를 배합시킨 성형수지, 성형할 때 부식성 gas를 수지의 성형용 금형 재료로 사용하면 효과적이다.

stainless강이 아무리 재질이 우수하다 하더라도 사용법이 잘못되어 있으면 수명이 매우 짧고, 경제적이 아닌 결과가 된다. stainless강을 금형 재료로 사용할 때의 유의할 점은 대략적으로 다음과 같다.

[1] stainless강과 이물질 접촉에 의한 pitting(침식)

stainless강은 전위 차에 의한 전위부식에 약한 성질이 있다. 따라서 stainless강은 원칙적으로 이물질과 접촉시켜 사용하여서는 안되며, 만일 이물질과 접촉하면 녹이 발생할 때가 많고 또 침식을 일으킬 때가 있다.

또한, Cu, Cu합금 및 Cu 화합물을 접촉시켜 사용하면 그 접촉부의 stainless강에 국부적인 부식이 일어나고, Cu, 또는 Cu 합금과 직접 접촉하지 않아도 동일 순환계에 Cu 또는 Cu 합금이 사용되고 있을 때에는 Cu의 부식 생성물이 stainless강에 접촉하는 기회가 있으므로 이것 또한 유의해야 한다.

특히, Ni을 포함한 stainless강을 S와 접촉하여 사용해서는 안 된다. 또 S를 포함한 물체와의 접촉도 바람직하지 않다. 즉, 천연고무, evonite 등과 접촉시키면서 침식 환경에 있게 되면 비교적 빨리 부식을 일으킨다.

[2] 서로 다른 stainless강의 접촉과 열

ferrite계와 austenite계의 stainless강을 bolt로 조립하여 고온으로 사용하거나 용접하여 사용할 때에는 열팽창계수의 차이 등에 의해서 접합부에 균열이 발생하거나 절단현상이 일어난다. 이와 같은 문제는 내열강일 때에 해당하므로 주의할 필요가 있다.

stainless강 중에서 SUS는 열에 약하다. 따라서 재 가열했을 때는 다시 한 번 고용화 열처리(1,100℃에서 급속 냉각)할 필요가 있다. 이때 급속 냉각이 규칙적이 아니면 산세척 등에서 부식을 일으키는 일이 있다.

한편 stainless강을 사용할 때는 특히 유의할 점은 물리적인 성질이 일반 강과는 현저하게 다르다는 것이다. 표 11-1은 stainless강의 물리적인 성질의 관계를 나타내며 표

표 11-1 Stainless강의 물리적인 성질

강 의 종 류	열 팽 창 계 수 ($\times 10^{-4}$/℃)	열 전 도 율 (cal/cm · sec · ℃)
0.3% C강	11.4	0.115
13% Cr stainless강	9.9	0.064
18% Cr stainless강	9.0	-
18-8 stainless강	17.3	0.038

표 11-2 Stainless강 종류에 따른 특성

현 상	Ferrite Stainless강	Austenite Stainless강	Martensite Stainless강
취 성	600~800℃로 가열했을 때(Fe-Cr 화합물석출)	500~970℃로 가열했을 때	
	800~850℃ 풀림으로 회복	950~1,050℃ 가열 후 급냉(고용화 열처리로 회복)	
475℃ 취성	400~540℃로 가열했을 때 700~900℃로 가열 후 급냉으로 회복		
입계 부식	800℃이상에서 급냉 했을 때	450~850℃로 가열하여 서냉했을 때(Cr 탄화물의 입계석출)	
	650~815℃로 가열 후 서냉으로 회복	850~930℃로 가열 후 급냉하면 회복	
응 력 부식균열		인장의 잔류 응력이 있을 때 염소 이온으로 균열 한다.	
		응력 제거 풀림 (1,010~1,120℃서냉)으로 회복	
공 식 (孔 蝕)	산화피막의 파괴, 염소 이온의 편압		
	재질향상(Cr, Ni, Mo, N 증가)		

11-2는 각 종류에 따른 결점을 나타낸다.

11-3-4 Maraging강

이 강은 18% Ni형을 표준으로 한 강화열처리를 말하며, 즉 martensite의 시효처리이다. Co, Mo 등의 합금원소를 다량 함유하고, 탄소량은 0.03% 이하로 제한한다.

용해는 일반적으로 진공상태에서 하며 용체화한 후 450~510℃에서 약 3시간 정도 시효 처리함으로써 강도를 증가시킨 석출경화 강이다.

따라서 공구재료로서 광범위하게 사용되며 plastic 금형 재료로는 높은 강도와 인성을 이용하여 정밀하고 복잡한 금형, 얇은 부품, 가늘고 긴 부품, pin 종류 등 결손, 균열의 염려가 있는 부품, 정밀 연마를 필요로 하는 투명 제품의 성형 금형에 사용하면 그 특성이 발휘된다.

11-3-5 석출경화 강

석출경화 강은 열처리에 따라 변형이 크면 곤란하며 정밀하고 복잡한 cavity에 적당하다. 이 강은 담금질 후 normalizing 상태로 절삭 가공하므로 일종의 조질 처리 강이라고도 할 수 있다. 가공 후 몇 시간 시효 처리하게 되면 경도 및 기계적 성질이 크게 증가하는 재료이다. 시효 처리할 때 치수변형은 0.01~0.03% 정도의 수축으로 끝난다.

11-4 Hastelloy 합금

hastelloy는 내 염산, Ni기의 합금으로 종류에는 표 11-3과 같이 A, B, C의 3가지가 있다. 부식성이 가장 우수한 금형 재료로 stainless강으로도 견딜 수 없을 때에 사용된다. 기계적 성질은 다른 금형 재료보다 낮다.

표 11-3 Hastelloy 합금의 특성

명 칭	종별	화 학 성 분 (%) Ni	Mo	W	Cr	Mn	Si	Al	Cu	Fe	비중	인장강도kg/㎟	신장 (%)	Brinell 경도	특징 및 용도
hastelloy	A	58.0	20	-	-	2.0	-	-	-	20.0	8.8	70~98	40~30	207	단련성이 풍부하므로 관 등에 사용된다.
hastelloy	B	58.0	17	5.0	14.0	-	-	-	-	60.0	-	35~42	-	201	화학장치, pump, tank 가압성이 나쁘다.
hastelloy	C	85.0	-	-	-	-	10.0	2.0	3.0	-	78	-	-	364	pump, valve 기타 주조물

11-5 Beryllium Cu 합금

Cu에 0.3% 이하의 beryllium(Be)을 혼합한 Cu 합금은 일반적으로 정밀주조 또는 압력주조에 의하여 정밀 cavity를 제조하는데 사용된다. 열전도율이 매우 좋고 열처리에 따라서 HRC40~50의 높은 경도가 얻어지고 치수정밀도가 높은 것이 특징이며, 기계가공으로 불가능한 것을 금형으로도 충실히 재현된다. 또 일반적으로 주조에 의한 금형 제작시간이 기계 가공에 의한 것보다 적다는 이점이 있다.

11-6 Zn 합금

금형에 사용되는 Zn 합금은 Zn에 Al, Cu, Mg 등을 적당량 첨가한 것으로 용융 온도가 낮고 용이하게 모래 사주형, 석고형, 강 입자 공정 등으로 주조되고 용융 온도가 낮으므로 gas의 흡수 및 발생이 적기 때문에 기포가 적은 깨끗한 면이 얻어진다. 따라서 제작 기간이 짧고 강 입자 수가 적은 시험형, 소량 또는 중량 생산용 등에 많이 사용되는데 150～200℃에서 온도 변화를 일으키므로 비교적 금형 온도가 낮은 곳에 사용하는 것이 바람직하다.

11-7 Al 합금

Al 합금은 철강 재료에 비하여 경도, 신장, 내열성, 도금성, 용접성 등이 떨어지기 때문에 금형 재료보다는 시험 제품형 및 소량생산용으로 많이 사용된다. 또 정밀주조법 및 기계가공이 쉬워 정밀주조에서는 석고형이 많이 사용된다.

11-8 초가소성 Al 합금

일반적으로 금속의 신장은 매우 적지만 이 초가소성 Al 합금은 적정 조건 즉, Zn-22% 합금으로 250℃에서 drawing하면 원래치수의 몇 배로도 신장하는 특성이 있으며, plastic과 같은 소성과 금속의 특성이 있기 때문에, supper plastic metal이라고 한다.

11-9 용사(溶射)

용사란 금속 또는 금속 화합물의 미세한 분말을 가열하여 반용융 상태로 만들어 분사하여 밀착, 피복 시키는 방법이다. 재료의 형상에는 wire 또는 막대 모양으로 된 것과 분말식이 있으며, 각각 적합한 용사용 총(gun)을 사용하며, 가열 방법으로는 종래의 gas 불꽃 또는 arc를 사용하는 방법과 최근에 발달한 plasma 등이 있다.

금속을 용사 하는 방법은 (1) plasma jet라는 용융점이 높은 금속을 대상으로 하는 방법, (2) Zn 합금을 대상으로 하는 화염용사, (3) 용융점이 낮은 금속을 불어내는 방법이 있으며 이들 중 가장 많이 사용되고 있는 것은 (3)의 방법이다.

11-9-1 Grit Blasting

용사를 하기 위한 일반적인 금속 모재 면은 기름이 묻어 있으므로 benzene, 석유 등의 용제로 세척한다. 표면 산화물의 제거는 주출grit ,규사, alumina(Al_2O_3)grit 등으로 blasting 처리하여 제거하며, 이것은 모재 면의 청결과 표면의 거칠기의 미세화를 위해서도 한다.

blasting 장치는 먼지를 압축공기 jet기류를 nozzle로부터 분사시켜 모재 면을 강하게 때려주는 가압식 blasting이 있고, nozzle에 불어넣은 압축공기가 hopper로부터 grit를 빨아들여 모재 면을 불어 때리는 흡입식 blasting이 있다. 또 blasting 재료로는 강, chilled강, 규사, 모래, slag, 용융 alumina, 탄화규소 등이 있다.

blasting 장치의 nozzle이 같고, grit가 같으면 압축공기 압력이 높을수록 blasting 가공량이 많아진다. 이들 grit를 사용할 때의 압축공기 압력, nozzle의 크기, 공기유량 및 grit유량 등은 표 11-4를 참고하여 사용하는 것이 좋다.

표 11-4 Nozzle과 공기유량 및 Grit 유량

nozzle 직경 mm	(m^3/분) 각 압력에서의 공기유량							적합한 hose 지름 mm	grit의 적정유량 (kg/시간당)		
	2.8	3.5	4.2	4.9	5.6	6.3	7.0		규사 (모래)	Grit	알루미늄 grit
φ4.8	0.8	1.0	1.1	1.3	1.4	1.6	1.7	φ25	225	560	340
φ6.0	1.5	1.7	2.0	2.3	2.6	2.8	3.0	φ30	400	1,000	600
φ8.0	2.3	2.7	3.2	3.6	4.0	4.4	4.8	φ35	580	1,460	880
φ9.0	3.3	4.0	4.5	5.1	5.7	6.3	7.0	φ35	770	1,900	1,150
φ11.2	4.5	5.3	6.2	7.0	7.8	8.6	9.5	φ40	1,000	2,500	1,500

11-9-2 Arc 용사

Arc 용사의 기호로는 ASP(arc spraying)라고 한다. 두 가닥의 wire가 용사 총(gun)을 통하여 나가면 nozzle 끝에서 마주치며 arc를 일으키고 순간적으로 용융된다. 이것을 압축공기가 딸아 가면서 붙게 되고 밀어붙인다. 그림 11-1과 11-2는 각각 wire gun의 단면과 분말용사 gun의 형상과 단면을 나타내고 있다.

따라서, 용사전원과 용사 총 그리고 제거장치가 핵심이지만 역시 용사는 압축 공기로 불어서 되는 것이므로 air compressor 및 그 부대설비는 gas 용사와 같다. 일반적으로 전원이 200 Amp 이하의 작은 것은 are compressor도 15마력 정도의 것이 사용되지만,

300 Amp 이상으로 용량이 큰 것은 20~30마력 또는 그 이상의 마력 수와 토출량이 큰 compressor를 사용한다. arc 용사에 사용되는 wire의 지름은 1.1 mm, 1.6 mm, 2.0 mm, 3.2 mm 등을 사용하지만 1.6 mm를 많이 사용한다.

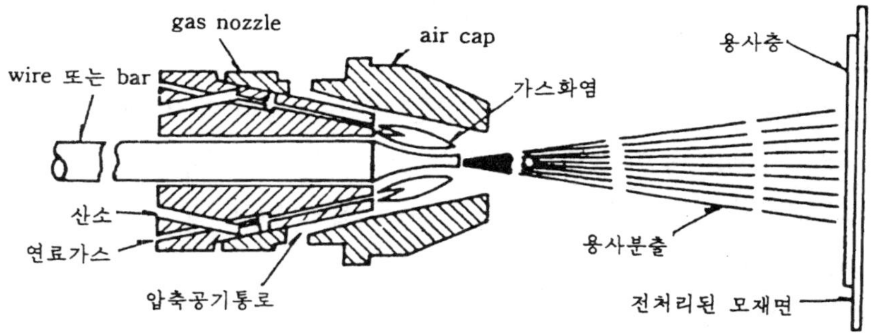

그림 11-1 Wire Gun의 단면도

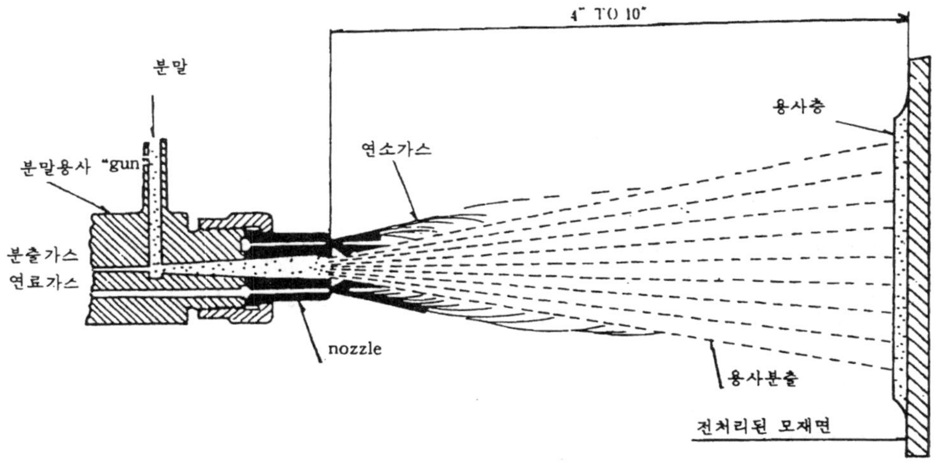

그림 11-2 분말용사 Gun의 단면도

11-10 Epoxy

epoxy 재료 역시 시험제작 및 한정된 소량 생산용에 이용된다. epoxy 재료는 열 전달, 경도, 강도 및 수축 등 여러 가지로 좋지 않은 점이 많으므로 보통 aluminium분말 등을 충전한 금형이 사용된다. 또 silicon으로 변형한 특수한 금형도 있다.

11-11 금형 재료의 열처리

plastic 금형은 press 금형이나 die casting 금형과는 달리 완성된 금형에 대한 열처리를 생각해야 한다. 일반적으로 plastic 금형일 때에는 금형이 완성된 다음에 시험제작 성형을 하고, 그 성형품의 형상이나 치수의 정밀도가 만족된 후 열처리를 하는 것이므로 담금질할 때의 변형은 물론 치수의 변화도 허용되지 않는다.

그러나, 이와 같은 열처리가 가능하지 않기 때문에 금형을 설계할 때에는 금형 재료의 선택, 재료의 절취방법, 금형의 크기, 형상 등에 유의해야 한다.

11-11-1 공기냉각 강종의 선택

plastic 금형은 변형이나 치수의 변화를 가능한 방지해야 할 때가 대부분이며, 열처리한 후에 모든 가공을 할 금형이라면 금형 재료의 선택은 대단히 중요하다. 물론 공기냉각 강을 선택하여도 열처리할 때의 담금질, tempering 온도, 가열 및 냉각방법 등에 세

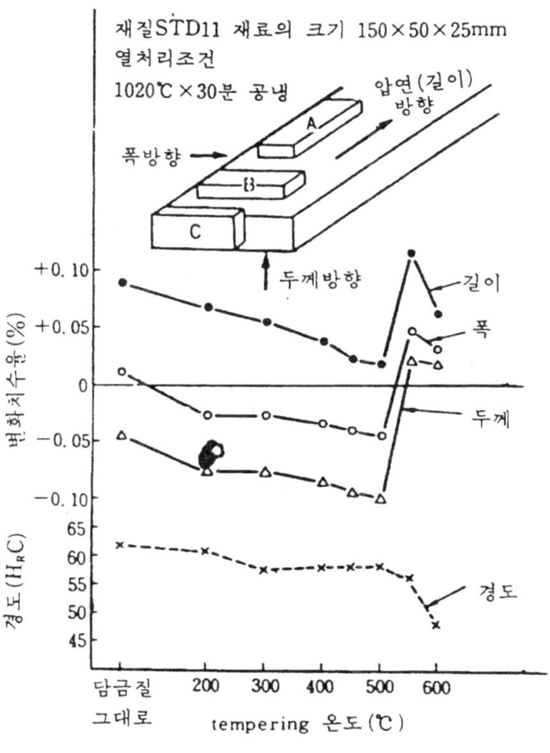

그림 11-3 STD11의 형재 절취방법과 열처리 치수변화

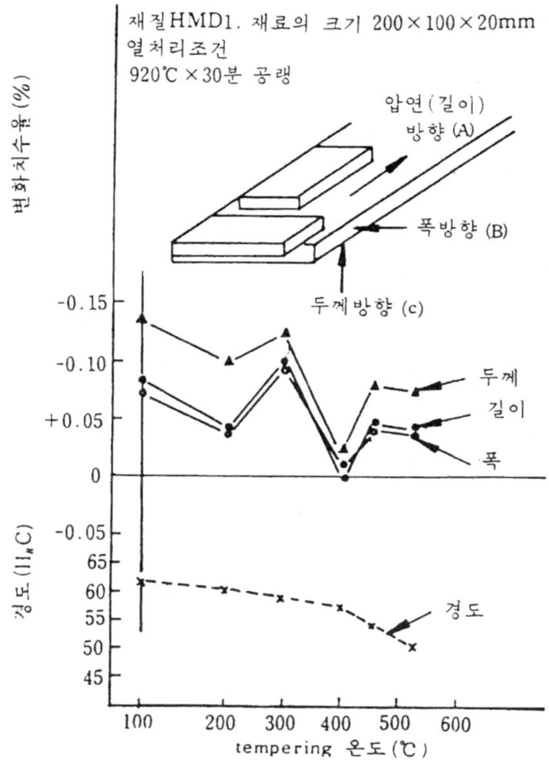

그림 11-4 HMD1의 형재 절취방법과 열처리 치수변화

심한 주의가 필요하다.

그림 11-3과 그림 11-4는 각각 STD11을 평각형상으로 금형 재료 절취하는 방법과 열처리치수 변화를, 또 STD에 상당하는 HMD1의 열처리 치수를 나타낸다.

11-11-2 STD11의 금형 재료 절취방법

그림 11-3에 나타난 STD11의 열처리치수 변화에 대한 금형 재료 절취를 할 때에는 길이방향이 (+), 폭 방향이(−)가 되고, B일 때는 그 반대의 움직임이 된다. 이와 같이 열처리에서 치수변화를 일으키는 재료일 때에는 금형의 정밀도를 유지해야 하는 방향은 열처리치수 변화율이 적은 재료 방향과 일치시키는 절취법이 필요하다.

STD11은 그림 11-3에서 2가지를 나타낸다. 즉, 그 하나는 경도를 중요시하는 금형일 때이며, 길이방향을 재료의 압연방향 (A)으로 하여 치수변화율이 0%에 접근하는 450~530℃의 범위에서 tempering을 실시하여 높은 경도를 유지하는 방법, 또는 (B)로 하여 520~530℃의 온도에서 tempering하고 치수를 0(zero)에 접근시키는 방법이다. 이 방법은 서로의 품질 차이에 대한 문제인데, 전자 (A)는 잔류 austenite가 temper martensite로 분해되므로 인성이 약간 떨어지고, 후자 (B)는 경도가 낮아지는 결점이 있다.

11-11-3 STD 12의 열처리치수변화

그림 11-4는 STD에 상당하는 강종인 HMD1의 열처리치수변화를 나타낸다. 그림에서 알 수 있는 바와 같이 재료의 직각 면 움직임이 (+) 방향에 있으며, 특히 길이방향과 폭 방향의 치수변화율이 같은 선에서 이동하고 400℃ 전후의 tempering 범위에서 치수변화율이 0(zero)에 근접하고 있다. 이와 같이 열처리 특성은 치수정밀도가 요구되는 금형에서는 반드시 필요한 것이다.

11-11-4 금형 재료의 일정방향 절취방법

방향성이 대단히 적은 금형 재료에서도 그림 11-5의 (a)와 같은 절취는 절대로 피해야 한다. 이와 같은 절취 방법으로 금형을 조립하면 금형 재료의 방향이 다르기 때문에 열처리에서 발생하는 약간의 치수변화로 성형품의 형상이나 정밀도를 상실하거나 맞춤 위치에 엇갈림이 발생하여 burr가 나타나는 결과가 된다. 물론 최악일 때에는 금형을 다시 제작해야 한다. 따라서 금형 재료의 절취방법은 (b)와 같이 방향을 일정하게 절단하는 것이 가장 중요하다.

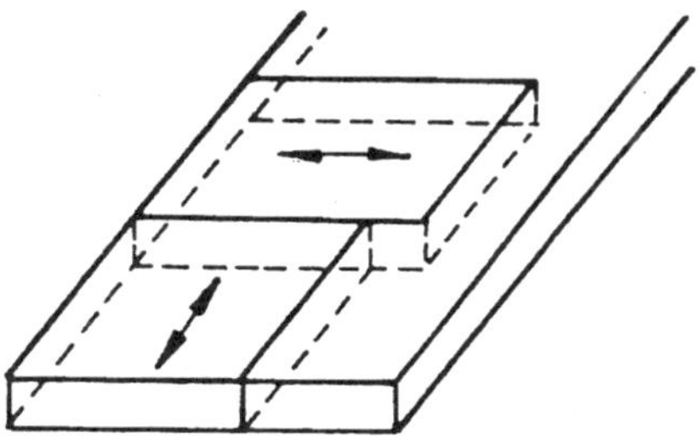

(a)

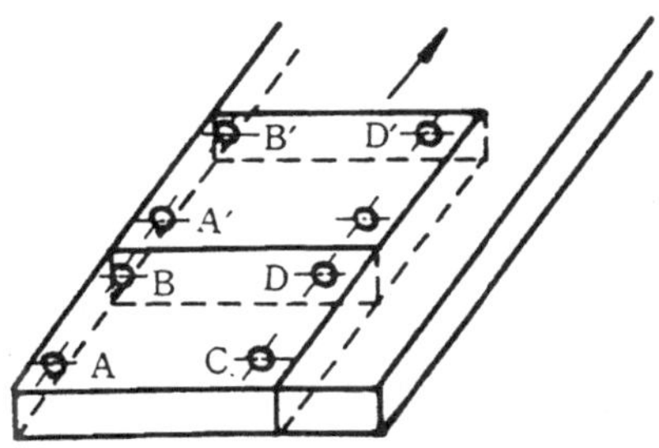

(b)

그림 11-5 금형 재료절취방법

11-11-5 내부식성 및 정밀다듬질 성

잡연성 수지에서는 부식성 gas를 발생하는 halogen 화합물이나 cyanuric acid가 첨가되어 있으므로 stainless계 금형 재료의 선택이 가장 바람직하다. 그림 11-6은 STAVAX

와 동일계의 강 종인 HPM38(ASL38)을 표준의 열처리 조건으로 하였을 때의 치수변화율과 경도와의 변화를 나타낸다. 치수변화에 대한 금형 재료의 각 면 즉, 길이, 폭, 두께가 각각 같은 치수 변화율의 경향을 나타내고 있으므로 치수정밀도를 얻기가 쉬운 금형 재료라 할 수 있다.

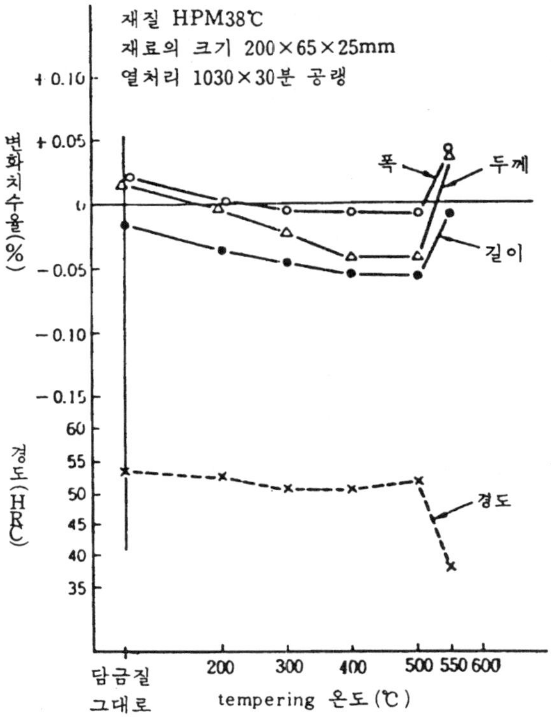

그림 11-6 HPM38을 1,030℃로 담금질했을 때의 치수변화율과 경도변화

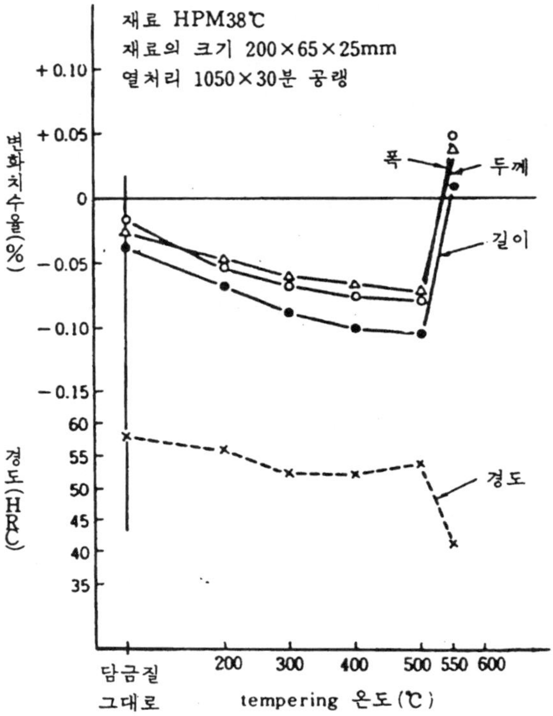

그림 11-7 HPM38을 1,050℃로 했을 때의 치수변화율과 경도변화

그림 11-7은 결정입자의 성장으로 인성이 떨어지므로 이러한 점을 충분히 검토한 조건의 열처리 특성을 나타낸다. 양자에서의 경도와 치수변화의 차이는 그림 11-6과의 비교에서 그림 11-6의 열처리 조건에서는 경도가 낮음을 알 수 있고, 치수변화가 안정되어 있으므로 정밀 금형에 안심하고 사용할 수 있는 금형 재료이며, 또한 열처리조건이다. 또 담금질온도를 높게 한 그림 11-7에서는 목적한 대로 경도가 증가하고 있지만 치수의 움직임이 전체적으로 (−)경향을 나타내고 있으므로 완성된 금형에서는 주의를 필요로 하는 열처리조건이다. 그러나 이 조건에서도 tempering의 온도와 시간의 관계를 충분히 검토하면 치수의 정밀도를 얻을 수 있다.

위의 비교 data에서 가장 중요한 것은 담금질온도를 20℃로 변화시킨 것만으로도 약간의 품질차이를 일으킨다는 것이다. 즉, 온도분포나 온도 관리에 미비한 점이 있으면 열처리품질이 크게 변화한다는 것이다.

11-12 금형의 표면경화 법 및 열처리

금형의 sliding 각부의 면압이나 강도, 마모성 등을 향상시키기 위하여 경도를 증가시킬 필요성은 이미 설명한 바와 같다. 그러나 경도를 증가시키면 내마모성이 떨어지므로 일반적으로 금형 재료의 표면만을 경화 또는 열처리하고 중심부는 소재의 특성을 유지시키는 방법이 있는데 이것이 표면경화 법이다.

표면경화 법에는 다음과 같은 종류가 있다.

(1) 침탄법	(4) 침황법	(7) 화염 담금질
(2) 질화법	(5) 청화 담금질	(8) shot peening(냉간가공)
(3) 연질화법	(6) 고주파 담금질	(9) 기타(방전, 도금)

11-12-1 침탄법(Carburizing)

일반적으로 탄소량 C가 0.3% 이하의 강재는 담금질 효과가 없다. 이 때문에 탄소의 함유량을 증가시키기 위해서 표면경화 강인 저탄소강, 저Ni강, 저Ni-Cr강의 표면에 탄소를 침투, 즉 침탄제에 넣고 850~900℃로 8~10시간 가열하면 강의 표면에 약 2 mm의 깊이로 침탄되어 표면을 경화시키는 방법이다.

침탄에는 고체 침탄제(목탄, cokes, 골탄 등), 기체 침탄제(일산화탄소와 탄화수소를 포함한 석탄gas 또는 등화용gas) 및 액체 침탄제(청화카리, 청화소오다)의 3종이 있다. 일반적으로 고체 침탄제가 많이 사용되고, 침탄 작업 후에는 표면경화라는 열처리를 하여 침탄부를 경화시키며, 침탄을 방지하기 위해서는 보통 Cu로 도금한다.

일반적으로 침탄부의 담금질 경도는 SM20C에서 약 HRC52, SCM21에서 HRC56 정도이고 침탄깊이는 0.5~1.5 mm가 많으며 최고 깊이는 2.5 mm 정도이다. 액체 침탄은 gear, screw부 담금질에 이용된다.

11-12-2 질화법(Nitriding)

질화란 강의 표면층에 질화물을 만드는 조작으로 ammonia gas 중에서 500～550℃로 가열 유지함으로서 그 부분의 N_2 함유량을 증가 즉, 재료 내부에 확산 침투하여 경도가 높은 질화물을 생성한다. 질화에 사용되는 강을 질화강이라 하며, 그 표준성분은 C 0.35～0.45%, Al 1.0～1.3%, Cr 1.3～1.8%, Mo＞0.5%이다. Mo량이 적으면 장시간 가열에 의한 충격 값이 떨어지고, 가열온도가 높으면 경도는 떨어지지만 질화 깊이는 커진다.

질화시간은 깊이에 따라 결정되며, 경도는 약 HRC65 정도이고 깊이는 0.1～0.2 mm 정도이다. 금형의 여러 부품에 사용되고 ejector pin 등이 대표적이다.

11-12-3 연질화법(Tufftride)

염욕중에 1～3시간 담금하여 표면에 질화철 화합물을 생성시키는 액체질화로 연강에 실시하면 표면경도가 Hv 570 정도로 연화한다. 연화한 것은 그다지 높은 경도는 아니지만 내마모성, 내 긁힘성이 대단히 우수하고, 확산 층이 비틀림 또는 굽힘 응력에 대한 내피로성이 특히 뛰어나며 또 내식성이 있다.

따라서 가격이 비싼 특수강을 가격이 싼 탄소강으로 치환 가능하며, 금형에서는 cam류, pin류, sliding plate 등에 사용된다.

11-12-4 침황법(浸黃法)

철강 표면에 황화철을 생성하여 마찰계수를 저하시키고 내마모성, 내 긁힘성을 향상시키는 것이 목적이며, 연질화와 전체적으로 비슷하다. 5～10μ의 화합물 층을 생성하고 200～300μ의 확산 층을 형성한다.

11-12-5 청화 담금질

청화칼륨, 청화소오다 등에 탄산칼륨 또는 탄산소오다 등을 가한 혼합체에 높 온도 용융 염류(880～930℃) 중에 금형 재료를 침투한 다음 물로 냉각 처리하여 표면을 경화시킨다. 침탄법보다 비교적 얇은 경화층을 간단히 얻으려고 할 때 이용되는 방법이다. 적정 금형 재료는 SB, SC, SCM 등이며 경화층의 깊이는 0.2～0.3 mm, 경도는 약 HRC 63 정도이다.

11-12-6 고주파 담금질(Induction Hardening)

고주파 유도전류에 의하여 강재의 표면을 급열, 급속 냉각하여 경화시키는 방법을 말하며, 강인하고 내마모성이 요구되는 금형 재료에 대한 경화방법이다. 다이스강, 고속도강, 내열강 이외는 대략 담금질이 가능하고 이용되는 부품은 cam, pin, bushing, roller 등이다.

급열을 생각하여 경도, 균일하지 안음, 변형방지, 내부의 기계적 성질을 위해 조질화, 구상화 및 annealing 중 어느 것을 전처리 하여야 하고 edge, 구멍, key부분 등은 과열, 과 냉각에 의하여 균열이 일어나기 쉬우므로 충진재, 모때기 등을 검토하여야 한다.

11-12-7 Shot Peening(냉간가공)

강 입자를 강재의 표면에 분사하여 표면 층에 잔류 압축 응력을 발생시켜 경화와 함께 피로에 대한 저항을 증가시키는 일종의 표면 경화법이다. 강 입자는 강구, 주철구, 주강구 등이 사용되며, 직경은 0.5～1.0 mm 정도로서 spring, pin 등의 표면가공에 많이 사용된다.

11-13 표면처리

현재 내마모성의 향상을 목적으로 HRC 60까지 경화된 냉간 금형강, 고 탄소 stainless강이 사용되고 또 내식성을 개선한 stainless강, maraging강, hastelloy까지 사용되고 있다.

표면처리는 내마모성 합금이나 내식성 금속에서는 얻을 수 없는 보다 고도의 내마모성, 내식성을 실현하는 수단으로 또 동시에 기계가공성, 담금질변형, 가격 등의 난점을 생각하여 낮은 급 강을 사용하는 수단으로 실시된다. 전자의 예는 금형, screw 등의 boronizing, CVD에 의한 Ti coating, TD process에 의한 VC coating, 후자의 예는 금형의 Cr 도금 등이다.

11-13-1 표면처리법

plastic성형 금형 재료에 사용할 수 있는 방법은 현재 한정되어 있으며 도금, 확산처리인 질화 boriding, TD process, 용사, 용접강도 등이다. 이러한 방법 가운데 경질입자를 복합시킨 분산도금이나 ionic plating 등의 물리증착(PVD), 재용촉처리(再溶觸處理)를 하지 않은 용사 등도 가능하지 않는 것이 아니며 소규모로 실용화되고 있다.

표 11-5는 각 방법에 대한 처리기술의 특징, 표 11-6은 처리재의 특성을 나타낸다. 도금 층의 내마모성, 내식성은 다른 처리에 비하여 분명히 문제가 있지만 낮은 온도에서 쉽게 할 수 있는 특징이 있다.

Boriding 처리에서 얻어지는 층(FeB, Fe_2B)은 도금이나 질화에 의한 층보다 단단하며, 내마모성이 있고 또 두꺼우므로 screw나 cylinder와 같이 수십 분의 1 mm의 마모가 허용되는 부품에 특히 유리하다.

표 11-5 이용할 수 있는 표면처리와 그 특성

	도 금		질 화	Boriding	화학증착 (CVD)	TD process	용 사	pading
	경질Cr	Ni-P						
표면 층	Cr	Ni-P	$Fe_{2\sim3}N$ Fe_4N	FeB, Fe_2B	TiC	VC, N6C, Cr7C3	Ni-Cr-B-Si i-Cr-B-Si-WC	스텔라이트 좌 동
시행방법	수용액중 전 해	수용액 침지	① 가스중가열 ② 용융염침지※ ③ 감압중방전※	① 분말중가열※ ② 용융염침지※ ③ 상동전해 ④ 가스중가열	가스중 가열	① 용융염침지※ ② 상동전해 ③ 분말중가열	가스화염, 플라즈마에 의한 용융분말의분사후 재용융	봉, 분말의 가스화염, 마크 등에 의한 용융금 속의 쌓아올림
시행할 때의 모재 온도℃ 표면	50~80	50~100	500~600	800~1,000	900 ~1,000	800~1,200	1,000~1,100	강의 용점근 접
시행할 때의 모재 온도℃ 중심	상 동	상 동	①, ② 상동 ③ 200~500	상 동	상 동	상 동	500~900	300~900
소요시간	1~5	1~5	① 100~200 ②, ③ 1~8	1~4	4~8	0.3~8	소면적마다의 피복 때문에 물건의 크기에 한함	
층 두께	20~50	20~50	10~20 (화합물두께)	50~500	5~15	5~15	500~2,000	2,000~5,000
변형발생의 위험성	적 다	적 다	중 간	크 다	크 다	크 다	크 다	크 다
국부피복	가 능	가 능	가 능	가 능	불가능	가 능	가 능	가 능
모재 경화열 처리	처리전	처리전	처 리 전	처리후 또는 처리와 동시	처리후	처리와 동시	처리전 또는 처리시	처리전 또는 처리시
후가공 필요성	때로 필요	일반적으로 불요	일반적으로 불 요	일반적으로 불 요	일반적으로 불 요	일반적으로 불 요	필 요	필 요
후가공 방법	연삭, 랩핑	랩 핑	랩 핑	랩 핑	랩 핑	랩 핑	연 삭	연 삭
두께 균일성	불 량	양 호	양 호	양 호	양 호	양 호	현저히 불량	현저히 불량

※ 주로 실시되는 방법

11-13-2 표면처리 재의 특성

[1] 강도성

금형 재료는 형 체결력, 성형압력 및 성형품의 압출에서 변형되지 않는 강도가 요구되는데, 특히 압축강도는 경도의 지배를 받으므로 경도 그 자체의 엷은 표면 층이 아니고 모재의 경도로 강도를 대체하기도 한다. 모재 경화를 위한 담금질은 표면처리하기 전에 실시하고 또한 처리할 때 모재가 받는 온도가 철의 tempering 온도보다 낮은 종류의 표면처리를 한다.

질화와 같이 처리할 때 모재 온도가 500~600℃에 도달하는 처리를 한다. 다른 표면처리에서는 boriding이, 화학 증착 및 TD process에서는 처리를 동시에 또는 처리 다음 공정에서 담금질 경화가 실시되므로 일반강의 담금질 경도를 자유로이 모재에 부여할 수 있다. 또 담금질을 생략하면 annealing 경도가 된다.

표 11-6 각 표면처리 재의 특성

	도금		질화	Boriding	화학증착 (CVD)	TD process	용사	Pading
	경질Cr	Ni-P						
층의 경도	900 ~1,100	600~900 (열처리후)	900~1,100	1,200 ~2,000	3,000	1,500 ~3,000	450~700	450~600
모재경도 (HRC)	처리 전 경도와 같음	좌 동	모재강의 500~600℃ 에서의 뜨임경도 (35~65)	처리시(후)의 담금질, 뜨임 조건에 의함 (20~65)	좌 동	좌 동	-	-
밀착성	C	C	A	A	A	A	B	A
내마모성	C	C	C	B	A	A	B	B
내식성	C	C	C	B	A	A	B~C	B~C

[2] 내마모성

내마모성에 현저하게 영향을 주는 층의 경도는 표 11-6에 나타낸 바와 같다. Ni-P도금, 용사, 용접강도에서 얻어지는 층의 경도는 강철의 quenching, tempering 경도와 동등하지만 다른 처리법의 층은 강철보다 현저하게 단단하고 화학 증착, TD process에서는 Hv 3,000 정도에 이른다.

plastic 성형에서 문제가 되는 마모는 금속과의 접촉에 의한 것과 plastic과의 마찰에 의한 것이 있는데, 전자에 대해서는 여러 가지 가공법이 있으며 여기에서는 대상으로

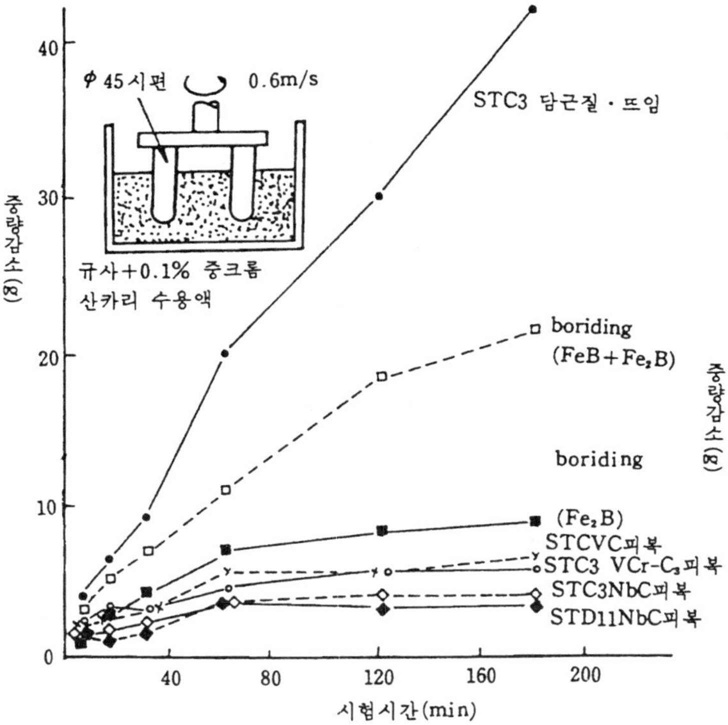

그림 11-8 규사 침식작용 시험 결과

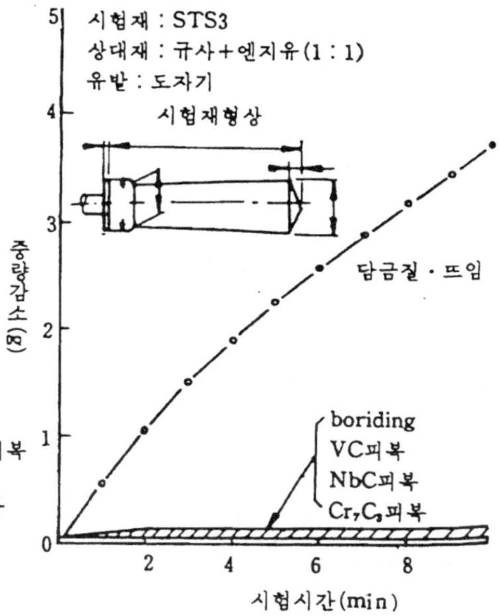

그림 11-9 마모 시험 결과

한 표면처리가 그 경감에 유용한 것, 특히 화학 증착이나 TD process에 의해서 내마모성이 현저하게 개선되는 것을 설명하였다. 그림 11-8은 희소한 실험연구로서 이것은 잡연성 수지인 VL94 V-0의 가열증기 속에서 SM55C 조질강을 상대로 한 미끄럼 마모의 실험 결과이다.

충전에 의한 마모의 저항성은 경질입자를 상대로 하는 마모시험에서 대략 추정할 수 있다. 그림 11-8은 규사 속에 시편을 고속으로 유동시키는 비교적 가벼운 하중상태이고, 그림 11-9는 규사를 분말로 한 상태이다. 따라서 무거운 하중상태에서 마모 실험 결과가 나타나며 boriding재나 탄화물 피복재의 마모량이 quenching, tempering강에 비하여 현저하게 적다는 것을 알 수 있다.

[3] 내식성

도금강 및 boriding강의 마모량이 적은 것은 동시에 내식성도 어느 정도 있다는 것을 설명하였지만 여기서 내식성을 평가한 실험결과를 나타낸다.

plastic 성형에서 부식은 HCl 등의 발생 gas에 의한 것보다 성형 정지 중에 수분흡수 등으로 발생한 HCl 용액 등에 의한 부식이 주원인이 된다.

그림 11-10과 그림 11-11 및 표 11-7은 염산수용액 침지 시험의 결과이며, 그림 11-10에서는 Cr이나 질화 처리에 의한 효과는 석출경화, stainless의 사용과 비교하여 훨씬 뒤떨어진다는 것을 나타내고 있다.

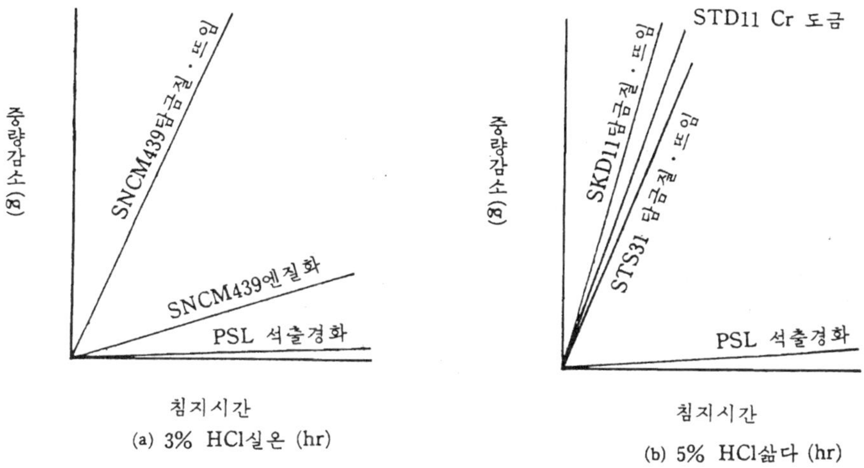

그림 11-10 부식시험(수용액 침지) 결과 (1)

표 11-7 내식성 실험결과

시 편		시 험 시 간(hr)					
침 지	모 래	5	25	50	100	200	300
없 음	SUS 304	×	×	×	×	×	×
Cr탄화물피복	STC 4	◉	△	-	-	-	-
	STD11	◉	○	△	-	-	-
	STS11	◉	◉	◉	△	-	-
	SKD11	◉	◉	◉	◉	◉	○
VC 피 복	SK 4	◉	○	-	-	-	-
	SKD11	◉	◉	◉	-	-	-
NbC 피 복	SKD 4	◉	○	-	-	-	-
	SKD11	◉	◉	○	-	-	-

※ 피복처리조건 개선 ◉ 부식 없음 ▽ 국부부식 ○ 약간 국부부식 × 전면부식

그림 11-11 및 표 11-8은 boriding 처리나 탄화물 피복이 내식성의 개선에 유효한 것을 나타내고 있는데 표 11-7에 있어서 모재나 처리조건이 결과에 현저하게 영향을 미

치고 있다는 점에 유의해야 한다. 또 표 11-8은 침지(浸漬)하지 않은 방법의 평가결과이다.

표 11-8 부식시험

재 질	열처리(표면처리)	부식감량(mg/cm²)	양품순위
SCM 440	풀 림	0.63	×
석출경화형 stainless	시효처리	1.44	▲
〃	〃	1.79	×
SCM 440	Ni 도금	1.07	△
STD 61	Cr-C 피복	0.19	○
STD 61	Nbc 피복	0.08	◉

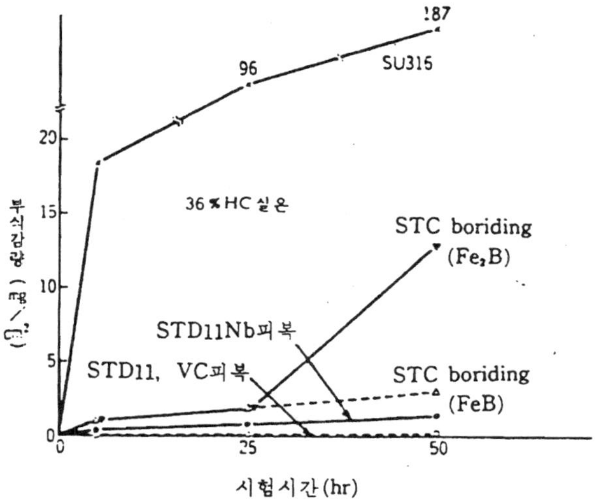

그림 11-11 부식시험(수용액 침지) 결과 (2)

[4] 정밀다듬질 성

사용 전에 정밀다듬질을 할 수 있는가 하는 문제와 사용 중에 표면 거칠기가 약화하지 않은가 하는 문제가 있는데, 후자에 대해서는 내마모성과 내식성이 관계되고 이러한 표면 처리일수록 우수하다. 전자에 대해서는 정밀다듬질 후에 표면 처리한 다음 연마공정을 한다면 용사, 용접강도 이외는 정도의 차이는 있지만 정밀다듬질은 가능하다. 경험적으로 탄화물 피복재는 쉽게 0.1μ 이하의 다듬질 면을 얻을 수 있지만 boriding재로서는 어려움이 있다.

표면처리일 때, 층 자체의 내식성은 확실히 모재보다 우수하며 전체로서의 부식은 적지만 발견하기 어려운 국부적인 부식이 모르는 사이에 발생하여 국부적으로 부품을 약화시키는 일도 있다. 그림 11-12는 사출금형의 부품에 따른 금형 재료를 나타낸다.

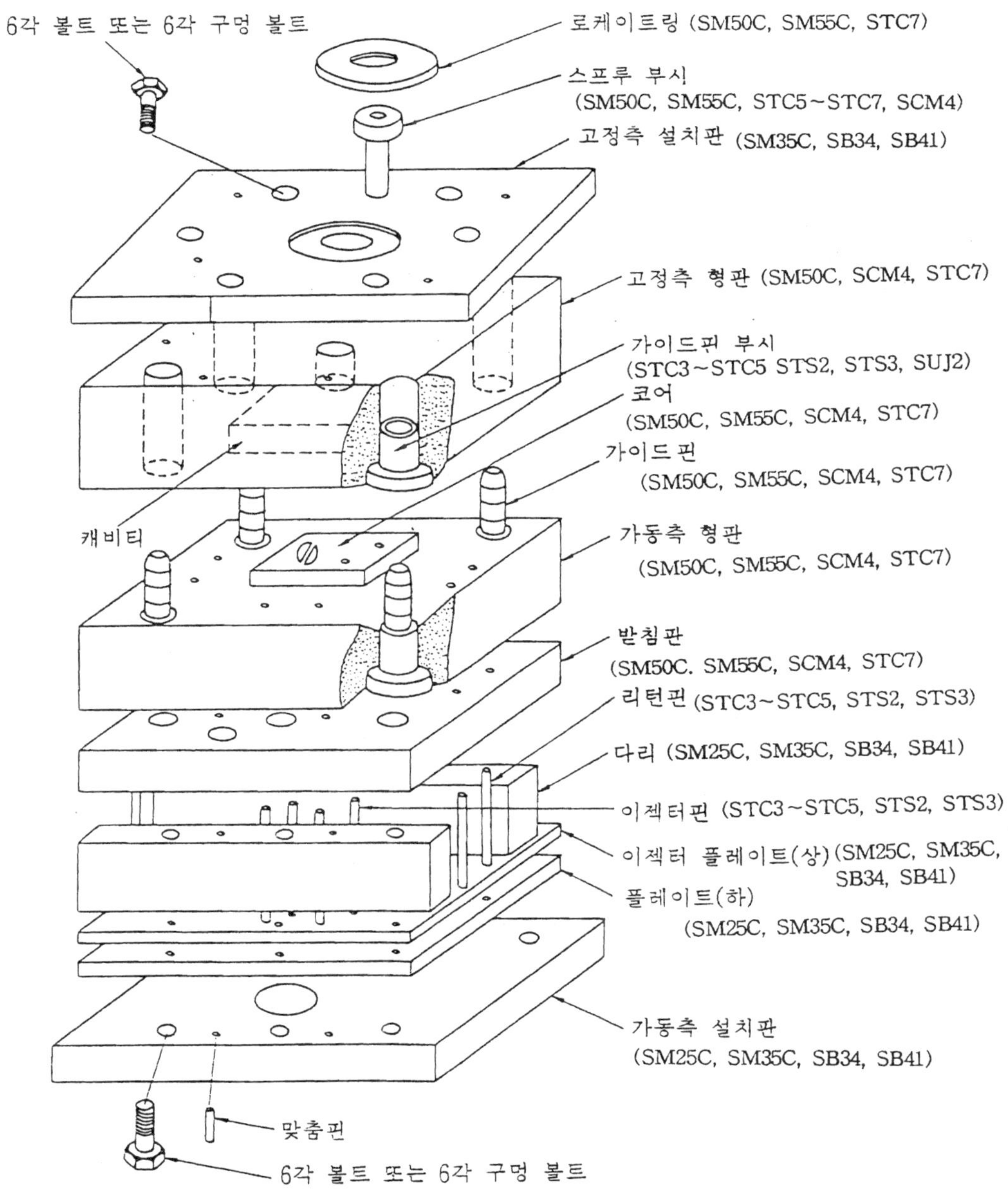

그림 11-12 금형 각부의 명칭과 사용되는 재료

사출성형금형설계

초판 인쇄 2008년 3월 1일
초판 발행 2008년 3월 5일

지은이 | 박기형 · 조병기
발행인 | 김 병 계
발행처 | 도서출판 보문당
등 록 | 1990년 6월 15일(제 1-1066호)
주 소 | 서울시 마포구 신수동 448-6 우) 121-110
전 화 | 704-7025 / 704-0635
팩 스 | 704-2324
홈페이지 | http://www.bomoondang.co.kr
전자우편 | bmdpub@empal.com

값 14,000 원

ISBN : 987-89-8413-147-7